MW01124735

Solución de problemas
de ingeniería con MATLAB®

Solución de problemas de ingeniería con MATLAB®

Segunda edición

Delores M. Etter

Department of Electrical and Computer Engineering
University of Colorado, Boulder

Traducción

Roberto Luis Escalona García
Traductor profesional

Revisión técnica

M. en C. Juan Carlos del Valle
Instituto Tecnológico de Estudios Superiores de Monterrey

PRENTICE
HALL

MÉXICO • NUEVA YORK • BOGOTÁ • LONDRES • SYDNEY
PARÍS • MUNICH • TORONTO • NUEVA DELHI • TOKIO
SINGAPUR • RÍO DE JANEIRO • ZURICH

EDICION EN ESPAÑOL:

EDITOR: PABLO EDUARDO ROIG VÁZQUEZ
SUPERVISORA DE TRADUCCIÓN: TERESA SANZ FALCÓN
SUPERVISORA DE PRODUCCIÓN: REBECA RUIZ ZAMITES BONILLA

EDICIÓN EN INGLÉS:

Publisher: Alan Apt

Editor-in-Chief: Marcia Horton

Project Manager: Mona Pompili

Developmental Editor: Sondra Chavez

Copy Editor: Shirley Michaels

Marketing Manager: Joe Hayton

Design Director: Amy Rosen

Designers: Meryl Poweski, Mona Pompili, Delores M. Etter

Cover Designer: Rod Hernandez

Production Coordinator: Donna Sullivan

Editorial Assistant: Shirley McGuire

ETTER: Solución de Problemas de Ingeniería con MATLAB®, 2a. ed.

Traducido de la segunda edición en inglés de la obra: **ENGINEERING PROBLEM SOLVING WITH MATLAB®.**

ISBN 970-17-0111-9

IMPRESORA ROMA, S.A. DE C.V.
TOMAS VAZQUEZ NO. 152
MEXICO, D.F.
C.P. 06220

SEP

3000   1998

Miembro de la Cámara Nacional de la Industria Editorial, Reg. Núm 1524.

ISBN 0-13-397688-2

IMPRESO EN MÉXICO/PRINTED IN MEXICO

A la memoria de mi amadísima madre,
Muerladene Janice Van Camp

Prólogo

Usted tiene en sus manos, lector, un texto interesante y peculiar. Interesante, porque representa un nuevo enfoque de un aspecto primordial de la educación en ingeniería. Y peculiar, porque combina temas de lo que tradicionalmente son tres o cuatro cursos distintos para formar un solo curso introductorio. Este nuevo curso, dirigido a estudiantes de primero o segundo año de carreras en ingeniería y ciencias, abarca:

- Matemáticas elementales aplicadas.
- Métodos numéricos básicos.
- Programación de computadoras.
- Metodología para la resolución de problemas.

¿Dónde se ven por primera vez los números complejos? ¿Dónde se estudian por primera vez las matrices de 3 por 3? ¿Cuándo comenzamos a efectuar cálculos matemáticos útiles? ¿Cómo combinamos estas ideas para la resolución de problemas prácticos de ingeniería y ciencias? Este libro ofrece respuestas a tales preguntas en una etapa temprana de la carrera universitaria.

El siguiente ejercicio del libro ilustra este enfoque multifacético:

Escriba una expresión MATLAB para calcular la resistencia de tres resistores en paralelo.

Aquí, en un solo problema, tenemos ingeniería eléctrica básica, matemáticas elementales y un poco de programación de computadoras.

Hace 13 años, Delores Etter escribió dos textos muy populares sobre programación de computadoras y métodos numéricos. Decidió usar Fortran, que entonces era el lenguaje más ampliamente utilizado para computación técnica. Casualmente, en esa misma época comenzó a usarse MATLAB fuera de la comunidad de cómputo de matrices donde se originó.

Hoy día, existe una amplia variedad de lenguajes y entornos para la computación técnica. Ciertamente, Fortran sigue siendo importante, pero también lo son Pascal, C y C++. Hay, asimismo, calculadoras programables avanzadas, hojas de cálculo y sistemas basados en ratón y menús, así como varios lenguajes matemáticos comerciales. En nuestra opinión, MATLAB es la opción correcta para cursos como éste porque es:

- Fácil de aprender y usar.
- Potente, flexible y extensible.
- Exacto, robusto y rápido.

- Ampliamente utilizado en ingeniería y ciencias.
- Un lenguaje respaldado por una compañía de *software* profesional.

En The MathWorks y en Prentice Hall estamos comprometidos con el apoyo del uso de MATLAB en la educación. En el futuro, se agregarán nuevas características a la Edición para el Estudiante y muchos títulos más a la serie MATLAB Curriculum.

Un amigo común, profesor de ingeniería eléctrica y experto en el procesamiento de señales, dice: "MATLAB es bueno para el procesamiento de señales porque no fue diseñado para procesar señales, sino para hacer matemáticas".

La observación de nuestro amigo es también la base de este libro. Las matemáticas, y su incorporación en *software*, son el fundamento de una buena parte de la tecnología moderna. Estamos convencidos de que usted disfrutará de esta introducción y, sin duda, se beneficiará de ella.

Cleve Moler
The MathWorks, Inc.
Natick, Massachusetts

Prefacio

Los ingenieros y científicos se valen de la computadora para resolver diversos problemas, desde la evaluación de una función sencilla hasta la resolución de un sistema de ecuaciones. MATLAB se ha convertido en el **entorno de computación técnica** preferido de muchos ingenieros y científicos porque es un sistema interactivo único que incluye **cómputo numérico, cómputo simbólico** y **visualización científica**.

En vista de la alta probabilidad de que un ingeniero recién graduado se encuentre en su trabajo con el entorno de computación MATLAB, éste constituye una buena opción para introducir a la computación al estudiante de ingeniería. Este libro es apropiado como texto introductorio para ingeniería o como texto complementario en un curso avanzado, además de que resulta útil como referencia profesional.

Por otra parte, el contenido del presente libro es una introducción a la resolución de problemas de ingeniería que persigue los siguientes objetivos:

- Presentar una **metodología sólida para resolver problemas de ingeniería.**
- Describir las excepcionales **capacidades de cómputo y visualización de MATLAB.**
- Ilustrar el proceso de resolución de problemas mediante una variada diversidad de **ejemplos y aplicaciones de ingeniería.**

Con este propósito, en el capítulo 1 se presenta un proceso de cinco pasos que se emplea de manera consistente para resolver los problemas. El resto de los capítulos presentan las capacidades de MATLAB para resolver problemas de ingeniería mediante ejemplos específicos de las diversas disciplinas de ingeniería. El texto se basa en la **Versión 4** de MATLAB.

ORGANIZACIÓN DEL TEXTO

Este versátil libro se diseñó para usarse en diversos cursos de ingeniería y ciencias, ya sea como texto primario para estudiantes de cursos introductorios o como suplemento para cursos intermedios o avanzados. El texto se divide en tres partes. Parte I: Fundamentos de computación en ingeniería, Parte II: Técnicas numéricas, y Parte III: Temas especiales. En la Parte I se presenta material de MATLAB que es fundamental para computación y visualización básicas en ingeniería. Los cuatro capítulos de la Parte I se centran en el **entorno MATLAB** y las **funciones MATLAB**. La Parte II contiene cuatro capítulos que tratan técnicas numéricas comunes para determinar soluciones de **sistemas de ecuaciones lineales,** para **interpolación** y **ajuste de curvas,** para **integración y diferenciación numéricas** y para **resolver ecuaciones diferenciales ordinarias**. Estos capítulos son independientes entre sí, pero en ellos se da por sentado que se ha cubierto el material de la Parte I. Por último, la Parte II contiene tres temas especiales que son muy útiles para resolver problemas de ingeniería más especializados: **matemáticas simbólicas, procesamiento de señales** y **sistemas de control**.

Es posible abarcar los capítulos 1 al 9 en un curso de un semestre para una presentación completa de las capacidades de MATLAB. Si se desea una introducción más breve a MATLAB, sugerimos estudiar los capítulos 1 a 3 junto con temas selectos de los capítulos 5 a 8. También hemos escrito otro libro, *Introduction to MATLAB for Engineers and Scientists* (Prentice Hall, 1996, 0-13-519703-1), diseñado especialmente para ofrecer una introducción breve (de tres a seis semanas) a las capacidades de MATLAB. Los capítulos sobre procesamiento de señales y sistemas de control (incluidos en la Parte III) son capítulos especializados que requieren conocimientos adicionales, y se incluyen con el fin de proporcionar material de referencia para cursos avanzados.

REQUISITOS PREVIOS

No se presupone una experiencia previa con la computadora. Los conocimientos matemáticos requeridos para los capítulos 1 al 6 son **álgebra universitaria** y **trigonometría**; se necesitan matemáticas más avanzadas para algunas porciones del material de capítulos posteriores.

METODOLOGÍA PARA RESOLVER PROBLEMAS

El **énfasis en la resolución de problemas científicos y de ingeniería** es una parte importante de este texto. En el capítulo 1 se presenta un **proceso de cinco pasos para resolver problemas de ingeniería** usando una computadora, que consisten en lo siguiente:

1.   Plantear el problema con claridad.
2.   Describir la información de entrada y de salida.
3.   Resolver manualmente un ejemplo sencillo.
3.   Crear un algoritmo y traducirlo a MATLAB.
5.   Verificar la solución con diversos datos.

A fin de reforzar la adquisición de habilidades para resolver problemas, se identifica cada uno de estos pasos cada vez que se desarrolla una solución completa para un problema de ingeniería.

APLICACIONES CIENTÍFICAS Y DE INGENIERÍA

A lo largo del texto, se hace hincapié en la incorporación de ejemplos y problemas científicos y de ingeniería del mundo real con soluciones y código utilizable. Esta orientación se centra en un tema de **grandes desafíos**, los cuales incluyen:

•   Predicción del clima y cambios globales.
•   Comprensión computarizada del habla.

- Creación de mapas del genoma humano.
- Mejoras en el desempeño de los vehículos.
- Mejoras en la recuperación de petróleo y gas.

Cada capítulo comienza con una fotografía y un análisis de algún aspecto de uno de estos grandes desafíos y ofrece una mirada a algunas de las interesantes y estimulantes áreas en las que los ingenieros podrían trabajar. También se hace referencia a los grandes desafíos en muchos de los otros ejemplos y problemas.

VISUALIZACIÓN

La visualización de la información relacionada con un problema es una ventaja clave del uso de MATLAB para desarrollar y entender las soluciones. Por tanto, es importante aprender a generar **gráficas** en diversos formatos para usarlas al analizar, interpretar y evaluar datos. Comenzaremos a usar gráficas con el primer programa MATLAB presentado en el capítulo 1, y seguiremos ampliando las **capacidades de graficación** en el resto de los capítulos.

CONCEPTOS DE INGENIERÍA DE SOFTWARE

También se espera de los ingenieros que creen e implementen soluciones por computadora **amables con el usuario** y **reutilizables**. Por tanto, aprender técnicas de ingeniería de software es crucial para desarrollar con éxito tales soluciones. Se hace hincapié en la **comprensibilidad** y la **documentación** en el desarrollo de los programas. Con la ayuda de MATLAB, los usuarios pueden escribir código **portátil** que se puede transferir de una plataforma de computadora a otra. A lo largo del texto se tratan temas adicionales relacionados con aspectos de ingeniería de software, que incluyen el **ciclo de vida del software**, **mantenimiento**, **modularidad**, **abstracción** y **prototipos de software**.

LA INTERNET Y LA WORLD WIDE WEB

En una de las secciones nuevas de esta edición se aborda la **Internet**, el **correo electrónico**, los **tableros electrónicos de noticias** y la **World Wide Web**. Se listan varios sitios de Web que contienen información relacionada con este texto y con MATLAB.

EJERCICIOS Y PROBLEMAS

El aprendizaje de cualquier aptitud nueva requiere práctica en distintos niveles de dificultad. Los **problemas de la sección "¡Practique!"** son preguntas con respuestas cortas relacionadas con la sección del material que se acaba de presentar. La mayor parte de las secciones van seguidas inmediatamente de una serie de problemas "¡Practique!" para que el lector pueda determinar si ya está listo para continuar con la siguiente sección. Al final del texto se incluyen soluciones completas a todos los problemas.

Cada capítulo termina con una serie de **problemas de fin de capítulo**. Se trata de problemas nuevos relacionados con diversas aplicaciones de ingeniería con un nivel de dificultad desde sencillo hasta tareas más largas. Se incluyen conjuntos de datos de ingeniería para verificar muchos de los problemas.

AYUDAS PARA EL ESTUDIANTE

Se usan **notas al margen** para ayudar al lector no sólo a identificar los conceptos interesantes, sino también para localizar fácilmente temas específicos. Las **notas de estilo** muestran cómo escribir instrucciones MATLAB que se ajusten a una buena disciplina de programación, en tanto que las **notas de depuración** ayudan al lector a reconocer errores comunes para evitarlos. Las notas de estilo de programación se señalan con la indicación de *Estilo* al margen y las notas de depuración se indican con el **icono de un bicho**.

Cada resumen de capítulo reseña los temas tratados en el capítulo e incluye una lista de los **Términos clave**, un resumen de las notas de estilo y notas de depuración, y un **Resumen de MATLAB** que lista todos los símbolos especiales, comandos y funciones definidos en el capítulo. Además, el apéndice A contiene un resumen completo de las funciones de MATLAB presentadas en el texto, y las últimas dos páginas del libro contienen información de uso común.

AGRADECIMIENTOS

Aprecio enormemente el apoyo de Cleve Moler (presidente de The MathWorks, Inc.) y Alan Apt (*Publisher* de textos de ciencias de la computación de Prentice-Hall) en lo que respecta al desarrollo de mis textos de MATLAB. También quiero reconocer el trabajo sobresaliente del equipo editorial, que incluye a Marcia Horton, Tom Robbins, Gary June, Joe Hayton, Mona Pompili, Sondra Chavez, Alice Dworkin y Mike Sutton. Este texto mejoró significativamente con las sugerencias y comentarios de los revisores de la primera edición de esta obra. Entre dichos revisores estuvieron Randall Janka, The MITRE Corporation; el profesor John A. Fleming, Texas A&M; el profesor Jim Maneval, Bucknell University; el profesor Helmuth Worbs, University of Central Florida; profesor Huseyin Abut, San Diego State University; profesor Richard Shiavi, Vanderbilt University; capitán Randy Haupt, U.S. Air Force Academy; profesor Zoran Gajic, Rutgers University; profesor Stengel, Princeton University; profesor William Beckwith, Clemson University; y profesor Juris Vagners, University of Washington.

También quiero expresar mi gratitud a mi esposo, ingeniero mecánico/aeroespacial, por su ayuda en el desarrollo de algunos de los problemas de aplicaciones de ingeniería, y a mi hija, estudiante de veterinaria, por su ayuda en el desarrollo de parte del material y problemas relacionados con el ADN. Por último, quiero reconocer las importantes contribuciones de los estudiantes de mis cursos introductorios de ingeniería por su retroalimentación en cuanto a las explicaciones, los ejemplos y los problemas.

Delores M. Etter
Department of Electrical/Computer Engineering
University of Colorado, Boulder

Resumen de contenido

Contenido

3   Funciones de Matlab

68

Gran desafío: Reconocimiento del habla

Máximo y mínimo	92
Sumas y productos	92
Media y mediana	92
Ordenamiento de valores	93
Varianza y desviación estándar	94
Histogramas	95
3.3 Instrucciones de selección y funciones de selección	96
Instrucción `if` sencilla	96
Operadores relacionales y lógicos	97
Instrucciones `if` anidadas	100
Cláusulas `else` y `elseif`	100
Funciones lógicas	101
3.4 *Resolución aplicada de problemas:*	
Análisis de señales de voz	103
3.5 Funciones escritas por el usuario	106
3.6 Funciones de generación de números aleatorios	108
Números aleatorios uniformes	108
Números aleatorios gaussianos	110
3.7 Funciones para manipular matrices	112
Rotación	112
Inversión	112
Reconfiguración	113
Extracción	113
3.8 Ciclos	116
Ciclo `for`	116
Ciclo `while`	117
Resumen del capítulo, Términos clave, Resumen	
de MATLAB, Notas de estilo, Notas de depuración,	
Problemas	118

4 Álgebra lineal y matrices   124

Gran desafío: Mapas del genoma humano

4.1 Operaciones con matrices	126
Transposición	126
Producto punto	126
Multiplicación de matrices	127
Potencias de matrices	129
Polinomios de matrices	129
4.2 *Resolución aplicada de problemas:*	
Pesos moleculares de proteínas	130
4.3 Funciones matriciales	134
Inverso y rango de una matriz	134

PARTE I

Computación básica
para ingeniería

Después de completar los cuatro capítulos de la Parte I, usted podrá usar MATLAB para resolver muchos de los problemas que encontrará en sus cursos y laboratorios. El capítulo 1 define una metodología de resolución de problemas que se usará en todo el texto, mientras que el capítulo 2 explora el entorno MATLAB. En los capítulos 3 y 4 presentaremos muchas funciones útiles que van desde funciones matemáticas hasta funciones para análisis de datos y funciones matriciales. También aprenderemos a escribir nuestras propias funciones y a generar números aleatorios. A lo largo de todas las explicaciones y ejemplos, se presentarán técnicas de visualización cuyo fin es que usted adquiera soltura en el uso de MATLAB para realizar cálculos y exhibir información visualmente.

10

Cortesía de NASA/Johnson Space Center

GRAN DESAFÍO:
Predicción del clima

Los satélites meteorológicos proporcionan abundante información a los meteorólogos
que intentan predecir el clima. También es posible analizar grandes volúmenes de
información meteorológica histórica y usarlos para probar modelos de predicción
del clima. En general, los meteorólogos predicen con razonable exactitud los patrones
climáticos globales; sin embargo, los fenómenos locales como tornados, trombas y
microrráfagas siguen siendo muy difíciles de predecir. Incluso la predicción de lluvias
intensas o granizo de gran tamaño en las tormentas suele ser difícil. Si bien el radar
Doppler es útil para localizar regiones dentro de las tormentas que pudieran contener
tornados o microrráfagas, el radar detecta los sucesos en el momento en que ocurren
y, por tanto, no da mucho tiempo para emitir avisos apropiados a las zonas pobladas
o los aviones. La predicción exacta y oportuna del clima y sus fenómenos asociados sigue
siendo una meta difícil.

Resolución de problemas de ingeniería

OBJETIVOS

Aunque la mayor parte del presente texto se concentra en el entorno de computación MATLAB y sus capacidades, comenzaremos por describir algunos de los más recientes logros destacados en ingeniería, y luego presentaremos un grupo de grandes desafíos: problemas que aún no se resuelven y que requerirán grandes adelantos tecnológicos tanto en ingeniería como en ciencias. Uno de los grandes desafíos es la predicción del clima, comentada en la introducción al capítulo. Dado que la mayor parte de las soluciones a problemas de ingeniería requieren computadoras, a continuación describiremos los sistemas de cómputo, estudiando tanto el hardware como el software de las computadoras. La solución eficaz de problemas de ingeniería también requiere un plan o procedimiento de diseño, así que en el presente capítulo definiremos una metodología de resolución de problemas con cinco pasos para describir un problema y desarrollar una solución. Una vez hecho esto, volveremos al problema de la predicción del clima y conoceremos algunos de los diferentes tipos de datos meteorológicos que se están recabando actualmente. Estos datos son cruciales para lograr la comprensión y desarrollar la intuición necesarias para crear un modelo matemático de predicción del clima. Los datos también son importantes porque pueden servir para probar modelos hipotéticos conforme se van desarrollando. El análisis de datos en general ayuda a los ingenieros y científicos a entender mejor fenómenos físicos complejos, y a aplicar estos conocimientos a la obtención de soluciones a nuevos problemas.

1.1   La ingeniería en el siglo XXI

Los ingenieros resuelven problemas del mundo real usando principios científicos de disciplinas que incluyen matemáticas, física, química y ciencias de la computación. Esta diversidad de temas, y el desafío que representan los problemas reales, hace a la ingeniería interesante y gratificante. En esta sección presentaremos algunos de los logros sobresalientes en ingeniería en los últimos años, para después comentar algunos de los retos importantes en la materia que enfrentaremos al iniciar el nuevo siglo. Por último, consideraremos algunas de las habilidades y capacidades no técnicas que van a necesitar los ingenieros del siglo XXI.

LOGROS RECIENTES EN INGENIERÍA

Diez logros
sobresalientes
en ingeniería

Desde la invención de la computadora a fines de la década de 1950, han ocurrido varios avances muy significativos en ingeniería. En 1989, la National Academy of Engineering seleccionó **diez logros sobresalientes en ingeniería** de los 25 años anteriores. Estos logros ilustran la naturaleza multidisciplinaria de la ingeniería y ponen de manifiesto las formas en que esta especialidad ha mejorado nuestra vida y ha expandido las posibilidades para el futuro al tiempo que provee una amplia variedad de interesantes y estimulantes carreras. A continuación comentaremos brevemente estos diez logros. En las lecturas recomendadas al final del capítulo se da más información sobre estos temas.

Microprocesador

La invención del **microprocesador**, una diminuta computadora más pequeña que un sello de correo, es uno de los logros culminantes en ingeniería. Los microprocesadores se emplean en equipo electrónico, aparatos domésticos, juguetes y juegos, así como en automóviles, aviones y transbordadores espaciales, porque ofrecen capacidades de cómputo potentes pero económicas. Además, los microprocesadores proporcionan la potencia de cómputo a las calculadoras y computadoras personales.

Alunizaje

Varios de los diez logros más grandes tienen que ver con la exploración del espacio. El **alunizaje** fue tal vez el proyecto de ingeniería más complejo y ambicioso jamás intentado. Se requirieron avances importantes en el diseño de las naves Apolo, el alunizador y el cohete Saturno V de tres etapas. Incluso el diseño del traje espacial fue un proyecto de ingeniería destacado, dando como resultado un sistema que

MICROPROCESADOR
*Cortesía de Texas Instruments
Incorporated.*

ALUNIZAJE
*Cortesía de la National Aeronautics and Space
Administration.*

incluyó un traje de tres piezas y una "mochila" que en conjunto pesaban 190 libras. La computadora desempeñó un papel clave, no sólo en los diseños de los distintos sistemas, sino también en las comunicaciones requeridas durante cada vuelo a la Luna. Un solo vuelo requirió la coordinación de más de 450 personas en el centro de control de lanzamiento y de por lo menos otras 7000 en nueve barcos, 54 aviones y numerosas estaciones situadas alrededor de la Tierra.

Satélites
de aplicación

El programa espacial también proporcionó gran parte del impulso para el desarrollo de los **satélites de aplicación**, que proporcionan información meteorológica, retransmiten señales de comunicación, crean mapas de terrenos no cartografiados y suministran actualizaciones ambientales sobre la composición de la atmósfera. El Sistema de Posicionamiento Global (GPS) es una constelación de 24 satélites que difunden información de posición, velocidad y tiempo a nivel mundial. Los receptores del GPS miden el tiempo que tarda una señal en viajar del satélite GPS al receptor. Con base en información recibida de cuatro satélites, un microprocesador en el receptor puede determinar mediciones precisas de la ubicación del receptor; la exactitud varía entre unos cuantos metros y centímetros, dependiendo de las técnicas de cómputo empleadas.

Diseño
y fabricación
asistidos
por compu-
tadora

Otro de los grandes logros en ingeniería reconoce las contribuciones del **diseño y fabricación asistidos por computadora** (CAD / CAM). El CAD / CAM ha generado una nueva revolución industrial aumentando la rapidez y la eficiencia de muchos tipos de procesos de fabricación. El CAD permite realizar el diseño con una computadora, la cual después produce los planos finales, listas de componentes y resultados de simulaciones computarizadas. La CAM usa los resultados del diseño para controlar maquinaria o robots industriales a fin de fabricar, ensamblar y mover componentes.

Jumbo jet

El **jumbo jet** se originó a partir del avión de carga C-5A de la fuerza aérea estadounidense que inició vuelos operativos en 1969. Gran parte del éxito de los jumbo jet se puede atribuir al reactor de abanico de alta desviación que permite volar más lejos con menos combustible y con menos ruido que con los motores a reacción anteriores. El núcleo del motor opera como un turborreactor puro: aspas compresoras succionan aire hacia la cámara de combustión del motor; el gas caliente en expansión empuja al motor hacia adelante y al mismo tiempo hace girar una turbina, la que a su

SATÉLITE
Cortesía de la National Aero-
nautics and Space Administration.

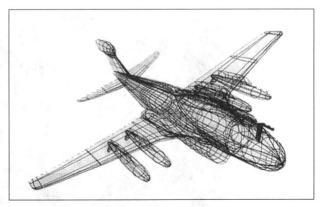

DISEÑO ASISTIDO POR COMPUTADORA
Cortesía de Computervision
Corporation.

Jumbo Jet   *Cortesía de United Parcel Service.*

vez impulsa el compresor y el abanico grande en la parte frontal del motor. El abanico, al girar, proporciona la mayor parte del empuje del motor.

Materiales compuestos avanzados

La industria de la aviación también fue la primera en desarrollar y usar **materiales compuestos avanzados**, que son materiales que se pueden pegar de modo que uno refuerza las fibras del otro. Los materiales compuestos avanzados se crearon para contar con materiales más ligeros, fuertes y resistentes a la temperatura para aviones y naves espaciales. No obstante, ahora existen nuevos mercados para los materiales compuestos para uso en equipo deportivo. Por ejemplo, capas de fibras de Kevlar tejidas aumentan la resistencia y reducen el peso de los esquís para descenso en nieve, y los palos de golf de grafito/epoxy son más fuertes y ligeros que los palos de acero convencionales. Los materiales compuestos también se usan en el diseño de prótesis.

Tomografía axial computarizada

Las áreas de medicina, bioingeniería y ciencias de la computación hicieron equipo para el desarrollo de la máquina exploradora de CAT (tomografía axial computarizada). Este instrumento puede generar imágenes tridimensionales o cortes bidimen-

MATERIALES COMPUESTOS AVANZADOS   *Cortesía de Mike Valeri.*

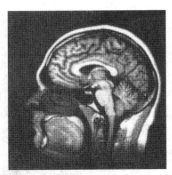

EXPLORACIÓN CAT
Cortesía de General Electric.

INGENIERÍA GENÉTICA
Cortesía de Matt Meadows.

sionales de un objeto usando rayos X que se generan desde diferentes ángulos alrededor del objeto. Cada rayo X mide una densidad desde su ángulo, y algoritmos computarizados muy complejos combinan la información de todos los rayos X para reconstruir una imagen clara del interior del objeto. Las exploraciones CAT se usan rutinariamente para identificar tumores, coágulos sanguíneos y anomalías en el cerebro. El ejército de Estados Unidos está desarrollando un explorador CAT ligero y robusto que se puede transportar a estaciones médicas en zonas de combate.

Ingeniería genética

La **ingeniería genética**, el trabajo de genetistas e ingenieros, ha dado origen a muchos productos nuevos que van desde la insulina hasta hormonas para el crecimiento y vegetales resistentes a infecciones. Un producto de ingeniería genética se crea insertando un gen que produce una sustancia valiosa de un organismo en otro organismo que se multiplica, multiplicando al mismo tiempo el gen ajeno. El primer producto comercial de ingeniería genética fue la insulina humana, que apareció con el nombre comercial de Humulin. Los trabajos actuales incluyen investigaciones de microbios alterados genéticamente para limpiar desechos tóxicos y degradar pesticidas.

Láseres

Los **láseres** son ondas de luz que tienen la misma frecuencia y viajan en un haz angosto que puede dirigirse y enfocarse. Se usan láseres de CO_2 para taladrar agujeros en materiales que van desde cerámicas hasta materiales compuestos. Los láseres también se usan en procedimientos médicos para soldar el desprendimiento de la retina ocular, sellar lesiones en vasos sanguíneos, vaporizar tumores cerebrales y realizar cirugía delicada del oído interno. Las imágenes tridimensionales llamadas hologramas también se generan con láser.

Fibras ópticas

Las comunicaciones de **fibra óptica**, utilizan esta fibra compuesta de hilos de vidrio transparente más delgados que un cabello humano. Una fibra óptica puede transportar más información que las ondas de radio o las ondas eléctricas en los alambres telefónicos de cobre, y no produce ondas electromagnéticas que pueden causar interferencia en las líneas de comunicación. Los cables transoceánicos de fibra óptica proveen canales de comunicación entre los continentes. La fibra óptica también se usa en instrumentos médicos que permiten a los cirujanos introducir luz en el cuerpo humano para realizar exámenes y cirugía con láser.

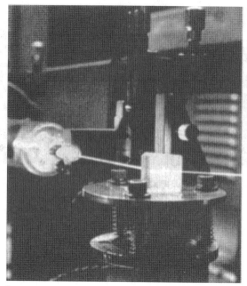

LÁSERES
Cortesía de Perkin-Elmer.

FIBRAS ÓPTICAS
Cortesía de Photo Researchers, Inc.

GRANDES DESAFÍOS PARA EL FUTURO

Grandes
desafíos

Aunque los logros recientes de los ingenieros han producido resultados impresionantes, todavía quedan muchos problemas importantes por resolver. En esta sección presentamos un grupo de **grandes desafíos**: problemas fundamentales de ciencias e ingeniería con un impacto potencial muy amplio. Los grandes desafíos fueron identificados por la Oficina de Políticas de Ciencia y Tecnología en Washington, D.C. como parte de una estrategia de investigación y desarrollo de computación de alto rendimiento. Hemos seleccionado cinco de estos grandes desafíos para el presente texto. Dichos desafíos se comentarán en las aplicaciones que abren cada capítulo, y en los ejemplos se resolverán problemas relacionados con ellos. Los párrafos que siguen presentan brevemente estos grandes desafíos y bosquejan los tipos de beneficios que se obtendrán de sus soluciones. Así como la computadora desempeñó un papel importante en los diez logros más importantes de la ingeniería, también desempeñará un papel aún mayor en la resolución de problemas relacionados con estos grandes desafíos.

Predicción del
tiempo, el clima
y los cambios
globales

La **predicción del tiempo, el clima y los cambios globales** requiere una comprensión del sistema acoplado de la atmósfera y la biosfera oceánica. Esto incluye la comprensión de la dinámica del CO_2 en la atmósfera y el mar, el agotamiento del ozono y los cambios climatológicos debidos a la liberación de sustancias químicas o energía. Esta compleja interacción también incluye interacciones solares. Una erupción importante de una tormenta solar cerca de un agujero en la corona (un punto de descarga del viento solar) puede expulsar enormes cantidades de gases calientes desde la superficie del Sol hacia la superficie terrestre a velocidades de más de un millón de millas por hora. Estos gases calientes bombardean la Tierra con rayos X y pueden interferir las comunicaciones y causar fluctuaciones en las líneas de transmisión de electricidad. Para aprender a predecir alteraciones en el tiempo, el clima y cambios globales es preciso recabar grandes cantidades de datos y desarrollar nuevos modelos matemáticos capaces de representar la interdependencia de muchas variables.

Comprensión computarizada del habla

La **comprensión computarizada del habla** podría revolucionar nuestros sistemas de comunicación, pero se deben superar muchos problemas. Actualmente es posible enseñar a una computadora a entender palabras de un vocabulario pequeño habladas por la misma persona. Sin embargo, es difícil crear sistemas independientes del hablante que entiendan palabras de vocabularios grandes y de diferentes idiomas. Por ejemplo, cambios sutiles en la voz de las personas, como los causados por un resfriado o el estrés, pueden afectar el desempeño de los sistemas de reconocimiento del habla. Además, suponiendo que la computadora pueda reconocer las palabras, no es sencillo determinar su significado. Muchas palabras dependen del contexto y no pueden analizarse por separado; además, la entonación, como cuando alzamos la voz, puede transformar una afirmación en una pregunta. Aunque todavía hay muchos problemas difíciles que deben resolverse en el área del reconocimiento y comprensión automáticos del habla, abundan las posibilidades estimulantes. Por ejemplo, ¡imagine un sistema telefónico que determina los idiomas que se están hablando y traduce las señales del habla de modo que cada persona escuche la conversación en su idioma materno!

Proyecto del genoma humano

La meta del **proyecto del genoma humano** es localizar, identificar y determinar la función de cada uno de los 50,000 a 100,000 genes contenidos en el ADN (ácido desoxirribonucleico) humano, el material genético de que se componen las células. Descifrar el código genético humano dará pie a muchos avances técnicos, incluida la capacidad para detectar la mayor parte de las más de 4 000 enfermedades genéticas humanas conocidas, como la anemia de células falciformes y la fibrosis quística. Sin embargo, el descifrado del código se complica por la naturaleza de la información genética. Cada gen es un hilo de doble hélice compuesto por pares de bases (adenina unida a timina o citosina unida a guanina) dispuestas en forma de escalones con grupos fosfato a los lados. Estos pares de bases pueden ocurrir en cualquier orden y representan la información hereditaria del gen. El número de pares de bases en el ADN humano se ha estimado en cerca de 3 000 millones. Dado que el ADN dirige la producción de proteínas para todas las necesidades metabólicas, las proteínas producidas por una célula pueden constituir una clave para entender la secuencia de pares de bases en el ADN.

Mejoras en el funcionamiento de los vehículos

Un **mejoramiento sustancial del funcionamiento de los vehículos** requiere modelos físicos más complejos en las áreas de comportamiento dinámico de fluidos en campos de flujo tridimensionales y flujo dentro de la turbomaquinaria y ductos de los motores. La turbulencia en los flujos de fluidos afecta la estabilidad y el control, las características térmicas y el rendimiento del combustible de vehículos aeroespaciales; es necesario modelar este flujo para poder analizar nuevas configuraciones. Los análisis del comportamiento aeroelástico de los vehículos también afectan los nuevos diseños. La eficiencia de los sistemas de combustión también está relacionada con lo anterior, porque para lograr mejoras significativas en la eficiencia de combustión es preciso entender las relaciones entre los flujos de las diversas sustancias y la química que hace que dichas sustancias reaccionen. El funcionamiento de los vehículos también está siendo investigado con la ayuda de computadoras y microprocesadores a bordo. Se están estudiando sistemas de transporte en los que los automóviles tienen computadoras con pequeñas pantallas de video montadas en el tablero. El conductor introduce la posición de su destino, y la pantalla de video muestra los nombres de las calles y el camino que debe seguirse para llegar de la posición actual a la de destino. Una red de comunicaciones mantiene a la computadora del coche al tanto de cualquier embotellamiento de tránsito, a fin de que el auto pueda seguir una ruta alternativa si es necesario. Otras investigaciones sobre transporte estudian la conducción totalmente automatizada, con computadoras y redes manejando todo el intercambio de control e información.

Recuperación mejorada de petróleo y gas

La **recuperación mejorada de petróleo y gas** nos permitirá encontrar las reservas de petróleo que se estiman en 300 mil millones de barriles en Estados Unidos. Las técnicas actuales para identificar estructuras con posibilidades de contener petróleo y gas emplean procedimientos sísmicos capaces de evaluar estructuras hasta 20,000 pies por debajo de la superficie. Estas técnicas emplean un grupo de sensores (denominado arreglo de sensores) que se coloca cerca del área que se desea probar. Una señal de choque enviada hacia el interior de la tierra es reflejada por las fronteras de las diferentes capas geológicas y luego es recibida por los sensores. Empleando procesamiento de señales avanzado, se pueden crear mapas de las capas de frontera y hacer estimaciones acerca de los materiales que contienen, como arenisca, pizarra y agua. Las señales de choque se pueden generar de diversas formas. Se puede hacer un agujero y detonar en su interior una carga explosiva; se puede detonar una carga en la superficie; o se puede usar un camión especial provisto de un martillo hidráulico para golpear el suelo varias veces por segundo. Se requieren investigaciones continuadas para mejorar la resolución de la información y encontrar métodos de producción y recuperación que sean económicos y ecológicamente aceptables.

Estos grandes desafíos son sólo unos cuantos de los numerosos problemas interesantes que están en espera de ser resueltos por los ingenieros y científicos. Las soluciones a problemas de esta magnitud serán el resultado de enfoques organizados que combinan ideas y tecnologías. Las computadoras y las técnicas de solución de problemas serán elementos clave en el proceso de resolución.

EL CAMBIANTE ENTORNO DE INGENIERÍA

El ingeniero del siglo XXI trabajará en un entorno que requiere muchas habilidades y capacidades no técnicas. Aunque la computadora será la herramienta de cálculo primaria de la mayoría de los ingenieros, también será útil para adquirir capacidades no técnicas adicionales.

Habilidades de comunicación

Los ingenieros requieren firmes **habilidades de comunicación** tanto para presentaciones orales como para preparar materiales escritos. Las computadoras proporcionan software que ayuda a escribir sinopsis y elaborar materiales y gráficas para presentaciones e informes técnicos. El correo electrónico (email) y la World Wide Web (WWW) también son importantes canales de comunicación que veremos más adelante en este capítulo.

Ruta de diseño/ proceso/ fabricación

La **ruta de diseño/proceso/fabricación**, que consiste en llevar una idea de concepto a producto, es algo que los ingenieros deben entender por experiencia propia. Cada paso de este proceso utiliza computadoras: análisis de diseño, control de máquina, ensamblado con robots, aseguramiento de la calidad y análisis de mercados. Varios problemas del texto tienen que ver con estos temas. Por ejemplo, en el capítulo 6 desarrollaremos un programa para determinar el movimiento de un brazo robot utilizado para ensamblar tarjetas de circuitos.

Equipos interdisciplinarios

Los equipos de ingeniería del futuro van a ser **equipos interdisciplinarios**, igual que los actuales. La presentación de los diez logros culminantes en ingeniería pone de manifiesto la naturaleza interdisciplinaria de dichos logros. Aprender a interactuar en equipos y desarrollar estructuras organizativas para la comunicación eficaz dentro de los equipos es una habilidad importante de los ingenieros.

Mercado mundial

Los ingenieros del siglo XXI necesitan entender el **mercado mundial**. Esto implica entender diferentes culturas, sistemas políticos y entornos de negocios. Los cursos sobre estos temas y de idiomas extranjeros ayudan a adquirir esta comprensión, y los programas de intercambio con experiencias internacionales proporcionan conocimientos valiosos para desarrollar un entendimiento más amplio del mundo.

Los ingenieros resuelven problemas, pero los problemas no siempre se formulan con cuidado. Un ingeniero debe ser capaz de extraer un enunciado de problema de un análisis del mismo y luego determinar las cuestiones importantes relacionadas con él. Esto implica no sólo crear un orden, sino también aprender a correlacionar el caos; no sólo significa **analizar** los datos, sino también **sintetizar** una solución. La integración de ideas puede ser tan importante como la descomposición del problema en fragmentos manejables. La solución a un problema podría implicar no sólo un razonamiento abstracto sobre el problema, sino también aprendizaje experimental a partir del entorno del problema.

Analizar Sintetizar

Contexto social

Las soluciones a los problemas también deben considerarse en su **contexto social**. Es preciso abordar las cuestiones ambientales mientras se consideran soluciones alternativas a los problemas. Los ingenieros también deben estar conscientes de las implicaciones éticas al proporcionar resultados de pruebas, verificaciones de calidad y limitaciones de diseño. Es una lástima que tragedias como la explosión del Challenger sean a veces el móvil para traer al primer plano cuestiones de responsabilidad y obligaciones. Las cuestiones éticas nunca son fáciles de resolver, y algunos de los nuevos y excitantes logros tecnológicos traerán de la mano más consideraciones éticas. Por ejemplo, la creación de mapas del genoma humano tendrá implicaciones éticas, legales y sociales. La terapia genética que permite a los doctores combatir la diabetes, ¿deberá usarse también para aumentar la capacidad atlética? ¿Debe darse a los futuros padres información detallada acerca de las características físicas y mentales de un niño que aún no ha nacido? ¿Qué grado de confidencialidad debe tener un individuo respecto a su código genético? Surgen cuestiones complicadas con cualquier avance tecnológico porque las mismas capacidades que pueden hacer mucho bien también se pueden aplicar a menudo en formas que resultan dañinas.

A continuación iniciamos nuestro estudio de MATLAB con una introducción a la gama de sistemas de cómputo de que disponen los ingenieros y una introducción a la metodología de resolución de problemas que se usará en todo este texto para resolver problemas de ingeniería con la ayuda de MATLAB.

1.2   Sistemas de cómputo

Computadora

Antes de comenzar a hablar de MATLAB, resulta útil explicar brevemente en qué consiste la computación, sobre todo para quienes no han tenido experiencia previa con las computadoras. La **computadora** es una máquina diseñada para realizar operaciones

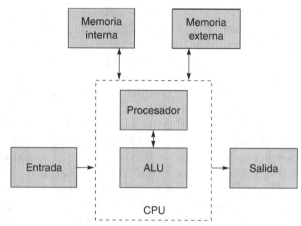

Figura 1.1   *Organización interna de una computadora.*

que se especifican con un conjunto de instrucciones llamado **programa**. El **hardware** de computadora se refiere al equipo, como el teclado, el ratón, la terminal, el disco duro y la impresora. El **software** de computadora se refiere a los programas que describen los pasos que queremos que la computadora realice.

EQUIPO DE CÓMPUTO

Todas las computadoras tienen una organización interna común, como se aprecia en la figura 1.1. El **procesador** controla todas las demás partes; acepta valores de entrada (de un dispositivo como el teclado) y las almacena en la **memoria**. El procesador también interpreta las instrucciones de los programas de computadora. Si queremos sumar dos valores, el procesador recuperará los valores de la memoria y los enviará a la **unidad de aritmética y lógica**, o ALU. La ALU realizará la suma, y el procesador almacenará después el resultado en la memoria. La unidad de procesamiento y la ALU utilizan memoria interna compuesta por memoria sólo de lectura (ROM) y memoria de acceso aleatorio (RAM) en su procesamiento; la mayor parte de los datos se almacenan en memoria externa o memoria secundaria usando unidades de disco duro o de disco flexible que se conectan al procesador. El procesador y la ALU juntos reciben el nombre de **unidad central de proceso** o CPU. Un **microprocesador** es una CPU contenida en un solo *chip* de circuitos integrados que contiene millones de componentes en un área más pequeña que un sello de correo.

Por lo regular le indicamos a la computadora que imprima los valores calculados en la pantalla de la terminal o en papel usando una impresora. Las impresoras de matriz de puntos usan una matriz (o retícula) de agujas para producir la figura de un carácter en papel, en tanto que las impresoras de láser usan un rayo de luz para transferir imágenes al papel. La computadora también puede escribir información en disquetes, que la almacenan magnéticamente. La reproducción en papel de la información se denomina **copia impresa**, y la reproducción magnética de la información se denomina **copia electrónica**.

Hay computadoras de todos los tamaños, formas y estilos. (Vea las fotografías de la figura 1.2.) Las computadoras personales (**PC**) son pequeñas, de bajo costo, y se usan comúnmente en oficinas, hogares y laboratorios. Las PC también se conocen

Unidad central
de proceso

PC

PREDICCIÓN DEL TIEMPO, EL CLIMA Y LOS CAMBIOS GLOBALES

Para predecir el tiempo, el clima y los cambios globales debemos entender las complejas interacciones de la atmósfera y los océanos. En dichas interacciones influyen muchas cosas, incluidas temperatura, vientos, corrientes oceánicas, precipitación, humedad del suelo, capa de nieve, glaciares, hielo marino polar y la absorción de radiación ultravioleta por el ozono en la atmósfera. Como resultado de la preocupación por el agotamiento del ozono en la atmósfera, se lanzaron globos meteorológicos (**Foto 1**) desde Suecia en 1990 como parte de un experimento realizado por ingenieros y científicos de Francia, Alemania y Estados Unidos para medir el ozono atmosférico y diversos contaminantes cerca del Polo Ártico. La **foto 2** ilustra la concentración total de ozono en la atmósfera en el hemisferio sur en octubre de 1993. Estos datos provienen del espectrómetro de mapeo de ozono total montado en el satélite ruso Meteor-3; la región blanca muestra una disminución del 60% en los niveles de ozono respecto a 1975. Si queremos poder predecir fenómenos meteorológicos como los tornados, debemos entender la combinación de sucesos que debe darse para que se formen. La **foto 3** muestra equipo diseñado para generar tornados en miniatura; los resultados de experimentos como éste amplían los conocimientos en el campo de la meteorología. ∎

Foto 1   *Globo meteorológico*

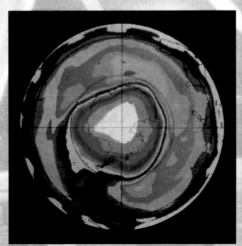

Foto 2   *Modelo de ozono*

Foto 3   *Máquina de tornados*

MEJORAS EN EL FUNCIONAMIENTO DE LOS VEHÍCULOS

Las mejoras significativas en el funcionamiento de los vehículos no sólo afectarán los modos de transporte con que contamos, sino que también podrán mejorar el medio ambiente

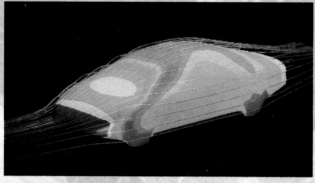

Foto 4   *Aerodinámica de automóviles*

Foto 5   *Túnel de viento*

reduciendo la contaminación y logrando un consumo de energía más eficiente. Las técnicas de diseño asistido por computadora nos permiten analizar el flujo de fluidos tridimensional alrededor de un vehículo (**foto 4**). También podemos analizar nuevos diseños empleando túneles de viento que pueden generar distintas velocidades de viento para probar el rendimiento de nuevas estructuras (**foto 5**). Las mejoras en el transporte aprovecharán avances de ingeniería en otras áreas, como la navegación por satélite. Podemos usar los satélites del Sistema de Posicionamiento Global (GPS) para determinar la posición exacta de un receptor GPS, y esa información podría aprovecharse en una computadora a bordo para guiar a un conductor al destino deseado, como se aprecia en la **foto 6**. ■

Foto 6   *Coche guiado por computadora*

COMPRENSIÓN COMPUTARIZADA DEL HABLA

La comprensión computarizada del habla podría revolucionar nuestros sistemas de comunicación. Todavía no podemos conversar normalmente con las computadoras, pero ya hay aplicaciones que usan algunas formas de comprensión del habla. Los juegos educativos como el que se ilustra en la **foto 7** usan entradas por voz para enseñar habilidades como las de lenguaje y matemáticas; estos programas entienden palabras de vocabularios limitados. Otros programas de computadora están diseñados para entender y responder a palabras de una persona específica.

Por ejemplo, pueden diseñarse sillas de ruedas motorizadas que responden a órdenes verbales, y hay computadoras que pueden recibir como entrada instrucciones verbales, no sólo a través de un teclado (**foto 8**). ■

Foto 7   *Juego educativo*

Foto 8   *Entradas habladas para computadora*

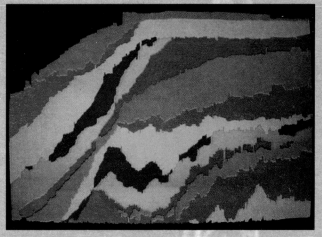

Foto 10   *Plataforma petrolera*

Foto 11   *Modelo computarizado de capas terrestres*

RECUPERACIÓN MEJORADA DE PETRÓLEO Y GAS

Se requieren técnicas económicas y ecológicamente sensatas para la identificación y recuperación de las reservas de petróleo y gas. Se están desarrollando técnicas de procesamiento de señales de sonar para identificar reservas potenciales bajo el océano, que después se recuperarán mediante plataformas petroleras (**foto 10**). Las reservas subterráneas pueden localizarse empleando técnicas que producen mapas de la estructura geológica, como se muestra en el modelo computarizado de la **foto 11**, el cual se obtuvo mediante procesamiento de señales sísmicas. Esta información puede servir para determinar los materiales que constituyen las distintas capas, y así indicar las áreas con alta probabilidad de contener petróleo o gas. El entendimiento de la estructura y las relaciones geológicas de diferentes regiones, como la hendidura del volcán Mauna Loa que se muestra en la **foto 12**, proporciona a los ingenieros y científicos nueva información para entender la estructura terrestre y los materiales que la componen. ■

Foto 12   *Experimentos geológicos en un volcán*

Foto 9   *Cabina de mando de un avión comercial*

Los investigadores están explorando actualmente el empleo del habla para simplificar el acceso a la información contenida en los cientos de medidores e instrumentos de la cabina de mando de un avión comercial (**foto 9**). Por ejemplo, en un avión del futuro, el piloto tal vez pueda pedir verbalmente información como nivel de combustible, y una computadora responderá con voz sintetizada indicando la cantidad que resta. ■

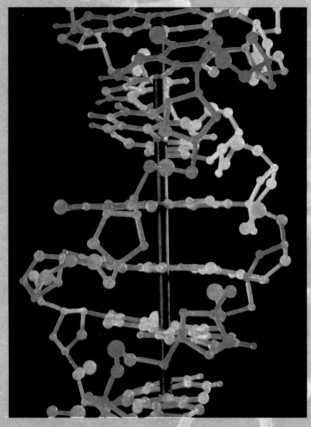

Foto 13   *Modelo de molécula de ADN*

Foto 14   *Equipo para secuenciado de ADN*

PROYECTO DEL GENOMA HUMANO

Foto 15   *Bandas de ADN*

El objetivo del Proyecto del Genoma Humano es localizar, identificar y determinar la función de cada uno de los 50,000 a 100,000 genes contenidos en el ADN (ácido desoxirribonucleico) humano. En la **foto 13** se muestra un modelo de la molécula de dóble hélice del ADN. Cada gen se compone de pares de bases dispuestos como escalones, y es la identificación del orden de estos pares de bases lo que proporciona la clave para el genoma humano. La estructura de los genes se puede estudiar empleando equipo como la máquina de electroforesis de la **foto 14**. Esta máquina contiene un gel que puede separar fragmentos de ADN con marcas radiactivas usando un campo eléctrico. La **foto 15** muestra a un ingeniero separando bandas de ADN para un experimento de empalme de genes. ■

Figura 1.2   *Hardware de computadoras.* (**Créditos de fotografías:** *a* *Cortesía de Johnson Space Center.*   *b* *Cortesía de The Image Works.*   *c* *Cortesía de Apple Computer Inc.*   *d* *Cortesía de The Image Works.*   *e* *Cortesía de Cray research.*   *f* *Cortesía de IBM.*)

como microcomputadoras, y su diseño se centra en un microprocesador, como el Intel 486, capaz de procesar millones de instrucciones por segundo (mips). Las minicomputadoras son más potentes que las microcomputadoras; las *mainframes* son computadoras aún más potentes que suelen usarse en empresas y laboratorios de investigación. Una *workstation* (**estación de trabajo**) es una minicomputadora o una *mainframe* lo bastante pequeña como para tener cabida en un escritorio. Las **supercomputadoras** son las más rápidas de todas las computadoras, y pueden procesar miles de millones de instrucciones por segundo. Gracias a su velocidad, las supercomputadoras pueden resolver problemas muy complejos que no sería factible resolver en otras computadoras. Las *mainframes* y las supercomputadoras requieren instalaciones especiales y personal especializado para operar y mantener los sistemas de cómputo.

El tipo de computadora que se necesita para resolver un problema en particular depende de las exigencias del problema. Si la computadora forma parte de un sistema de seguridad doméstico, bastará con un microprocesador; si la computadora está controlando un simulador de vuelo, probablemente se necesitará una *mainframe*. Las

Redes

redes permiten a las computadoras comunicarse entre sí para compartir recursos e información. Por ejemplo, Ethernet es una red de área local (LAN) de uso común.

SOFTWARE PARA COMPUTADORA

El software para computadora contiene las instrucciones o comandos que queremos que la computadora ejecute. Hay varias categorías importantes de software, incluidos sistemas operativos, herramientas de software y compiladores de lenguajes. La figura 1.3 ilustra la interacción entre estas categorías de software y el hardware de computadora. A continuación describiremos con mayor detalle cada una de dichas categorías.

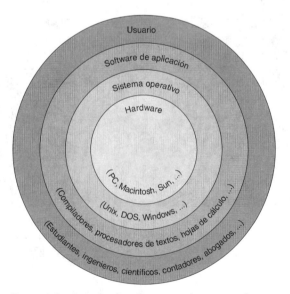

Figura 1.3   *Interfaz de software con la computadora.*

Sistema operativo

Sistemas operativos. Ciertos tipos de software, como el **sistema operativo**, normalmente viene con el hardware de la computadora cuando se adquiere ésta. El sistema operativo provee una interfaz entre usted (el usuario) y el hardware estableciendo un entorno cómodo y eficiente que permite seleccionar y ejecutar el software del sistema.

Los sistemas operativos también contienen un grupo de programas llamados **utilerías** que permiten realizar funciones como imprimir archivos, copiar archivos de un disquete a otro y listar los archivos que se han guardado en un disquete. Si bien la mayor parte de los sistemas operativos cuentan con estas utilerías, los comandos en sí varían de una computadora a otra. Por ejemplo, para listar los archivos usando DOS (un Sistema Operativo de Disco que se usa principalmente con las PC), el comando es `dir`; para listar los archivos con UNIX (un potente sistema operativo que se emplea a menudo con estaciones de trabajo), el comando es `ls`. Algunos sistemas operativos, como el entorno Macintosh y el entorno Windows, simplifican la interfaz con el sistema operativo.

Dado que los programas MATLAB se pueden ejecutar en muchas plataformas o sistemas de hardware distintos, y dado que una computadora específica puede usar diferentes sistemas operativos, no podemos analizar aquí la amplia variedad de sistemas operativos que el lector podría usar mientras toma este curso. Suponemos que el profesor proporcionará la información sobre el sistema operativo específico que el lector necesitará para usar las computadoras disponibles en su universidad; esta información también está contenida en los manuales del sistema operativo.

Procesadores de textos

Herramientas de software. Las herramientas de software son programas que se han escrito para realizar operaciones comunes. Por ejemplo, los **procesadores de textos** como Microsoft Word y WordPerfect, son programas que ayudan al usuario a introducir texto y darle formato. Los procesadores de textos permiten cambiar de lugar frases y párrafos y a menudo cuentan con capacidades para introducir ecuaciones matemáticas y revisar la ortografía o la gramática. Los procesadores de textos también sirven para introducir programas de computadora y almacenarlos en archivos. Los procesadores de textos más avanzados permiten producir páginas bien diseñadas que combinan diagramas y gráficos elaborados con texto y títulos. Estos programas usan una tecnología llamada **autoedición**, que combina un procesador de textos potente con una impresora de alta calidad para producir documentos de aspecto profesional.

Hoja de cálculo

Los programas de **hoja de cálculo** son herramientas de software que facilitan el trabajo con datos que se pueden exhibir en una retícula de filas y columnas. Las hojas de cálculo se usaban inicialmente para aplicaciones financieras y de contabilidad, pero muchos problemas científicos y de ingeniería se pueden resolver con facilidad usando hojas de cálculo. La mayor parte de los paquetes de hoja de cálculo cuenta con funciones de graficación, por lo que pueden ser de especial utilidad para analizar y exhibir información. Excel, Quattro Pro y Lotus 1-2-3 son paquetes de hoja de cálculo populares.

Administración de bases de datos

Otro grupo muy utilizado de herramientas de software lo constituyen los programas de **administración de bases de datos**, como dBase IV y Paradox. Estos programas permiten al usuario almacenar una gran cantidad de datos, recuperar elementos de esos datos y darles formato para presentarlos en informes. Las organizaciones grandes como bancos, hospitales, hoteles y líneas aéreas usan bases de datos. También se usan bases de datos científicas para analizar grandes cantidades de datos. Los datos meteorológicos son un ejemplo de datos científicos que requieren una base de datos grande para su almacenamiento y análisis.

Diseño asistido por computadora

Los paquetes de **diseño asistido por computadora** (CAD), como AutoCAD, AutoSketch y CADKEY, permiten al usuario definir objetos y luego manipularlos gráficamente. Por ejemplo, podemos definir un objeto y luego verlo desde diferentes ángulos u observar una rotación del objeto de una posición a otra.

Cálculos matemáticos

MATLAB, Mathematica, MATHCAD y Maple son potentes herramientas de **cálculos matemáticos**, que también ofrecen amplias capacidades para generar gráficas. Esta combinación de potencia de cómputo y de visualización hace que sean herramientas especialmente útiles para los ingenieros. En el capítulo 2 presentaremos el entorno de computación provisto por MATLAB.

Si un problema de ingeniería puede resolverse usando una herramienta de software, casi siempre resulta más eficiente usar esa herramienta que escribir un programa en un lenguaje de computadora para resolver el problema. Sin embargo, muchos problemas no pueden resolverse usando herramientas de software, o podría ser que una herramienta de software no esté disponible en el sistema de computadora que debe usarse para resolver el problema; por tanto, también necesitamos aprender a escribir programas usando lenguajes de computadora. La distinción entre una herramienta de software y un lenguaje de computadora se está haciendo menos clara, ya que algunas de las herramientas más potentes, como MATLAB y Mathematica, incluyen sus propios lenguajes además de operaciones especializadas.

Lenguajes de computadora. Los lenguajes de computadora pueden describirse en términos de niveles. Los lenguajes de bajo nivel, o lenguajes de máquina, son los lenguajes más primitivos. El **lenguaje de máquina** está íntimamente ligado con el diseño del hardware de la computadora. Puesto que los diseños de computadoras se basan en una tecnología de dos estados (es decir, circuitos abiertos o cerrados, interruptores abiertos o cerrados, cargas positivas o negativas), el lenguaje de máquina se escribe usando dos símbolos, que usualmente se representan con los dígitos 0 y 1. Por tanto, el lenguaje de máquina también es un lenguaje **binario**, y las instrucciones se escriben como sucesiones de ceros y unos llamadas cadenas binarias. En virtud de que el lenguaje de máquina está muy ligado al diseño del hardware de computadora, el lenguaje de máquina de una computadora Sun es diferente del de una computadora Silicon Graphics.

Lenguaje ensamblador

Un **lenguaje ensamblador** también es exclusivo para un diseño de computadora específico, pero sus instrucciones se escriben con palabras similares a palabras del inglés en lugar de cadenas binarias. Los lenguajes ensambladores normalmente no tienen muchas instrucciones, por lo que escribir programas en ellos puede ser tedioso. Además, para usar un lenguaje ensamblador se debe contar con información relacionada con el hardware de computadora específico. Los instrumentos que contienen microprocesadores con frecuencia requieren que los programas operen con gran rapidez; por ello, los programas se denominan **programas en tiempo real**. Estos programas en tiempo real por lo regular se escriben en lenguaje ensamblador para aprovechar el hardware de computadora específico y realizar los pasos con mayor rapidez.

Lenguajes de alto nivel

Los **lenguajes de alto nivel** son lenguajes de computadora que tienen comandos e instrucciones similares al inglés, e incluyen lenguajes como C++, C, Fortran,

TABLA 1.1 Comparación de instrucciones de software	
Software	**Ejemplo de instrucción**
MATLAB	`area = pi*((diameter/2)^2);`
C,C++	`area = 3.141593*(diameter/2)*(diameter/2);`
Fortran	`area = 3.141593*(diameter/2.0)**2`
Ada	`area := 3.141593*(diameter/2)**2;`
Pascal	`area := 3.141593*(diameter/2)*(diameter/2)`
BASIC	`let a = 3.141593*(d/2)*(d/2)`
COBOL	`compute area = 3.141593*(diameter/2)*(diameter/2).`

Ada, Pascal, COBOL y Basic. Escribir programas en lenguajes de alto nivel ciertamente es más fácil que hacerlo en lenguaje de máquina o en lenguaje ensamblador.
Por otro lado, un lenguaje de alto nivel contiene un gran número de comandos y un
conjunto amplio de reglas de **sintaxis** (o gramática) para usar los comandos. A fin de
ilustrar la sintaxis y puntuación requerida tanto por las herramientas de software
como por los lenguajes de alto nivel, calculamos el área de un círculo con un diámetro especificado en la tabla 1.1 usando varios lenguajes y herramientas distintos.
Observe tanto las similitudes como las diferencias en este sencillo cálculo. Aunque
incluimos a C y C++ como lenguajes de alto nivel, muchas personas prefieren descri-
birlos como lenguajes de nivel medio porque permiten acceder a rutinas de bajo nivel
y con frecuencia se usan para definir programas que se convierten a lenguaje
ensamblador.

Los lenguajes también se definen en términos de **generaciones**. La primera generación de lenguajes de computadora es el lenguaje de máquina, la segunda es el
lenguaje ensamblador, la tercera generación comprende los lenguajes de alto nivel.
Los lenguajes de cuarta generación, también llamados **4GL**, todavía no se han desarrollado y se describen sólo en términos de sus características y la productividad
de los programadores. La quinta generación de lenguajes se denomina lenguajes natu-
rales. Para programar en un lenguaje de quinta generación se usaría la sintaxis del
habla natural. Es evidente que la implementación de un lenguaje natural requeriría la
consecución de uno de los grandes desafíos: la comprensión computarizada del habla.

El **Fortran** (FORmula TRANslation) fue desarrollado a mediados de la década
de 1950 para resolver problemas científicos y de ingeniería. Nuevos estándares ac-
tualizaron el lenguaje al paso de los años, y el estándar actual, Fortran 90, contiene
potentes capacidades de cálculo numérico junto con muchas de las nuevas características y estructuras de lenguajes como C. **COBOL** (COmmon Business-Oriented
Language) se desarrolló a finales de la década de 1950 para resolver problemas de
negocios. **Basic** (Beginner's All-purpose Symbolic Instruction Code) se desarrolló a
mediados de la década de 1960 como herramienta de educación y con frecuencia se
incluye en el software de sistemas de una PC. **Pascal** se desarrolló a principios de la
década de 1970 y se utiliza ampliamente en los planes de estudio de ciencias de la computación para introducir a los estudiantes a ésta. **Ada** se desarrolló por iniciativa del
Departamento de la Defensa de Estados Unidos con el objetivo de contar con un
lenguaje de alto nivel apropiado para los sistemas de computadora incorporados que
por lo regular se implementan usando microprocesadores. El diseño final del lenguaje fue aceptado en 1979, y el lenguaje se bautizó en honor de Ada Lovelace, quien
escribió instrucciones para realizar cálculos en una máquina analítica a principios

del siglo xix. **C** es un lenguaje de propósito general que evolucionó a partir de dos lenguajes, BCPL y B, desarrollados en los Bell Laboratories a finales de la década de 1960. En 1972, Dennis Ritchie desarrolló e implementó el primer compilador de C en una computadora DEC PDP-11 en los Bell Laboratories. El lenguaje se popularizó mucho para el desarrollo de sistemas porque era independiente del hardware. A causa de su popularidad tanto en la industria como en los círculos académicos, se hizo evidente que se necesitaba una definición estándar. En 1983 se creó un comité del American National Standards Institute (ANSI) para crear una definición independiente de la máquina y sin ambigüedades de C. En 1989 se aprobó el estándar ANSI. **C++** es una evolución del lenguaje C desarrollada en los Bell Laboratories de AT&T a principios de la década de 1980 por Bjarne Stroustrup. Las extensiones del lenguaje C proporcionaron nuevos operadores y funciones que apoyan un nuevo paradigma llamado diseño y programación orientados a objetos.

Ejecución de un programa de computadora. Un programa escrito en un lenguaje de alto nivel como C debe traducirse a lenguaje de máquina antes de que la computadora pueda ejecutar las instrucciones. Se usa un programa especial llamado **compilador** para llevar a cabo dicha traducción. Así, para poder escribir y ejecutar programas en C en una computadora, el software de esta última debe incluir un compilador de C.

Compilador

Si el compilador detecta errores (conocidos como **bugs** [bichos]) durante la compilación, imprime los mensajes de error correspondientes. Debemos corregir las instrucciones del programa y luego realizar otra vez el paso de compilación. Los errores identificados durante esta etapa se llaman **errores de compilación** o errores de tiempo de compilación. Por ejemplo, si queremos dividir el valor almacenado en una variable llamada `suma` entre 3, la expresión correcta en C es `suma/3`; si escribimos incorrectamente esa expresión usando la diagonal invertida, como en `suma\3`, obtendremos un error de compilación. El proceso de compilar, corregir instrucciones (o **depuración**) y recompilar a menudo debe repetirse varias veces antes de que el programa se compile sin errores de compilación. Si ya no hay errores de compilación, el compilador genera un programa en lenguaje de máquina que ejecuta los pasos especificados en el programa original en C. Llamamos a este programa original **programa fuente**, y la versión en lenguaje de máquina se denomina **programa objeto**. Así, el programa fuente y el programa objeto especifican los mismos pasos, pero el programa fuente se especifica en un lenguaje de alto nivel, y el programa objeto se especifica en lenguaje de máquina.

Ejecución

Una vez que el programa se ha compilado correctamente, se requieren pasos adicionales para preparar el programa para su **ejecución**. Esta preparación implica **vincular** otras instrucciones en lenguaje de máquina con el programa objeto y luego **cargar** el programa en la memoria. Después de esta vinculación/carga, la computadora ejecuta los pasos del programa. En esta etapa podrían identificarse nuevos errores, llamados errores de ejecución, errores de tiempo de ejecución o **errores de lógica**; éstos también son bugs del programa. Los errores de ejecución con frecuencia hacen que se detenga la ejecución del programa. Por ejemplo, las instrucciones del programa podrían intentar realizar una división entre cero, lo que genera un error de ejecución. Algunos errores de ejecución no hacen que el programa deje de ejecutarse, pero sí que se produzcan resultados incorrectos. Estos tipos de errores pueden deberse a equivocaciones del programador al determinar los pasos correctos de las soluciones

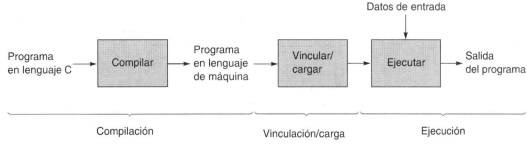

Figura 1.4 *Compilación/vinculación/ejecución de un programa.*

y a errores en los datos procesados por el programa. Cuando ocurren errores de ejecución a causa de errores en las instrucciones del programa, es preciso corregir los errores en el programa fuente e iniciar otra vez con el paso de compilación. Aun si un programa al parecer se ejecuta correctamente, debemos verificar las respuestas con cuidado para asegurarnos de que sean correctas. La computadora ejecutará los pasos precisamente como los especifiquemos; si especificamos los pasos indebidos (pero correctos en cuanto a su sintaxis), la computadora los ejecutará y por tanto producirá una respuesta incorrecta.

Los procesos de compilación, vinculación/carga y ejecución se bosquejan en la figura 1.4. El proceso de convertir un programa escrito en lenguaje ensamblador a binario corre a cargo de un **programa ensamblador**, y los procesos correspondientes se denominan ensamblado, vinculación/carga y ejecución.

Ejecución de un programa Matlab. En el entorno Matlab, podemos crear y ejecutar programas, o "guiones", que contienen comandos de Matlab. También podemos ejecutar un comando de Matlab, observar los resultados, y ejecutar otro comando de Matlab que interactúe con la información que está en la memoria, observar sus resultados, y así sucesivamente. Este **entorno interactivo** no requiere el proceso formal de compilación, vinculación/carga y ejecución que se describió para los lenguajes de computadora de alto nivel. Sin embargo, los errores en la sintaxis de un comando de Matlab se detectan cuando el entorno Matlab intenta traducir el comando, y los errores de lógica pueden causar errores de ejecución cuando el entorno Matlab intenta ejecutar el comando.

Ciclo de vida del software. En 1955, el costo de una solución por computadora típica se estimaba en un 15% para el desarrollo de software y un 85% para el hardware de computadora correspondiente. Con el tiempo, el costo del hardware ha disminuido drásticamente, mientras que el costo del software ha aumentado. En 1985 se estimó que los números mencionados prácticamente se habían invertido, con el 85% del costo para el software y el 15% para el hardware. Ahora que la mayor parte del costo de una solución por computadora se invierte en el desarrollo del software, se ha enfocado la atención en entender la creación de una solución por software.

El desarrollo de un proyecto de software generalmente sigue pasos o ciclos definidos, llamados colectivamente el **ciclo de vida del software**. Estos pasos por lo regular incluyen la definición del proyecto, la especificación detallada, codificación y pruebas modulares, pruebas integradas y mantenimiento. Los datos indican que los porcentajes de esfuerzo invertido correspondientes son a grandes rasgos los que se

Entorno interactivo

Ciclo de vida del software

TABLA 1.2 Fases del ciclo de vida del software	
Ciclo de vida	Porcentaje de esfuerzo
Definición	3%
Especificación	15%
Codificación y pruebas modulares	14%
Pruebas integradas	8%
Mantenimiento	60%

muestran en la tabla 1.2. A la luz de estas estimaciones, es evidente que el mantenimiento del software representa una parte significativa del costo de un sistema de software. Este **mantenimiento** incluye agregar mejoras al software, corregir los errores identificados al usar el software, y adaptar el software para trabajar con hardware o software nuevo. La facilidad para dar este mantenimiento está relacionada directamente con la definición y especificación originales de la solución, porque estos pasos sientan las bases para el resto del proyecto. El proceso para resolver problemas que presentamos en la siguiente sección destaca la necesidad de definir y especificar la solución cuidadosamente antes de comenzar a codificarla o a probarla.

Prototipos
de software

Una de las técnicas que ha resultado efectiva para reducir el costo del desarrollo de software tanto en tiempo como en dinero es la creación de **prototipos de software**. En lugar de esperar hasta que el sistema de software esté terminado y luego dejar que los usuarios trabajen con él, se crea un prototipo del sistema en una fase temprana del ciclo de vida. Este prototipo no tiene todas las funciones requeridas del software final, pero permite al usuario hacer las modificaciones que desee a las especificaciones. Hacer los cambios más temprano que tarde en el ciclo de vida es eficaz tanto en costo como en tiempo. En virtud de sus potentes comandos y sus capacidades de gráficos, MATLAB resulta especialmente eficaz para crear prototipos de software. Una vez que el prototipo MATLAB esté realizando las operaciones deseadas correctamente y los usuaros estén satisfechos con la interacción usuario/software, la solución final puede ser el programa MATLAB, o la solución final puede convertirse a otro lenguaje para implementarse con una computadora o instrumento específico.

Como ingeniero, es muy probable que el lector necesite modificar el software existente o agregarle capacidades. Estas modificaciones serán mucho más sencillas si el software existente está bien estructurado y es comprensible, y si la documentación está actualizada y redactada claramente. Aun con herramientas potentes como MATLAB, es importante escribir un código bien estructurado y comprensible. Por estas razones, hacemos hincapié en la adquisición de buenos hábitos que hagan al software más comprensible y autodocumentable.

LA INTERNET, CORREO ELECTRÓNICO Y LA WORLD WIDE WEB

Internet

La **Internet** es una red de computadoras que evolucionó a partir de un pequeño proyecto de investigación experimental financiado por la ARPA (Advanced Research Projects Agency), una dependencia del gobierno estadounidense, a mediados de la década de 1980. Diez años después, la Internet era la red más grande del mundo, en conexión con más de un millón de computadoras.

Correo
electrónico

Un sistema de **correo electrónico** es software que permite a los usuarios de una red de computadoras enviar mensajes a **otros** usuarios de la red. Los usuarios de Internet pueden enviar mensajes electrónicos (**email**) a usuarios en todo el mundo. El envío de correo electrónico y su contestación se ha convertido en el modo de comunicación estándar en muchas universidades y compañías. Si bien el uso de correo electrónico simplifica muchas interacciones, también introduce algunas cuestiones interesantes que es preciso resolver. Por ejemplo, la gente con frecuencia supone que cuando borran un mensaje de correo electrónico éste desaparece. Sin embargo, en muchos casos el mensaje se almacenó en otras computadoras o puede recuperarse de la memoria de la computadora original, así que podría estar todavía accesible. Aquí entra también una cuestión de confidencialidad: ¿El correo electrónico es correspondencia privada, o una compañía tiene derecho a leer el correo electrónico de sus empleados?

Tableros
electrónicos
de noticias

Ya están disponibles en Internet **tableros electrónicos de noticias** que nos permiten participar en grupos de discusión. Estos tableros no sólo permiten leer las notas publicadas en los tableros, sino también publicarlas en ellos. Hay muchos tableros de noticias con diversos temas que van desde áreas técnicas a deportes y pasatiempos. Una vez más, el potencial de beneficios lleva consigo un potencial de explotación. Se han presentado varias demandas legales respecto al acceso a tableros de noticias con temas para adultos por parte de niños que usan la Internet.

World Wide
Web

Se han creado varios servicios de consulta de información para facilitar la localización y recuperación de información en la Internet. La **World Wide Web** (WWW) es un sistema que vincula información almacenada en muchos sistemas. Esta información contiene no sólo texto, sino también datos **multimedia**, como archivos de sonido, imágenes y animación. Para consultar información en la WWW es preciso tener acceso a software que pueda exhibir esos tipos de información. Algunos sistemas de software de "navegación" de uso común son Mosaic, Netscape y Java. Para acceder a un sitio WWW, se necesita un **localizador uniforme de recursos** (URL). Si usted tiene acceso a la WWW, tal vez desee acceder al sitio Web de MATLAB en `http:/ /www.mathworks.com`. También está disponible información relativa a este texto en `http://www.prenhall.com` y en `http://ece-www.colorado. edu/ faculty/etter.html`.

Localizador
uniforme de
recursos

1.3   Una metodología para resolver problemas de ingeniería

La resolución de problemas es una parte clave de los cursos de ingeniería, y también de los de ciencias de la computación, matemáticas, física y química. Por tanto, es importante tener una estrategia consistente para resolver los problemas. También es conveniente que la estrategia sea lo bastante general como para funcionar en todas estas áreas distintas, para no tener que aprender una técnica para los problemas de matemáticas, una técnica diferente para los problemas de física, etc. La técnica de resolución de problemas que presentaremos funciona para problemas de ingeniería y puede adaptarse para resolver también problemas de otras áreas; sin embargo, da por hecho que vamos a usar una computadora para ayudarnos a resolver el problema.

Metodología
para resolver
problemas

La **metodología para resolver problemas** que usaremos en todo este texto tiene cinco pasos:

1.   Plantear el problema claramente.
2.   Describir la información de entrada y de salida.
3.   Resolver el problema a mano (o con una calculadora) para un conjunto de datos sencillo.
4.   Crear una solución MATLAB.
5.   Probar la solución con diversos datos.

A continuación analizaremos cada uno de estos pasos usando datos recolectados de un experimento de laboratorio de física. Suponga que hemos recabado una serie de temperaturas de un sensor de cierto equipo que se está usando en un experimento. Se tomaron mediciones de temperatura cada 30 segundos, durante 5 minutos, en el curso del experimento. Queremos calcular la temperatura media y también graficar los valores de temperatura.

1.   PLANTEAMIENTO DEL PROBLEMA

El primer paso es plantear el problema claramente. Es en extremo importante preparar un enunciado claro y conciso del problema para evitar cualquier malentendido. Para el presente ejemplo, el enunciado del problema es el siguiente:

Calcular la media de una serie de temperaturas. Después, graficar los valores de tiempo y temperatura.

2.   DESCRIPCIÓN DE ENTRADAS/SALIDAS

El segundo paso consiste en describir cuidadosamente la información que se da para resolver el problema y luego identificar los valores que se deben calcular. Estos elementos representan las entradas y salidas del problema y pueden llamarse colectivamente entrada/salida o E/S. En muchos problemas resulta útil hacer un diagrama que muestre las entradas y las salidas. En este punto, el programa es una "abstracción" porque no estamos definiendo los pasos para determinar las salidas; sólo estamos mostrando la información que se usará para calcular la salida.

Éste es el **diagrama de E/S** para el presente ejemplo:

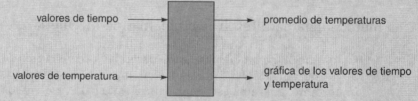

3.   EJEMPLO A MANO

El tercer paso es resolver el problema a mano o con una calculadora, empleando un conjunto sencillo de datos. Se trata de un paso muy importante y no debe pasarse por alto, ni siquiera en problemas sencillos. Éste es el paso en que se detalla la solución del problema. Si no podemos tomar un conjunto sencillo de números y calcular la salida (ya sea a mano o con una calculadora), no estamos preparados para continuar con el siguiente paso; debemos releer el problema y tal vez consultar material de referencia.

Para este problema, el único cálculo consiste en calcular la media de una serie de valores de temperatura. Supongamos que usamos los siguientes datos para el ejemplo a mano:

Tiempo (minutos)	Temperatura (grados F)
0.0	105
0.5	126
1.0	119

Calculamos a mano la media como (105 + 126 + 119)/3, o 116.6667 grados F.

4.   SOLUCIÓN MATLAB

Una vez que podamos resolver el problema para un conjunto sencillo de datos, estamos listos para desarrollar un **algoritmo**: un bosquejo paso a paso de la solución del problema. En el caso de problemas sencillos como éste, puede escribirse de inmediato el algoritmo usando comandos MATLAB; si el problema es más complicado puede ser necesario escribir a grandes rasgos los pasos y luego descomponer esos pasos en otros más pequeños que puedan traducirse a comandos MATLAB. Una de las ventajas de MATLAB es que sus comandos coinciden notablemente con los pasos que seguimos para resolver problemas de ingeniería; por tanto, el proceso de determinar los pasos para resolver el problema determina también los comandos de MATLAB.

En el siguiente capítulo veremos los detalles de los comandos MATLAB empleados en la siguiente solución, pero observe que los pasos MATLAB coinciden de cerca con los pasos de la solución manual:

```
%  Calcular la temperatura media (o promedio)
%  y graficar los datos de temperatura.
%
tiempo = [0.0, 0.5, 1.0];
temps = [105, 126, 119];
promedio = mean(temps)
plot(time,temps),title('Mediciones de temperatura'),...
  xlabel('Tiempo, minutos'),...
  ylabel('Temperatura, grados F'),grid
```

Las palabras que siguen a los signos de porcentaje son comentarios que nos ayudan a entender las instrucciones MATLAB. Si una instrucción MATLAB asigna o calcula un valor, también imprime el valor en la pantalla si la instrucción no termina con un signo de punto y coma. Así, los valores de `tiempo` y `temps` no se imprimen porque las instrucciones que les asignan valores terminan con signos de punto y coma; el valor del promedio se calculará y luego se imprimirá en la pantalla porque la instrucción que lo calcula no termina con un signo de punto y coma. Por último, se genera una gráfica de los datos de tiempo y temperatura.

5.   **PRUEBA**

El paso final de nuestro proceso de resolución de problemas es probar la solución. Primero debemos probar la solución con los datos del ejemplo a mano porque ya calculamos la solución antes.

Al ejecutarse las instrucciones anteriores, la computadora exhibe la siguiente salida:

```
promedio =
   116.6667
```

También se genera una gráfica de los puntos de datos. El promedio coincide con el del ejemplo a mano, así que ahora podemos sustituir esos datos por los datos del experimento de física, dando el siguiente programa:

```
%   Calcular la temperatura media (o promedio)
%   y graficar los datos de temperatura.
%
tiempo = [0.0, 0.5, 1.0, 1.5, 2.0, 2.5, 3.0,...
          3.5, 4.0, 4.5, 5.0];
temps = [105, 126, 119, 129, 132, 128, 131,...
         135, 136, 132, 137];
promedio = mean(temps)
plot(time,temps),title('Mediciones de temperatura'),...
  xlabel('Tiempo, minutos'),...
  ylabel('Temperatura, grados F'),grid
```

Cuando se ejecutan estos comandos, la computadora exhibe la siguiente salida:

```
promedio =
   128.1818
```

La gráfica de la figura 1.5 también aparece en la pantalla.

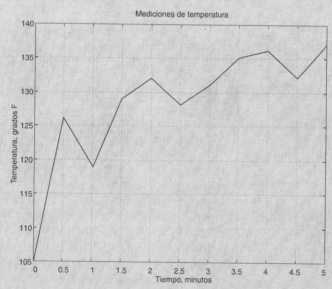

Figura 1.5 *Temperaturas recolectadas en un experimento de física.*

Los pasos que demostramos en este ejemplo se usan para desarrollar los programas de las secciones de "Resolución aplicada de problemas" de los siguientes capítulos.

1.4   Recolección de datos para la predicción del clima

En cada uno de los capítulos que siguen incluiremos secciones de "Resolución aplicada de problemas" que usan las nuevas instrucciones MATLAB presentadas en el capítulo para resolver un problema relacionado con el gran desafío presentado en la introducción al capítulo. Aunque ya mostramos un programa MATLAB, todavía no tenemos los conocimientos necesarios para crear un programa nuevo relacionado con la predicción del clima (el gran desafío que presentamos en la introducción a este capítulo), pero podemos comentar los tipos de datos meteorológicos que se recaban y los análisis preliminares que acompañan a la búsqueda de una solución.

El primer paso para tratar de desarrollar una ecuación o un modelo para predecir el clima es estudiar la historia climática anterior. Por fortuna, varias dependencias nacionales están interesadas en recabar y almacenar información meteorológica. La NOAA (National Oceanic and Atmospheric Administration) es una organización orientada hacia la investigación que estudia los océanos y la atmósfera; además, financia investigaciones ambientales sobre análisis de datos, modelado y trabajos experimentales relacionados con los cambios globales. El National Environmental Satellite, Data and Information Service recaba y distribuye información relativa al clima. El **National Climatic Data Center** recaba y compila información climatológica de las oficinas del National Weather Service en todo Estados Unidos. Estas oficinas también interactúan con los pronosticadores del clima estatales y locales para proporcionar al público en general información meteorológica actualizada.

Centro Nacional de Datos sobre el Clima

El National Climatic Data Center de Carolina del Norte se encarga de mantener datos climatológicos de oficinas del National Weather Service. Estos datos están disponibles en muchas formas, incluidos datos de climatología locales por mes, por estado y para el mundo. El centro también mantiene datos climatológicos históricos a partir de 1931. La figura 1.6 muestra un resumen mensual de datos de climatología locales recabados por la oficina del National Weather Service del Aeropuerto Internacional Stapleton en Denver, Colorado, para el mes de enero de 1991. El resumen contiene 23 elementos de información meteorológica dferentes recabados para cada día, incluidos temperaturas máximas y mínimas, cantidad de precipitación pluvial, ráfagas de viento máximas y minutos de insolación. Estos datos se analizan para generar la información resumida mensual que aprece en la parte inferior del formato, y que incluye temperatura media, precipitación total de lluvia, precipitación total de nieve y el número de días que estuvieron parcialmente nublados.

Para analizar los datos de un mes, podríamos graficar primero algunos de los diferentes elementos de información para ver si observamos tendencias visibles en los datos. Por ejemplo, deberemos poder observar si la temperatura máxima se mantiene más o menos constante, aumenta, disminuye o fluctúa alrededor de un punto común. La figura 1.7 es una gráfica de las temperaturas máximas para enero de 1991. Podemos ver que la temperatura tiene algunas fluctuaciones o variaciones amplias, pero no hay un aumento o una disminución constante. También podríamos analizar datos de temperatura para un año del mismo modo; la figura 1.8 contiene las temperaturas

JAN 1991
DENVER, CO
NAT'L WEA SER OFC
10230 SMITH ROAD

ISSN 0198-7690

LOCAL
CLIMATOLOGICAL DATA
Monthly Summary

STAPLETON INTERNATIONAL AP

LATITUDE 39° 45'N   LONGITUDE 104° 52'W   ELEVATION (GROUND) 5282 FEET   TIME ZONE MOUNTAIN   23062

JAN 1991 DENVER, CO

DATE	TEMPERATURE °F MAXIMUM	MINIMUM	AVERAGE	DEPARTURE FROM NORMAL	AVERAGE DEW POINT	DEGREE DAYS BASE 65°F HEATING (SEASON BEGINS WITH JUL)	COOLING (SEASON BEGINS WITH JAN)	WEATHER TYPES 1 FOG 2 HEAVY FOG 3 THUNDERSTORM 4 ICE PELLETS 5 HAIL 6 GLAZE 7 DUSTSTORM 8 SMOKE, HAZE 9 BLOWING SNOW	SNOW ICE PELLETS OR ICE ON GROUND AT 0500 INCHES	PRECIPITATION WATER EQUIVALENT (INCHES)	SNOW, ICE PELLETS (INCHES)	AVERAGE STATION PRESSURE IN INCHES ELEV. 5332 FEET ABOVE M.S.L.	WIND (M.P.H.) RESULTANT DIR.	RESULTANT SPEED	AVERAGE SPEED	PEAK GUST SPEED	DIRECTION	FASTEST 1-MIN SPEED	DIRECTION	SUNSHINE MINUTES	PERCENT OF TOTAL POSSIBLE	SKY COVER (TENTHS) SUNRISE TO SUNSET	MIDNIGHT TO MIDNIGHT
1	2	3	4	5	6	7A	7B	8	9	10	11	12	13	14	15	16	17	18	19	20	21	22	23
01	59*	26	43	13	14	22	0		T	0.00	0.0	24.750	19	3.9	6.3	15	S	14	20	552	98	3	4
02	35	12	24	-6	14	41	0	2 8	0	0.01	0.1	24.865	04	0.7	5.0	16	N	14	36	467	83	7	6
03	21	14	18	-12	16	47	0	2	1	0.05	0.7	24.860	03	1.9	3.4	14	N	10	36	1	0	10	10
04	28	16	22	-8	17	43	0	1 8	1	0.00	0.0	24.560	03	1.1	2.9	10	S	6	14	127	22	9	7
05	42	15	29	0	17	36	0		1	0.00	0.0	24.640	08	4.3	6.3	21	E	13	07	317	56	6	4
06	44	10	27	-2	14	38	0	1	1	0.00	0.0	24.800	04	2.1	3.8	16	N	12	01	494	87	0	4
07	55	8	32	3	8	33	0	1	1	0.00	0.0	24.690	15	2.6	5.3	15	SE	12	21	477	84	7	4
08	49	21	35	6	13	30	0		0	0.00	0.0	24.675	22	0.9	7.3	29	NW	17	29	439	77	2	3
09	37	15	26	-3	10	39	0		0	0.00	0.0	24.700	22	0.4	4.0	12	N	9	36	214	37	10	8
10	50	14	32	3	15	33	0		0	0.00	0.0	24.630	12	3.1	5.1	21	S	14	07	489	85	1	2
11	48	19	34	5	11	31	0		0	0.00	0.0	24.790	24	1.6	6.7	24	WNW	15	32	485	84	1	1
12	55	26	41	12	15	24	0		0	0.00	0.0	24.705	24	7.1	9.9	31	W	22	29	437	76	4	3
13	55	32	44*	15	17	21	0		0	T	T	24.610	26	3.7	6.9	29	W	29	29	198	34	10	8
14	46	23	35	6	22	30	0		0	0.00	0.0	24.640	04	0.7	6.0	23	NE	14	05	325	56	6	5
15	43	22	33	4	16	32	0		0	0.06	0.8	24.540	09	1.0	6.2	18	NW	13	33	20	3	9	8
16	39	20	30	1	23	35	0	2	2	0.10	2.1	24.770	33	1.3	4.5	21	N	14	01	281	48	7	6
17	42	15	29	0	16	36	0		2	0.00	0.0	24.780	18	2.2	3.8	14	S	8	19	302	52	9	5
18	51	21	36	7	15	29	0		1	0.00	0.0	24.680	18	7.0	7.2	20	S	15	19	582	99	1	0
19	50	18	34	5	20	31	0	1	1	0.23	4.6	24.550	04	4.5	10.0	31	N	23	06	83	14	9	7
20	31	6	19	-10	9	46	0	1	4	0.03	0.3	24.840	16	3.1	4.0	15	SE	7	18	550	94	1	4
21	32	6	19	-10	8	46	0		3	0.00	0.0	24.760	17	3.2	4.4	17	S	10	15	537	91	1	2
22	36	17	27	-2	10	38	0		2	0.00	0.0	24.550	17	5.0	6.5	17	S	14	19	376	64	5	3
23	27	9	18	-12	14	47	0		2	0.07	0.7	24.660	14	1.2	7.9	23	N	16	01	174	29	9	6
24	37	8	23	-7	9	42	0		3	0.02	0.2	24.570	11	1.0	4.7	23	N	18	36	309	52	8	6
25	24	-1	12	-18	6	53	0	1	5	0.07	1.9	24.770	05	2.2	4.3	20	N	15	01	537	90	0	3
26	41	-4*	19	-11	5	46	0		4	0.00	0.0	24.560	22	1.7	4.9	25	W	17	28	552	92	3	1
27	43	19	31	1	10	34	0		4	0.00	0.0	24.390	29	0.9	8.4	38	NW	28	31	460	77	8	5
28	45	7	26	-4	10	39	0	9	3	0.08	2.0	24.380	02	3.4	10.9	37	N	30	36	342	57	7	8
29	17	0	9*	-21	-1	56	0		5	0.04	0.7	24.570	06	2.4	4.9	20	NE	12	01	562	93	1	4
30	47	8	28	-3	6	37	0		5	0.00	0.0	24.660	26	5.3	10.0	33	W	17	29	591	98	1	0
31	53	20	37	6	12	28	0		4	0.00	0.0	24.830	17	4.7	5.7	17	SW	10	19	120	20	9	8

| | SUM 1282 | SUM 442 | | | | TOTAL 1143 | TOTAL 0 | NUMBER OF DAYS | | TOTAL 0.76 | TOTAL 14.1 | 24.670 | 17 | 0.8 | 6.0 | FOR THE MONTH: 40 | W | 30 | 36 | TOTAL 11400 | % 63 | SUM 164 | SUM 142 |
| | AVG. 41.4 | AVG. 14.3 | AVG. 27.9 | DEP. -1.8 | AVG. 12.7 | DEP. 42 | DEP. 0 | PRECIPITATION ≥ .01 INCH.   11 | | DEP. 0.25 | | | | | | DATE:13 | | DATE: 28 | | POSSIBLE 18088 | MONTH 63 | AVG. 5.3 | AVG. 4.6 |

NUMBER OF DAYS

MAXIMUM TEMP. ≥ 90°	≥ 32°	MINIMUM TEMP. ≤ 32°	≤ 0°
0	7	31	3

SEASON TO DATE TOTAL 3444	TOTAL 0	SNOW, ICE PELLETS ≥ 1.0 INCH 4

THUNDERSTORMS   0   HEAVY FOG   1   CLEAR 12   PARTLY CLOUDY 8   CLOUDY 11

GREATEST IN 24 HOURS AND DATES
PRECIPITATION 0.26 19-20   SNOW, ICE PELLETS 4.9 19-20

GREATEST DEPTH ON GROUND OF SNOW, ICE PELLETS OR ICE AND DATE
5   30+

* EXTREME FOR THE MONTH - LAST OCCURRENCE IF MORE THAN ONE.
T TRACE AMOUNT.
+ ALSO ON EARLIER DATE(S).
HEAVY FOG: VISIBILITY 1/4 MILE OR LESS.
BLANK ENTRIES DENOTE MISSING OR UNREPORTED DATA.

DATA IN COLS 6 AND 12-15 ARE BASED ON 21 OR MORE OBSERVATIONS AT HOURLY INTERVALS. RESULTANT WIND IS THE VECTOR SUM OF WIND SPEEDS AND DIRECTIONS DIVIDED BY THE NUMBER OF OBSERVATIONS. COLS 16 & 17: PEAK GUST - HIGHEST INSTANTANEOUS WIND SPEED. ONE OF TWO WIND SPEEDS IS GIVEN UNDER COLS 18 & 19: FASTEST MILE - HIGHEST RECORDED SPEED FOR WHICH A MILE OF WIND PASSES STATION (DIRECTION IN COMPASS POINTS). FASTEST OBSERVED ONE MINUTE WIND - HIGHEST ONE MINUTE SPEED (DIRECTION IN TENS OF DEGREES). ERRORS WILL BE CORRECTED IN SUBSEQUENT PUBLICATIONS.

I CERTIFY THAT THIS IS AN OFFICIAL PUBLICATION OF THE NATIONAL OCEANIC AND ATMOSPHERIC ADMINISTRATION, AND IS COMPILED FROM RECORDS ON FILE AT THE NATIONAL CLIMATIC DATA CENTER

noaa

NATIONAL OCEANIC AND ATMOSPHERIC ADMINISTRATION

NATIONAL ENVIRONMENTAL SATELLITE, DATA AND INFORMATION SERVICE

NATIONAL CLIMATIC DATA CENTER ASHEVILLE NORTH CAROLINA

Kenneth D. Hadeen

DIRECTOR
NATIONAL CLIMATIC DATA CENTER

Figura 1.6 *Datos climatológicos locales.*

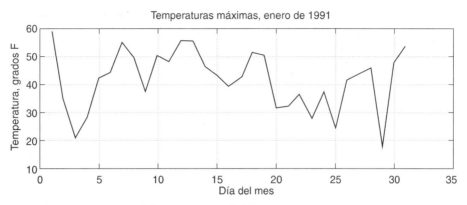

Figura 1.7 *Temperaturas máximas para enero de 1991.*

máximas diarias de enero a diciembre de 1991. Si queremos observar tendencias de calentamiento graduales, sería importante examinar las temperaturas de muchos años. A partir de las figuras 1.7 y 1.8, es evidente que un modelo de línea recta (modelo lineal) no es apropiado para ninguno de estos conjuntos de datos; los modelos para estos conjuntos de datos son más complicados.

A menudo nos interesa analizar varios conjuntos distintos de datos al mismo tiempo para ver si hay relaciones entre ellos. Por ejemplo, esperaríamos una relación entre las temperaturas máximas y las temperaturas medias durante un periodo. Es decir, esperaríamos que los días con temperaturas máximas más altas también tuvieran temperaturas medias más altas. Por otro lado, también esperamos que en algunos días la temperatura máxima y la media estén cercanas entre sí, pero que en otros días esto no suceda. La figura 1.9 contiene gráficas de las temperaturas máximas y las temperaturas medias para el mes de enero de 1991 en el Aeropuerto Internacional Stapleton, e ilustra la relación entre las temperaturas máximas y las medias. Podemos realizar cálculos matemáticos para medir la interrelación, o correlación de dos o más variables.

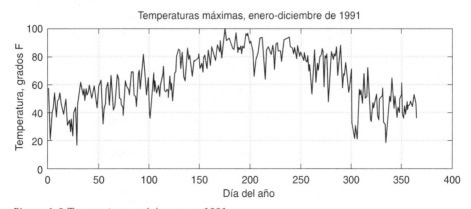

Figura 1.8 *Temperaturas máximas para 1991.*

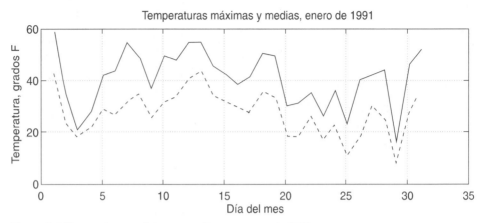

Figura 1.9 *Temperaturas máximas y medias para enero de 1991.*

Las gráficas nos dan una idea rápida e intuitiva de las tendencias de los datos, pero necesitamos métodos más analíticos si queremos usar la historia para predecir el futuro. Los métodos analíticos que se usan comúnmente para modelar datos incluyen la creación de modelos lineales o polinómicos que representen los datos. Estudiaremos estos tipos de cálculos más adelante en el texto. MATLAB proporciona fácil acceso tanto a la visualización como a los métodos analíticos para examinar datos en busca de tendencias. Describiremos estas dos capacidades de MATLAB en una sección posterior de este texto.

RESUMEN DEL CAPÍTULO

Se presentó un grupo de logros sobresalientes recientes en ingeniería para demostrar la diversidad de las aplicaciones de ingeniería. Luego se presentó una serie de grandes desafíos con objeto de ilustrar algunos de los excitantes y difíciles problemas que los ingenieros y científicos enfrentan actualmente. También examinamos algunas de las habilidades no técnicas que se requieren para tener éxito como ingeniero. Dado que la resolución de la mayor parte de los problemas de ingeniería, incluidos los grandes desafíos, utilizará la computadora, también presentamos un resumen de los componentes de un sistema de cómputo, desde el hardware hasta el software. También hicimos la presentación de una metodología de cinco pasos para resolver problemas que usaremos para desarrollar una solución por computadora a un problema. Estos cinco pasos son los siguientes:

1. Plantear el problema claramente.
2. Describir la información de entrada y de salida.
3. Resolver el problema a mano (o con una calculadora) para un conjunto de datos sencillo.
4. Desarrollar un algoritmo y convertirlo en un programa de computadora.
5. Probar la solución con diversos datos.

Este proceso se usará en todo el texto para desarrollar las soluciones de los problemas.

TÉRMINOS CLAVE

algoritmo

bug

cargador / vinculador

ciclo de vida del software

compilador

computadora

computadora personal (PC)

correo electrónico

depurar

diagrama de E/S

ejecución

ensamblador

entorno interactivo

error de compilación

error de lógica

grandes desafíos

hardware

herramienta para administrar
   bases de datos

hoja de cálculo

Internet

lenguaje ensamblador

lenguaje de alto nivel

lenguaje de máquina

mantenimiento de software

memoria

metodología para resolver problemas

microprocesador

procesador

procesador de textos

programa

programa fuente

programa objeto

prototipo de software

red

sistema operativo

software

unidad de aritmética y lógica (ALU)

unidad central de proceso (CPU)

World Wide Web

PROBLEMAS

Las siguientes tareas ofrecen una oportunidad para aprender más acerca de uno de los temas de este capítulo. Cada informe deberá incluir por lo menos dos referencias. Un buen punto de partida para encontrar referencias son las lecturas recomendadas que siguen a este grupo de problemas, así como la World Wide Web.

1.   Escriba un informe corto sobre uno de estos logros sobresalientes en ingeniería:

Alunizaje

Satélites de aplicación

Microprocesadores

CAD/CAM

Exploraciones CAT

Materiales compuestos

Jumbo jets

Láseres

Óptica de fibras

Productos de ingeniería genética

2. Escriba un informe corto sobre uno de estos grandes desafíos:

    Predicción del tiempo, el clima y los cambios globales.
    Comprensión computarizada del habla.
    Creación de mapas del genoma humano.
    Mejoramiento del desempeño de los vehículos.
    Recuperación mejorada de petróleo y gas.

3. Escriba un breve informe sobre un logro sobresaliente en ingeniería que no se haya incluido en la lista dada en este capítulo.

4. Escriba un breve informe sobre un tema que usted considere un gran desafío y que no se haya incluido en la lista que se dio en este capítulo.

5. Escriba un breve informe comentando algún aspecto ético que, en su opinión, tenga que ver con uno de los diez logros más grandes o uno de los grandes desafíos. Presente varias posibles perspectivas de ese aspecto.

6. Escriba un breve informe comentando algún aspecto ético o legal que, en su opinión, se relacione con el uso de correo electrónico o la World Wide Web. Presente varias posibles perspectivas de ese aspecto.

7. Escriba un breve informe sobre la historia de la computación. Puede optar por concentrarse en el hardware de las computadoras, en el software o en la Internet.

8. Escriba un breve informe sobre el equipo empleado en la recolección de datos climatológicos. Una buena fuente de información sería una oficina del National Weather Service o una estación de televisión local que dé informes sobre el tiempo.

9. Escriba un breve informe sobre los tipos de datos climatológicos que se han recabado a lo largo de los años. Es posible que la biblioteca de su universidad contenga datos climatológicos en su sección sobre registros gubernamentales. También puede solicitarse información climatológica al National Climatic Data Center, Federal Building, Asheville, North Carolina 28801-2696.

10. Escriba un breve informe que compare varios de los navegadores de red, como Mosaic, Netscape y Java.

LECTURAS RECOMENDADAS

Si desea leer más sobre los diez más grandes logros, los grandes desafíos, o los sistemas de cómputo, recomendamos los siguientes artículos del Scientific American.

Barton, John H. "Patenting Life." March 1991.

Berns, Michael W. "Laser Surgery." June 1991.

Beth, Thomas. "Confidential Communication on the Internet." December 1995.

Birge, Robert R. "Protein-Based Computers." March 1995.

Broecker, Wallace. "Chaotic Climate." November 1995.

Bugg, Charles E., William M. Carson, and John A. Montgomery. "Drugs by Design." December 1993.

Brumer, Paul and Moshe Shapiro. "Laser Control of Chemical Reactions." March 1995.

Capecchi, Mario. "Targeted Gene Replacement." March 1994.

Charlson, Robert. J. and Tom M. L. Wigley. "Sulfate Aerosol and Climatic Change." February 1994.

Chou, Tsu-Wei, Roy L. McCullough, and R. Byron Pipes. "Composites." October 1986.

Cohen, Jack S., and Michael E. Hogan. "The New Genetic Medicines." December 1994.

Cooper, George A. "Directional Drilling." May 1994.

Davies-Jones, Robert. "Tornadoes." August 1995.

DeCicco, John and Marc Ross. "Improving Automotive Efficiency." December 1994.

Desurvire, Emmanuelf. "Lightwave Communications: The Fifth Generation." January 1992.

Doolittle, Russell F. and Peer Bork. "Evolutionarily Mobile Modules in Proteins." October 1993.

Drexhage, Martin G. and Comelius T. Moynihan. "Infrared Optical Fibers." November 1988.

Elitzur, Moshe. "Masers in the Sky." February 1995.

Gasser, Charles S. and Robert T. Fraley. "Transgenic Crops." June 1992.

Farmelo, Graham. "The Discovery of X-Rays." November 1995.

Gibbs, W. Wayt. "Software's Chronic Crisis." September 1994.

Greenberg, Donald P. "Computers and Architecture." February 1991.

Halsey, Thomas C. and James E. Martin. "Electroheological Fluids." October 1993.

Herring, Thomas. "The Global Positioning System." February 1996.

Hess, Wilmot, et al. "The Exploration of the Moon." October 1969.

Hutcheson, G. Dan and Jerry D. Hutcheson. "Technology and Economics in the Semiconductor Industry." January 1996.

Jewell, Jack L., James P. Harbison, and Axel Scherer. "Microlasers." November 1991.

Mahowald, Misha A. and Carver Mead. "The Silicon Retina." May 1991.

Matthews, Dennis L. and Mordecai D. Rosen. "Soft-X-Ray Lasers." December 1988.

Paabo, Svante. "Ancient DNA." November 1993.

Psaltis, Demetri and Fai Mok. "Holographic Memories." November 1995.

Rennie, John. "Grading the Gene Tests." June 1994.

Richelson, Jeffrey T. "The Future of Space Reconnaissance." January 1991.

Ross, Philip E. "Eloquent Remains." May 1992.

Schiller, Jeffrey I. "Secure Distributed Computing." November 1994.

Steinberg, Morris A. "Materials for Aerospace." October 1986.

Triantafyllou, Michael S. and George S. Triantafyllou. "An Efficient Swimming Machine." March 1995.

Veldkamp, Wilfrid B. and Thomas J. McHugh. "Binary Optics." May 1992.

Wallich, Paul. "Silicon Babies." December 1991.

Wallich, Paul. "Wire Pirates." March 1994.

Welsh, Michael J. and Alan E. Smith. "Cystic Fibrosis." December 1995.

2

Cortesía de la National Aeronautics and Space Administration.

GRAN DESAFÍO:
Funcionamiento de vehículos

Los túneles de viento son cámaras de prueba construidas para generar velocidades de viento precisas. Se pueden montar modelos exactos a escala de nuevos aviones en soportes medidores de fuerza en la cámara de prueba, para luego medir las fuerzas sobre el modelo con diferentes velocidades de viento, inclinando el modelo a distintos ángulos respecto a la dirección del viento. Algunos túneles de viento pueden operar a velocidades hipersónicas, de miles de millas por hora. El tamaño de las secciones de prueba de los túneles de viento varía desde unas cuantas pulgadas hasta el suficiente para que tenga cabida un jet de negocios. Al completar una serie de pruebas en un túnel de viento, se han recabado muchos conjuntos de datos que pueden servir para determinar la sustentación, el arrastre y otras características de desempeño aerodinámico de los aviones nuevos en sus diversas velocidades y posiciones de operación.

El entorno MATLAB

OBJETIVOS

En este capítulo presentamos el entorno de MATLAB, que es un entorno interactivo para cálculos numéricos, análisis de datos y gráficos. Después de una introducción a los tres tipos de ventanas de exhibición de MATLAB, explicaremos cómo pueden representarse los datos en forma de escalares, vectores o matrices. Se presentan varios operadores para definir y calcular información nueva. También se presentan comandos para imprimir información y generar gráficas con los datos. Por último, presentaremos un ejemplo que calcula y grafica la velocidad y aceleración de un avión con un motor turbohélice avanzado.

2.1   Características del entorno MATLAB

Laboratorio
de matrices

El software de MATLAB se desarrolló originalmente como un "**Laboratorio de matri-ces**". El MATLAB actual, con capacidades muy superiores a las del original, es un sistema interactivo y lenguaje de programación para cómputo científico y técnico en general. Su elemento básico es una matriz (que veremos con detalle en la siguiente sección). Dado que los comandos de MATLAB son similares a la expresión de los pasos de ingeniería en matemáticas, escribir soluciones en computadora con MATLAB es mucho más fácil que usar un lenguaje de alto nivel como C o Fortran. En esta sección explicaremos las diferencias entre la versión para estudiantes y la versión profesional de MATLAB, y proporcionaremos información básica sobre el espacio de trabajo.

VERSIÓN 4 DE LA EDICIÓN PARA EL ESTUDIANTE

La versión 4 de la *Edición para el estudiante* es muy similar a la versión 4 *Profesional* de MATLAB, excepto por las características siguientes:

• Cada vector está limitado a 8192 elementos.
• Cada matriz está limitada a un total de 8192 elementos, estando limitado el número ya sea de filas o de columnas a 32.
• Las salidas pueden imprimirse usando Windows, Macintosh y dispositivos de impresión PostScript.
• Los programas no pueden vincular dinámicamente subrutinas C o Fortran.
• Se recomienda mucho un coprocesador matemático, pero no es indispensable.
• Se incluyen las *Toolboxes* (cajas de herramientas) de Matemáticas Simbólicas y de Señales y Sistemas con la *Edición para el Estudiante*[†].

Si adquiere la *Edición para el estudiante* de MATLAB, no olvide llenar y devolver la tar-jeta de registro. Como estudiante usuario registrado, usted tiene derecho al remplazo de discos defectuosos sin cargo. Además, recibirá información de actualización sobre MATLAB.

Supondremos que MATLAB ya está instalado en la computadora que usted está usando. (Si adquirió la *Edición para el estudiante* de MATLAB, siga las instrucciones de instalación en el manual que acompaña al software.) Las explicaciones y programas desarrollados en este texto funcionarán correctamente usando ya sea la versión 4 de la edición para estudiantes o la versión 4 de la edición profesional.[†] Supondremos que la interacción de entrada se realiza a través del teclado y un ratón.

VENTANA DE MATLAB

Indicador

Para iniciar MATLAB, seleccione el programa MATLAB de un menú de su sistema opera-tivo o teclee `matlab`. Deberá aparecer el **indicador** MATLAB (`>>` o `EDU>>`), que nos dice que MATLAB está esperando que introduzcamos un comando. Para salir de MATLAB, use `quit` o `exit`.

[†] La Versión 4.0 de MATLAB, en la *Edición para el estudiante*, de Prentice Hall, se halla disponible en español, junto con los disquetes y manual complementarios.

Ventanas
de exhibición

MATLAB usa tres **ventanas de exhibición**: la ventana de comandos sirve para introducir comandos y datos e imprimir resultados; la ventana de gráficos sirve para exhibir curvas y gráficas, y la ventana de edición sirve para crear y modificar archivos M, que son archivos que contienen un programa o **guión** de comandos MATLAB. En cuanto entra a MATLAB, la ventana activa es la ventana de comandos. Para ejecutar un archivo M (como `tarea_1.m`), simplemente teclee el nombre del archivo sin su extensión (como en `tarea_1`). Al ejecutarse los comandos, aparecerán automáticamente las ventanas apropiadas; se puede activar una ventana haciendo clic con el ratón dentro de ella.

Hay varios comandos para despejar ventanas. El comando `clc` despeja la ventana de comandos, y el comando `clf` borra la figura actual y por tanto despeja la ventana de gráficos. El comando `clear` no afecta a las ventanas, pero sí borra todas las variables de la memoria. En general, es aconsejable iniciar los programas con los comandos `clear` y `clf` para tener la seguridad de que la memoria está despejada y que la ventana de gráficos está en blanco y restablecida.

MATLAB Expo

Si desea ver algunas de las capacidades de MATLAB, introduzca el comando `demo`, que inicia el **MATLAB Expo**, un entorno gráfico de demostración que ilustra algunos de los tipos de operaciones que se pueden realizar con MATLAB. Si introduce el comando `help`, aparecerá un menú de ayuda.

Abortar

Es importante saber cómo interrumpir o **abortar** un comando en MATLAB. Por ejemplo, puede haber ocasiones en que sus comandos hagan que la computadora imprima listas aparentemente interminables de números, o podría parecer que la computadora entró en un ciclo infinito. En estos casos, mantenga presionada la tecla de control y oprima c para generar una interrupción local dentro de MATLAB. La secuencia control-c a veces se escribe $^\wedge c$, pero la secuencia no incluye el carácter $^\wedge$.

2.2   Escalares, vectores y matrices

Al resolver problemas de ingeniería, es importante poder visualizar los datos relacionados con el problema. A veces los datos consisten en un solo número, como el radio de un círculo. En otras ocasiones, los datos podrían ser una coordenada en un plano, que puede representarse como un par de números, uno de los cuales representa la coordenada x, y el otro, la coordenada y. En otro problema, podríamos tener un conjunto de cuatro coordenadas xyz, representando los cuatro vértices de una pirámide con base triangular en un espacio tridimensional. Podemos representar todos estos ejemplos usando un tipo especial de estructura de datos llamado **matriz**, un conjunto de números dispuestos en una retícula rectangular de filas y columnas. Así, un solo punto puede considerarse como una matriz con una fila y una columna, una coordenada xy puede considerarse una matriz con una fila y dos columnas, y un conjunto de cuatro coordenadas xyz puede considerarse como una matriz con cuatro filas y tres columnas. He aquí ejemplos de esto:

Matriz

$$A = [3.5] \qquad B = [1.5 \quad 3.1]$$

$$C = \begin{bmatrix} -1 & 0 & 0 \\ 1 & 1 & 0 \\ 1 & -1 & 0 \\ 0 & 0 & 2 \end{bmatrix}$$

Escalar
Vector

Observe que los datos contenidos en una matriz se escriben dentro de corchetes. Si una matriz tiene una fila y una columna, podemos llamar **escalar** al número. De forma similar, si una matriz tiene una fila o una columna, la llamamos **vector**; para ser más específicos, usamos el término **vector fila** o **vector columna**.

Al usar una matriz, necesitamos una forma de referirnos a los elementos o números individuales que contiene. Un método sencillo para especificar un elemento de una matriz usa el número de fila y el de columna. Por ejemplo, si nos referimos al valor de la fila 4 y la columna 3 de la matriz C del ejemplo anterior, no habrá ambigüedad: nos estamos refiriendo al valor 2. Usamos los números de fila y de columna

Subíndices

como **subíndices**; así, $C_{4,3}$ representa el valor 2. Para referirnos a toda la matriz usamos el nombre sin subíndices, como en C. Aquí usaremos un tipo de letra especial para las matrices y comandos de Matlab. Los subíndices se indican en Matlab con paréntesis, como en c(4,3).

El tamaño de una matriz se especifica con el número de filas y de columnas. En nuestro ejemplo anterior, C es una matriz con cuatro filas y tres columnas, o sea, una matriz 4 × 3. Si una matriz contiene m filas y n columnas, entonces contiene un total

Matriz
cuadrada

de m por n valores; así, C contiene 12 valores. Si una matriz tiene el mismo número de filas y de columnas, decimos que es una **matriz cuadrada**.

¡Practique!

Conteste las siguientes preguntas acerca de esta matriz:

$$G = \begin{bmatrix} 0.6 & 1.5 & 2.3 & -0.5 \\ 8.2 & 0.5 & -0.1 & -2.0 \\ 5.7 & 8.2 & 9.0 & 1.5 \\ 0.5 & 0.5 & 2.4 & 0.5 \\ 1.2 & -2.3 & -4.5 & 0.5 \end{bmatrix}$$

1. ¿Qué tamaño tiene G?
2. Dé las referencias de subíndices de todas las posiciones que contengan el valor 0.5.

En los programas Matlab, asignamos nombres a los escalares, ve   -
ces que usamos. Las siguientes reglas aplican a estos nombres de variables.

* Los nombres de variables deben comenzar con una letra.
* Los nombres de variables pueden contener letras, dígitos y el carácter de subrayado (_).
* Los nombres de variables pueden tener cualquier longitud, pero deben ser únicos dentro de los primeros 19 caracteres.*

Estilo

Matlab es sensible a la diferencia entre mayúsculas y minúsculas, así que los nombres Tiempo, TIEMPO y tiempo representan tres variables distintas. *Asegúrese de escoger nombres que le ayuden a recordar lo que se está almacenando en la variable.*

* Esto significa que, para Matlab, dos variables son idénticas si tienen los primeros 19 caracteres iguales aunque los restantes sean distintos. (N. del R.T.)

INICIALIZACIÓN

Presentamos cuatro métodos para asignar valores iniciales a matrices en MATLAB. El primer método lista explícitamente los valores, el segundo usa el operador de dos puntos, el tercero usa funciones MATLAB y el cuarto lee datos del teclado.

Listas explícitas. La forma más sencilla de definir una matriz es usar una lista de números, como se muestra en el siguiente ejemplo, que define las matrices A, B y C que usamos en nuestro ejemplo anterior:

```
A = [3.5];
B = [1.5, 3.1];
C = [-1,0,0; 1,1,0; 1,-1,0; 0,0,2];
```

Instrucción de asignación

Estas instrucciones son ejemplos de la **instrucción de asignación**, que consiste en un nombre de variable seguido de un signo igual y de los valores de datos que se asignarán a la variable. Dichos valores se encierran en corchetes en orden por fila; las filas se separan con signos de punto y coma, y los valores de cada fila se separan mediante comas o espacios. Un valor puede contener un signo más o menos y un punto decimal, pero no puede contener una coma.

Cuando definimos una matriz, MATLAB imprime el valor de la matriz en la pantalla a menos que suprimamos la impresión con un signo de punto y coma después de la definición. En nuestros ejemplos, generalmente incluiremos el signo de punto y coma para suprimir la impresión. Sin embargo, mientras esté aprendiendo a definir matrices, le resultará útil ver los valores de esas matrices. Por tanto, tal vez desee omitir el signo de punto y coma después de una definición de matriz hasta estar seguro de que sabe definir correctamente las matrices. Los comandos who y whos también son muy útiles al usar MATLAB. El comando who lista las matrices que se han definido, y whos lista las matrices y sus tamaños.

También puede definirse una matriz listando cada fila en una línea aparte, como en la siguiente serie de comandos MATLAB:

```
C = [-1,0,0
     1,1,0
     1,-1,0
     0,0,2];
```

Puntos suspensivos

Si hay demasiados números en una fila de una matriz para que quepan en una línea, podemos continuar la instrucción en la siguiente línea, pero se requiere una coma y tres puntos (**puntos suspensivos**) al final de la línea para indicar que la fila debe continuar. Por ejemplo, si queremos definir un vector de fila F con 10 valores, podemos usar cualquiera de las siguientes instrucciones:

```
F = [1,52,64,197,42,-42,55,82,22,109];
F = [1, 52, 64, 197, 42, -42, ...
     55, 82, 22, 109];
```

MATLAB también nos permite definir una matriz usando otra matriz que ya se definió. Por ejemplo, considere las siguientes instrucciones:

```
B = [1.5, 3.1];
S = [3.0 B];
```

Estos comandos equivalen a lo siguiente:

```
S = [3.0 1.5 3.1];
```

También podemos modificar los valores de una matriz o agregar valores adicionales usando una referencia a un lugar específico. Así, el siguiente comando,

```
S(2) = -1.0;
```

cambia el segundo valor de la matriz **s** de 1.5 a –1.0.

También podemos extender una matriz definiendo nuevos elementos. Si ejecutamos el siguiente comando,

```
S(4) = 5.5;
```

la matriz s tendrá cuatro valores en lugar de tres. Si ejecutamos el siguiente comando,

```
S(8) = 9.5;
```

la matriz s tendrá ocho valores, y los valores de s(5), s(6) y s(7) se pondrán en cero automáticamente porque no se dieron valores para ellos.

¡Practique!

Dé los tamaños de las siguientes matrices. Compruebe sus respuestas introduciendo los comandos en MATLAB y usando luego el comando whos. En estos problemas, una definición de matriz puede referirse a una matriz definida en un problema anterior.

1. `B = [2; 4; 6; 10]`
2. `C = [5 3 5; 6 2 -3]`
3. `E = [3 5 10 0; 0 0 ...`
        `0 3; 3 9 9 8]`
4. `T = [4 24 9]`
    `Q = [T 0 T]`
5. `V = [C(2,1); B]`
6. `A(2,1) = -3`

Operador
de dos puntos

Operador de dos puntos. El **operador de dos puntos** es un operador muy potente para crear matrices nuevas. Por ejemplo, puede usarse dicho operador para crear vectores a partir de una matriz. Si se usa un signo de dos puntos en una referencia de matriz en lugar de un subíndice específico, el signo de dos puntos representa a toda la fila o columna. Por ejemplo, después de definir una matriz c, los siguientes comandos almacenan la primera columna de c en el vector de columna x, la segunda columna de c en el vector columna y, y la tercera columna de c en el vector columna z:

```
C = [-1,0,0; 1,1,0; 1,-1,0; 0,0,2];
x = C(:,1);
y = C(:,2);
z = C(:,3);
```

El operador de dos puntos también puede servir para generar matrices nuevas. Si se usa un signo de dos puntos para separar dos enteros, el operador de dos puntos generará todos los enteros entre los dos enteros especificados. Por ejemplo, la siguiente notación genera un vector llamado H que contiene los números del 1 al 8.

```
H = 1:8;
```

Si se usan signos de dos puntos para separar tres números, el operador de dos puntos generará valores entre el primer número y el tercero, usando el segundo número como incremento. Por ejemplo, la siguiente notación genera un vector de fila llamado `tiempo` que contiene los números de 0.0 a 5.0 en incrementos de 0.5:

```
tiempo = 0.0:0.5:5.0;
```

El incremento también puede ser negativo, como se muestra en el siguiente ejemplo, que genera los números 10, 9, 8, ... 0 en el vector de fila llamado `valores`:

```
valores = 10:-1:0;
```

Submatriz

El operador de dos puntos también puede servir para seleccionar una **submatriz** de otra matriz. Por ejemplo, suponga que se definió c en MATLAB como la siguiente matriz:

$$\begin{bmatrix} -1 & 0 & 0 \\ 1 & 1 & 0 \\ 1 & -1 & 0 \\ 0 & 0 & 2 \end{bmatrix}$$

Si ejecutamos los siguientes comandos,

```
c_partial_1 = C(:,2:3);
c_partial_2 = C(3:4,1:2);
```

habremos definido las siguientes matrices:

$$c\_partial\_1 = \begin{bmatrix} 0 & 0 \\ 1 & 0 \\ -1 & 0 \\ 0 & 2 \end{bmatrix} \qquad c\_partial\_2 = \begin{bmatrix} 1 & -1 \\ 0 & 0 \end{bmatrix}$$

Si la notación de signo de dos puntos define una matriz con subíndices no válidos, como c(5:6,:), se exhibirá un mensaje de error.

Matriz vacía

En Matlab se vale tener una matriz vacía. Por ejemplo, cada una de las siguientes instrucciones genera una **matriz vacía**:

```
a = [];
b = 4:-1:5;
```

Cabe señalar que una matriz vacía es distinta de una matriz que sólo contiene ceros.

El empleo de la expresión c(:) equivale a una matriz de columna larga que contiene la primera columna de c, seguida de la segunda columna de c, y así sucesivamente.

Operador de transponer

Un operador muy útil para manipular matrices es el **operador de transponer**. La transpuesta de una matriz a se denota con a' y representa una nueva matriz en la que las filas de a se han convertido en las columnas de a'. En el capítulo 4 estudiaremos este operador con mayor detalle, pero por ahora lo usaremos sólo para convertir un vector fila en un vector columna y viceversa. Esta capacidad puede ser muy útil al imprimir vectores. Por ejemplo, suponga que generamos dos vectores, x y y. Ahora queremos imprimir los valores de modo que x(1) y y(1) estén en la misma línea, x(2) y y(2) estén en la misma línea, etc. Una forma sencilla de hacer esto es:

```
x = 0:4;
y = 5:5:25;
[x' y']
```

La salida generada por estas instrucciones es:

```
0   5
1   10
2   15
3   20
4   25
```

Este operador también será útil para generar algunas de las tablas especificadas en los problemas del final del capítulo.

¡Practique!

Indique el contenido de las siguientes matrices. Luego verifique sus respuestas introduciendo los comandos Matlab . Use la siguiente matriz g:

$$\begin{bmatrix} 0.6 & 1.5 & 2.3 & -0.5 \\ 8.2 & 0.5 & -0.1 & -2.0 \\ 5.7 & 8.2 & 9.0 & 1.5 \\ 0.5 & 0.5 & 2.4 & 0.5 \\ 1.2 & -2.3 & -4.5 & 0.5 \end{bmatrix}$$

1.   A = G(:,2)

2. `C = 10:15`

3. `D = [4:9; 1:6]`

4. `F = 0.0:0.1:1.0`

5. `T1 = G(4:5, 1:3)`

6. `T2 = G(1:2:5,:)`

Valores especiales y matrices especiales. MATLAB incluye varias constantes predefinidas, valores especiales y matrices especiales que podemos usar en nuestros programas y que se definen en la siguiente lista:

pi   Representa π

i, j   Representa el valor $\sqrt{-1}$

Inf   Representa infinito, que normalmente ocurre al dividir entre cero. Se imprimirá un mensaje de advertencia cuando se calcule este valor; si se exhibe una matriz que contiene este valor, el valor aparecerá como ∞.

NaN   Representa No-es-un-número y suele ocurrir cuando una expresión no está definida, como la división de cero entre cero.

clock   Representa la hora actual en un vector de fila de seis elementos que contiene año, mes, día, hora, minuto y segundos.

date   Representa la fecha actual en formato de cadena de caracteres, como `20-jun-96`.

eps   Representa la precisión de punto flotante de la computadora que se está usando. Esta precisión épsilon es la cantidad más pequeña en que pueden diferir dos valores en la computadora.

ans   Representa un valor calculado por una expresión pero no almacenado en un nombre de variable.

Se puede usar una serie de funciones especiales para generar matrices nuevas. La función `zeros` genera una matriz que contiene sólo ceros. Si el argumento de la función es un escalar, como en `zeros(6)`, la función generará una matriz cuadrada usando el argumento como número de filas y número de columnas. Si la función tiene dos argumentos escalares, como en `zeros(m,n)`, generará una matriz con `m` filas y `n` columnas. Dado que la función `size` devuelve dos argumentos escalares que representan el número de filas y el número de columnas de una matriz, podemos usar `size` para generar una matriz de ceros que tenga el mismo tamaño que otra matriz. Las siguientes instrucciones ilustran los diversos casos:

```
A = zeros(3);
B = zeros(3,2);
C = [1 2 3; 4 2 5];
D = zeros (size(C));
```

Las matrices generadas son las siguientes:

$$
A = \begin{bmatrix} 0 & 0 & 0 \\ 0 & 0 & 0 \\ 0 & 0 & 0 \end{bmatrix} \quad B = \begin{bmatrix} 0 & 0 \\ 0 & 0 \\ 0 & 0 \end{bmatrix}
$$

$$
C = \begin{bmatrix} 1 & 2 & 3 \\ 4 & 2 & 5 \end{bmatrix} \quad D = \begin{bmatrix} 0 & 0 & 0 \\ 0 & 0 & 0 \end{bmatrix}
$$

La función `ones` genera una matriz que sólo contiene unos, igual que la función `zeros` genera una matriz que sólo contiene ceros. Los argumentos para la función `ones` tienen la misma funcionalidad que los de `zeros`. Las siguientes instrucciones ilustran los diversos casos:

```
A = ones(3);
B = ones(3,2);
C = (1 2 3; 4 2 5];
D = ones(size(c));
```

Las matrices generadas son las siguientes:

$$
A = \begin{bmatrix} 1 & 1 & 1 \\ 1 & 1 & 1 \\ 1 & 1 & 1 \end{bmatrix} \quad B = \begin{bmatrix} 1 & 1 \\ 1 & 1 \\ 1 & 1 \end{bmatrix}
$$

$$
C = \begin{bmatrix} 1 & 2 & 3 \\ 4 & 2 & 5 \end{bmatrix} \quad D = \begin{bmatrix} 1 & 1 & 1 \\ 1 & 1 & 1 \end{bmatrix}
$$

Matriz identidad

Una **matriz identidad** es una matriz con unos en la diagonal principal y ceros en las demás posiciones. Por ejemplo, la siguiente es una matriz identidad con cuatro filas y cuatro columnas:

$$
\begin{bmatrix} 1 & 0 & 0 & 0 \\ 0 & 1 & 0 & 0 \\ 0 & 0 & 1 & 0 \\ 0 & 0 & 0 & 1 \end{bmatrix}
$$

Cabe señalar que la **diagonal principal** es la diagonal que contiene elementos en los que el número de fila es el mismo que el número de columna. Por tanto, los subíndices para los elementos de la diagonal principal son (1,1), (2,2), (3,3), etcétera.

En Matlab, las matrices identidad pueden generarse usando la función `eye`. Los argumentos de `eye` son similares a los de las funciones `zeros` y `ones`. Aunque en la mayor parte de las aplicaciones se usan matrices identidad cuadradas, la definición puede extenderse a matrices no cuadradas. Las siguientes instrucciones ilustran los diversos casos:

```
A = eye(3);
B = eye(3,2);
C = [1 2 3; 4 2 5];
D = eye(size(C));
```

Las matrices generadas son las siguientes:

$$A = \begin{bmatrix} 1 & 0 & 0 \\ 0 & 1 & 0 \\ 0 & 0 & 1 \end{bmatrix} \qquad B = \begin{bmatrix} 1 & 0 \\ 0 & 1 \\ 0 & 0 \end{bmatrix}$$

$$C = \begin{bmatrix} 1 & 2 & 3 \\ 4 & 2 & 5 \end{bmatrix} \qquad D = \begin{bmatrix} 1 & 0 & 0 \\ 0 & 1 & 0 \end{bmatrix}$$

No es aconsejable nombrar a una matriz de identidad `i` porque entonces `i` no representará a $\sqrt{-1}$ en las instrucciones que sigan. (Veremos los números complejos con detalle en el siguiente capítulo.)

Entradas del usuario. Los valores para una matriz también pueden introducirse a través del teclado usando el comando `input`, que exhibe una cadena de texto y luego espera entradas del usuario. Después, el valor introducido se almacena en la variable especificada. Si el usuario va a introducir más de un valor, debe encerrarlos en corchetes. Si el usuario pulsa la tecla Enter (Intro) sin introducir valores, se devolverá una matriz vacía. Si el comando no termina con un signo de punto y coma, se imprimen los valores introducidos para la matriz.

Considere el siguiente comando:

```
z = input('Introduzca valores para z en corchetes: ');
```

Cuando se ejecuta este comando, se exhibe en la pantalla de la terminal la cadena de texto `Introduzca valores para z en corchetes:`. El usuario puede introducir entonces una expresión como `[5.1 6.3 -18.0]`, que especifica valores para `z`. Como este comando `input` termina con un signo de punto y coma, no se exhiben los valores cuando termina de ejecutarse el comando.

OPCIONES DE SALIDA

Hay varias formas de presentar el contenido de una matriz. La más sencilla es introducir el nombre de la matriz. Se repetirá el nombre de la matriz y a partir de la siguiente línea se exhibirán los valores de la matriz. También hay varios comandos que pueden servir para exhibir matrices con un mayor control sobre el formato de la salida. También podemos graficar los valores de una matriz para tener una representación visual. A continuación presentamos algunos de los detalles del uso de estas diferentes formas de exhibir información.

Formato
por omisión

Formato de exhibición. Cuando se exhiben los elementos de una matriz, los enteros siempre se exhiben como enteros. Los valores no enteros siempre se exhiben usando un **formato por omisión** (llamado formato corto) que muestra cuatro dígitos decimales. MATLAB permite especificar otros formatos (véase la tabla 2.1) que muestran más dígitos significativos. Por ejemplo, para especificar que queremos que los valores se exhiban en un formato digital con 14 dígitos decimales, usamos el comando `format long`. Podemos regresar al formato decimal con cuatro dígitos decimales empleando el comando `format short`. Se exhiben dos dígitos decimales cuando se especifica el formato con `format bank`.

Si un valor es muy grande o muy pequeño, la notación decimal no es satisfactoria. Por ejemplo, un valor que se usa con frecuencia en química es la

TABLA 2.1 Formatos de exhibición de números		
Comando Matlab	Exhibe	Ejemplo
`format short`	por omisión	`15.2345`
`format long`	14 decimales	`15.23453333333333`
`format bank`	2 decimales	`15.23`
`format short e`	4 decimales	`1.5235e+01`
`format long e`	15 decimales	`1.523453333333333e+01`
`format +`	+, −, espacio	`+`

constante de Avogadro, cuyo valor con cuatro posiciones significativas es 602,300,000,000,000,000,000,000. Es obvio que necesitamos una notación más manejable para valores muy grandes como la constante de Avogadro o muy pequeños como 0.0000000031. La **notación científica** expresa un valor como un número entre 1 y 10 multiplicado por una potencia de 10. En notación científica, la constante de Avogadro se convierte en 6.023×10^{23}. Esta forma también recibe el nombre de mantisa (6.023) y exponente (23). En Matlab, se exhiben valores en notación científica usando la letra e para separar la mantisa y el exponente, como en `6.023e+23`. Si queremos que Matlab exhiba valores en notación científica con cinco dígitos significativos, usamos el comando `format short e`. Para especificar notación científica con 16 dígitos significativos, usamos el comando `format long e`. También podemos introducir valores en una matriz usando notación científica, pero es importante no escribir espacios entre la mantisa y el exponente, porque Matlab interpreta `6.023 e+23` como dos valores (`6.023` y `e+23`), mientras que `6.023e+23` se interpreta como un solo valor.

Otro comando de formato es `format +`. Si se exhibe una matriz con este formato, los únicos caracteres que se imprimen son signos de más y menos. Si un valor es positivo, se exhibe un signo más; si un valor es 0, se dejará un espacio; si un valor es negativo, se exhibirá un signo menos. Este formato permite visualizar una matriz grande en términos de sus signos, cosa que de otro modo tal vez no podríamos ver fácilmente porque podría haber demasiados valores en una fila para tener cabida en una sola línea.

En el caso de los formatos largos y cortos, se aplica un factor de escala común a toda la matriz si los elementos llegan a ser demasiado grandes. Este factor de escala se exhibe junto con los valores escalados.

Por último, el comando `format compact` suprime muchos de los saltos de línea que aparecen entre las representaciones de matrices y permite ver más líneas de información juntas en la pantalla. En las salidas de nuestros ejemplos, supondremos que se ha ejecutado este comando. El comando `format loose` regresa al modo de exhibición menos compacto.

Exhibición de texto y valores. Podemos usar la función `disp` para exhibir texto encerrado en apóstrofos; también podemos usarla para exhibir el contenido de una matriz sin exhibir el nombre de la matriz. Por ejemplo, si un escalar `temp` contiene un valor de temperatura en grados Fahrenheit, podríamos exhibir el valor en una línea y las unidades en la siguiente línea con estos comandos:

```
disp(temp); disp('grados F')
```

Si el valor de temp es 78, la salida será la siguiente:

```
78
grados F
```

Observe que los dos comandos disp se introdujeron en la misma línea para que se ejecutaran juntos.

Salidas con formato. El comando fprintf nos permite tener todavía más control sobre las salidas que el que tenemos con el comando disp. Además de exhibir tanto texto como valores de matrices, podemos especificar el formato que se usará al exhibir los valores, y también saltos de línea. La forma general de este comando es la siguiente:

```
fprintf(formato,matrices)
```

Especificadores

El formato contiene el texto y las especificaciones de formato para las salidas, y va seguido de los nombres de las matrices por exhibir. Dentro del formato se usan los **especificadores %e, %f y %g** para indicar dónde se exhibirán los valores de la matriz. Si se usa %e, los valores se exhiben en una notación exponencial; si se usa %f, los valores se exhiben en una notación de punto fijo o decimal; si se usa %g, los valores usarán %e o bien %f, el que sea más corto. Si aparece la cadena \n en el formato, se exhibirá la línea especificada hasta ese punto, y el resto de la información se exhibirá en la siguiente línea. Lo usual es que el formato termine con \n.

Un ejemplo sencillo del comando fprintf es:

```
fprintf('La temperatura es %f grados F \n',temp)
```

La salida correspondiente es:

```
La temperatura es 78.000000 grados F
```

Si modificamos el comando así:

```
fprintf('La temperatura es \n %f grados F \n',temp)
```

la salida será:

```
La temperatura es
 78.000000 grados F
```

Los especificadores de formato %f, %e y %g también pueden contener información para especificar el número de posiciones decimales que se exhibirán y el número de posiciones que se destinarán al valor correspondiente. Considere este comando:

```
fprintf('La temperatura es %4.1f grados F \n',temp)
```

El valor de `temp` se exhibe usando cuatro posiciones, una de las cuales es decimal:

```
La temperatura es 78.0 grados F
```

La instrucción `fprintf` nos permite tener gran control sobre la forma de las salidas; la usaremos con frecuencia en nuestros ejemplos para que usted se familiarice con ella.

Gráfica *xy*

Gráficas *xy* sencillas. En esta sección explicaremos cómo generar una **gráfica** *xy* sencilla a partir de datos almacenados en dos vectores. Suponga que queremos graficar los siguientes datos recabados de un experimento con un modelo de coche de control remoto. El experimento se repite 10 veces, midiendo la distancia que el coche viaja en cada ensayo.

Ensayo	Distancia, ft
1	58.5
2	63.8
3	64.2
4	67.3
5	71.5
6	88.3
7	90.1
8	90.6
9	89.5
10	90.4

Suponga que los números de ensayo se almacenan en un vector llamado `x`, y que los valores de distancia se almacenan en un vector llamado `y`. Para graficar estos puntos, usamos el comando `plot`, con `x` y `y` como argumentos.

```
plot(x,y)
```

Se genera automáticamente la gráfica de la figura 2.1. (Puede haber pequeñas variaciones en las escalas de la gráfica debido al tipo de computadora y al tamaño de la ventana de gráficos.)

Estilo

La buena práctica de ingeniería exige la inclusión de unidades y un título. Por tanto, incluimos los siguientes comandos que agregan un título, leyendas *x* y *y*, y una retícula de fondo:

```
plot(x,y),title('Experimento de laboratorio 1'),...
    xlabel('Ensayo'),ylabel('Distancia, ft'),grid
```

Estos comandos generan la gráfica de la figura 2.2.

Si exhibimos una gráfica y luego continuamos con más cálculos, MATLAB generará y exhibirá la gráfica en la ventana de gráficos y luego regresará de inmediato

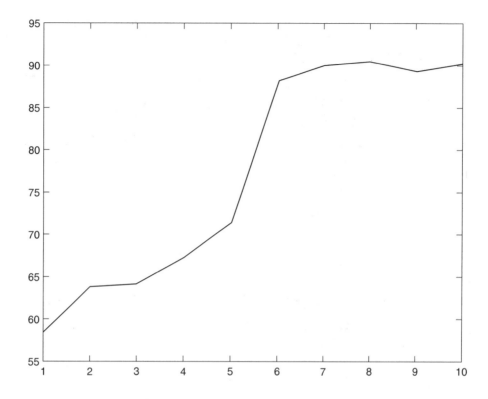

Figura 2.1 *Gráfica sencilla de distancias para 10 ensayos.*

para ejecutar el resto de los comandos del programa. Dado que la ventana de gráficos es remplazada por la ventana de comandos cuando MATLAB regresa para terminar los cálculos, puede ser aconsejable usar el comando pause para detener el programa temporalmente a fin de que podamos examinar la gráfica. La ejecución continuará cuando se pulse cualquier tecla. Si desea hacer una pausa de cierto número de segundos, use el comando pause(n), que hace una pausa de n segundos antes de continuar. El comando print imprime el contenido de la ventana de gráficos en la impresora conectada a la computadora.

ARCHIVOS DE DATOS

Archivo
de datos

También pueden definirse matrices a partir de información que se ha almacenado en un **archivo de datos.** MATLAB puede utilizar dos tipos distintos de archivos de datos: archivos MAT y archivos ASCII. Un archivo MAT contiene datos almacenados en un formato binario que aprovecha de manera eficiente la memoria, y un archivo ASCII contiene información almacenada en un formato de texto estándar para computadora. Los archivos MAT son preferibles para datos que van a ser generados y utilizados por programas MATLAB. Los archivos ASCII son necesarios cuando los datos se van a compartir (importándolos o exportándolos) con otros programas que no sean MATLAB.

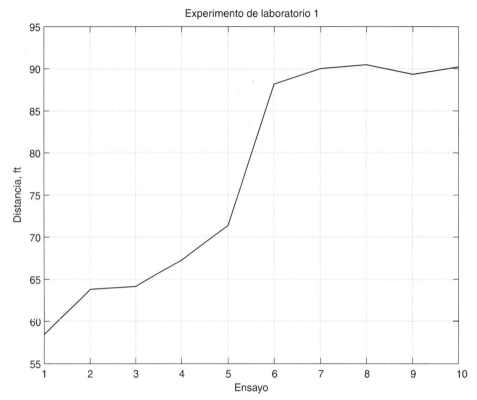

Figura 2.2 *Gráfica mejorada de distancias para 10 ensayos.*

Los archivos MAT se generan desde un programa MATLAB usando el comando `save`, que contiene un nombre de archivo y las matrices que se van a almacenar en el archivo. Se agrega automáticamente la extensión `.mat` al nombre del archivo. Por ejemplo, el siguiente comando:

```
save data_1 x y;
```

guarda las matrices `x` y `y` en un archivo llamado `data_1.mat`. Para recuperar estas matrices en un programa MATLAB, usamos el comando:

```
load data_1;
```

Un archivo ASCII que vaya a ser utilizado por un programa MATLAB deberá contener sólo información numérica, y cada fila del archivo deberá contener el mismo número de valores de datos. El archivo puede generarse usando un procesador de textos o un editor; también puede generarse ejecutando un programa escrito en un lenguaje para computadora, como C, o mediante un programa MATLAB usando la siguiente forma del comando `save`:

```
save data_2.dat z /ascii;
```

Estilo

Este comando hace que cada fila de la matriz `z` se escriba en una línea individual del archivo de datos. No se agrega la extensión `.mat` a los archivos ASCII. *Sin embargo, como se ilustra con este ejemplo, es aconsejable que los nombres de archivos ASCII tengan la extensión* `dat` *para que sea fácil distinguirlos de los archivos MAT y de los archivos M.*

Suponga que un archivo ASCII llamado `data_3.dat` contiene un conjunto de valores que representan el tiempo y la distancia correspondiente de un corredor desde la línea de salida en una carrera. Cada tiempo y su valor de distancia correspondiente están en una línea individual del archivo de datos. Así, las primeras líneas del archivo de datos podrían tener la siguiente forma:

```
0.0        0.0
0.1        3.5
0.2        6.8
```

El comando `load` seguido por el nombre del archivo lee la información y la coloca en una matriz con el mismo nombre que el archivo de datos. Por ejemplo, considere la instrucción:

```
load data_3.dat;
```

Los valores de datos se almacenarán automáticamente en la matriz `data_3`, que tiene dos columnas.

2.3   Operaciones con escalares y arreglos

Los cálculos aritméticos se especifican con matrices y constantes combinadas con operaciones aritméticas. En esta sección veremos primero operaciones en las que sólo intervienen escalares; luego extenderemos las operaciones para incluir operaciones de elemento por elemento.

OPERACIONES CON ESCALARES

Las operaciones aritméticas entre dos escalares se muestran en la tabla 2.2. Las expresiones que contienen escalares y operaciones escalares se pueden evaluar y almacenar en una variable especificada, como en la siguiente instrucción, que especifica que los valores de `a` y `b` se sumen y la suma se almacene en `x`:

```
x = a + b;
```

Esta instrucción de asignación debe interpretarse así: el valor que está en `a` se suma al valor que está en `b` y la suma se almacena en `x`. Si interpretamos las instrucciones de asignación de esta manera, no nos extrañará la siguiente instrucción MATLAB válida:

```
cuenta = cuenta + 1;
```

Es evidente que esta instrucción no es una expresión algebraica válida, pero en MATLAB especifica que se debe sumar 1 al valor que está en `cuenta` y el resultado se

TABLA 2.2 Operaciones aritméticas entre dos escalares		
Operación	**Forma algebráica**	**Matlab**
suma	$a + b$	`a + b`
resta	$a - b$	`a - b`
multiplicación	$a \times b$	`a*b`
división	$\dfrac{a}{b}$	`a/b`
exponenciación	a^b	`a^b`

debe almacenar otra vez en `cuenta`. Por tanto, la instrucción equivale a especificar que el valor de `cuenta` se incremente en 1.

Es importante tener presente que una variable sólo puede almacenar un valor a la vez. Por ejemplo, suponga que se ejecutaran las siguientes instrucciones Matlab una tras otra:

```
tiempo = 0.0;
tiempo = 5.0;
```

Cuando se ejecuta la primera instrucción se almacena el valor 0.0 en la variable `tiempo`, y es sustituido por el valor 5.0 cuando se ejecuta la siguiente instrucción.

Si se introduce una expresión sin especificar una variable para almacenar el resultado, el resultado o respuesta se almacenará automáticamente en una variable llamada `ans`. Cada vez que se almacene un nuevo valor en `ans`, se perderá el valor anterior.

OPERACIONES CON ARREGLOS

Elemento a elemento

Las operaciones de arreglos se ejecutan **elemento por elemento**. Por ejemplo, suponga que `A` es un vector de fila con cinco elementos y `B` es un vector de fila con cinco elementos. Una forma de generar un nuevo vector de fila `C` cuyos valores sean los productos de los valores correspondientes de `A` y de `B` es la siguiente:

```
C(1) = A(1)*B(1);
C(2) = A(2)*B(2);
C(3) = A(3)*B(3);
C(4) = A(4)*B(4);
C(5) = A(5)*B(5);
```

Estos comandos son en esencia comandos escalares porque cada uno multiplica un solo valor por otro y almacena el producto en un tercer valor. Para indicar que queremos realizar una multiplicación elemento por elemento entre dos matrices del mismo tamaño, usamos un asterisco precedido por un punto. Así, las cinco instrucciones anteriores pueden ser sustituidas por la siguiente:

```
C = A.*B;
```

No poner el punto antes del asterisco es una omisión grave porque en tal caso la instrucción especifica una operación de matrices, no una operación elemento por elemento. Estudiaremos las operacioness de matrices en el capítulo 4.

En el caso de la suma y la resta, las operaciones de arreglos y las de matrices son iguales, así que no necesitamos distinguir entre ellas. En cambio, las operaciones de arreglos para multiplicación, división y exponenciación son diferentes de las operaciones de matrices para multiplicación, división y exponenciación, así que necesitamos incluir un punto para especificar una operación de arreglos. Estas reglas se resumen en la tabla 2.3.

TABLA 2.3 Operaciones elemento por elemento

Operación	Forma algebraica	Matlab
suma	$a + b$	**a + b**
resta	$a - b$	**a − b**
multiplicación	$a \times b$	**a.*b**
división	$\dfrac{a}{b}$	**a./b**
exponenciación	a^b	**a.^b**

Las operaciones elemento por elemento, u operaciones de arreglos, no sólo se aplican a operaciones entre dos matrices del mismo tamaño, sino también a operaciones entre un escalar y un no escalar. Así, las dos instrucciones de cada uno de los siguientes juegos de instrucciones son equivalentes para una matriz A:

```
B = 3*A;
B = 3.*A;

C = A/5;
C = A./5;
```

Las matrices resultantes B y C tendrán el mismo tamaño que A.

A fin de ilustrar las operaciones de arreglos para vectores, considere los dos siguientes vectores de fila:

A = [2 5 6]   B = [2 3 5]

Si calculamos el producto de arreglos de A y B usando la siguiente instrucción:

```
C = A.*B;
```

C contendrá los siguientes valores:

[4 15 30]

El comando de división de arreglos,

```
C = A./B;
```

genera un nuevo vector en el que cada elemento de A se divide entre el elemento correspondiente de B. Así, c contendrá los siguientes valores:

[1   1.6667   1.2]

La exponenciación de arreglos también es una operación elemento por elemento. Por ejemplo, considere las siguientes instrucciones:

```
A = [2, 5, 6];
B = [2, 3, 5];
C = A.^2;
D = A.^B;
```

Los vectores C y D son los siguientes:

C = [4   25   36]   D = [4   125   7776]

También podemos usar una base escalar con un exponente vector, como en:

```
C = 3.0.^A;
```

que genera un vector con los siguientes valores:

[9   243   729]

Este vector también podría haberse calculado con la instrucción:

```
C = (3).^A;
```

Si no está seguro de haber escrito la expresión correcta, siempre pruébela con ejemplos sencillos como los que hemos usado aquí.

Los ejemplos anteriores utilizaron vectores, pero las mismas reglas se aplican a matrices con filas y columnas, como se ilustra con las siguientes instrucciones:

```
d = [1:5; -1:-1:-5];
p = d.*5;
q = d.^3;
```

Los valores de estas matrices son:

$$d = \begin{bmatrix} 1 & 2 & 3 & 4 & 5 \\ -1 & -2 & -3 & -4 & -5 \end{bmatrix}$$

$$p = \begin{bmatrix} 5 & 10 & 15 & 20 & 25 \\ -5 & -10 & -15 & -20 & -25 \end{bmatrix} \quad q = \begin{bmatrix} 1 & 8 & 27 & 64 & 125 \\ -1 & -8 & -27 & -64 & -125 \end{bmatrix}$$

Precedencia	Operación
TABLA 2.4 Precedencia de operaciones aritméticas	
1	paréntesis, primero los más internos
2	exponenciación de izquierda a derecha
3	multiplicación y división, de izquierda a derecha
4	suma y resta, de izquierda a derecha

PRECEDENCIA DE OPERACIONES ARITMÉTICAS

En vista de que es posible combinar varias operaciones en una sola expresión aritmética, es importante saber en qué orden se realizan las operaciones. La tabla 2.4 indica la precedencia de las operaciones aritméticas en MATLAB. Observe que esta precedencia sigue la precedencia algebraica estándar.

Suponga que queremos calcular el área de un trapezoide; la variable `base` contiene la longitud de la base y `altura_1` y `altura_2` contienen las dos alturas. El área de un trapezoide puede calcularse con la siguiente instrucción MATLAB:

```
area = 0.5*base*(altura_1 + altura_2);
```

Suponga que omitimos los paréntesis en la expresión:

```
area = 0.5*base*altura_1 + altura_2;
```

Esta instrucción se ejecutaría como si fuera la instrucción:

```
area = (0.5*base*altura_1) + altura_2;
```

Estilo

Observe que si bien se calculó la respuesta incorrecta, no se imprimen mensajes de error para alertarnos. Por tanto, es muy importante tener mucho cuidado al convertir ecuaciones en instrucciones MATLAB. Agregar paréntesis extra es una forma fácil de asegurarse de que los cálculos se harán en el orden deseado.

Si una expresión es larga, divídala en varias instrucciones. Por ejemplo, considere la siguiente ecuación:

$$f = \frac{x^3 - 2x^2 + x - 6.3}{x^2 + 0.05005x - 3.14}$$

Podría calcularse el valor de `f` usando las siguientes instrucciones MATLAB, suponiendo que `x` es un escalar:

```
numerador = x^3 - 2*x^2 + x - 6.3;
denominador = x^2 + 0.05005*x - 3.14;
f = numerador/denominador;
```

Es mejor usar varias instrucciones fáciles de entender que usar una instrucción que requiere meditar con cuidado el orden en que deben ejecutarse las operaciones.

¡Practique!

Escriba comandos Matlab para calcular los siguientes valores. Suponga que las variables de las ecuaciones son escalares y que se les asignaron valores.

1. Factor de corrección en cálculos de presión:

$$\text{factor} = 1 + \frac{b}{v} + \frac{c}{v^2}$$

2. Pendiente entre dos puntos:

$$\text{pendiente} = \frac{y_2 - y_1}{x_2 - x_1}$$

3. Resistencia de un circuito en paralelo:

$$\text{resistencia} = \frac{1}{\dfrac{1}{r_1} + \dfrac{1}{r_2} + \dfrac{1}{r_3}}$$

4. Pérdida de presión por fricción en un tubo:

$$\text{pérdida} = f \cdot p \cdot \frac{1}{d} \cdot \frac{v^2}{2}$$

¡Practique!

Dé los valores contenidos en el vector c después de ejecutarse las siguientes instrucciones, donde a y b contienen los valores indicados. Verifique sus respuestas usando Matlab.

$$A = [2 \quad -1 \quad 5 \quad 0] \qquad B = [3 \quad 2 \quad -1 \quad 4]$$

1. `C = B + A - 3;`
2. `C = A./B;`
3. `C = 2*A + A.^B;`
4. `C = 2.^B + A;`
5. `C = 2*B/3.*A;`

LIMITACIONES EN COMPUTACIÓN

Las variables almacenadas en una computadora pueden asumir valores de una gama muy amplia. En la mayor parte de las computadoras, el intervalo se extiende de 10^{-308} a 10^{308}, que deberá ser suficiente para manejar casi cualquier cálculo. No obstante, es posible que el resultado de una expresión esté fuera de este intervalo. Por ejemplo, suponga que ejecutamos las siguientes instrucciones:

```
x = 2.5e200;
y = 1.0e200;
z = x*y;
```

Si suponemos el intervalo de valores de 10^{-308} a 10^{308}, los valores de x y y están dentro del intervalo permitido, pero el valor de z sería 2.5e400, y este valor excede el
Desbordamiento intervalo. Este error se denomina **desbordamiento de exponente** porque el exponen-
de exponente te del resultado de una operación matemática es demasiado grande para almacenarse en la memoria de la computadora. En MATLAB, el resultado de un desbordamiento de exponente es ∞.

Desbordamiento   Un **desbordamiento negativo de exponente** es un error similar que ocurre cuan-
negativo de do el exponente del resultado de una operación aritmética es demasiado pequeño
exponente para almacenarse en la memoria de la computadora. Si usamos el mismo intervalo permitido, obtenemos un desbordamiento negativo de exponente con los siguientes comandos:

```
x = 2.5e-200;
y = 1.0e200;
z = x/y;
```

Una vez más, los valores de x y y están dentro del intervalo permitido, pero el valor de + debe ser 2.5e–400. Dado que el exponente es menor que el mínimo, causa-mos la ocurrencia de un error de desbordamiento negativo de exponente. En MATLAB, el resultado de un desbordamiento negativo de exponente es cero.

División   Sabemos que la **división entre cero** es una operación no válida. si una expre-
entre cero sión produce una división entre cero en MATLAB, el resultado es ∞. MATLAB exhibirá un mensaje de error y continuará con los cálculos subsecuentes.

2.4   Capacidades de graficación adicionales

La gráfica más común que usan los ingenieros y científicos es la gráfica xy. Los datos que se grafican por lo regular se leen de un archivo de datos o se calculan en los programas, y se almacenan en vectores que llamaremos x y y. En general, supondre-mos que los valores x representan la variable independiente, y los y, la variable de-pendiente. Los valores y pueden calcularse como función de x, o los valores x y y podrían medirse en un experimento. A continuación presentamos otras formas de exhibir esta información.

GRÁFICAS LINEALES Y LOGARÍTMICAS

La mayor parte de las gráficas que generamos dan por hecho que los ejes x y y se dividen en intervalos equiespaciados; estas gráficas se llaman gráficas lineales. Oca-sionalmente, podríamos querer usar una escala logarítmica en un eje o en ambos.
Escala Una **escala logarítmica** (de base 10) es útil cuando una variable abarca varios órde-
logarítmica nes de magnitud, pues el amplio intervalo de valores puede graficarse sin comprimir los valores más pequeños.

Los comandos Matlab para generar gráficas lineales y logarítmicas de los vectores x y y son los siguientes:

plot(x,y)	Genera una gráfica lineal con los valores de x y y.
semilogx(x,y)	Genera una gráfica de los valores de x y y usando una escala logarítmica para x y una escala lineal para y.
semilogy(x,y)	Genera una gráfica de los valores de x y y usando una escala lineal para x y una escala logarítmica para y.
loglog(x,y)	Genera una gráfica de los valores de x y y usando escalas logarítmicas tanto para x como para y.

En la figura 2.3 se muestran ejemplos de estas gráficas. Más adelante en esta sección veremos cómo definir un grupo de gráficas como las que se muestran en esta figura.

Es importante tener presente que el logaritmo de un valor negativo o de cero no existe. Por tanto, si los datos que van a graficarse en una gráfica semilog o log-log contienen valores negativos o ceros, Matlab exhibirá un mensaje de advertencia informando que esos puntos de datos se han omitido en la gráfica.

Todos estos comandos pueden ejecutarse también con un solo argumento, como en plot(y). En estos casos, las curvas se generan usando como valores x los subíndices del vector y.

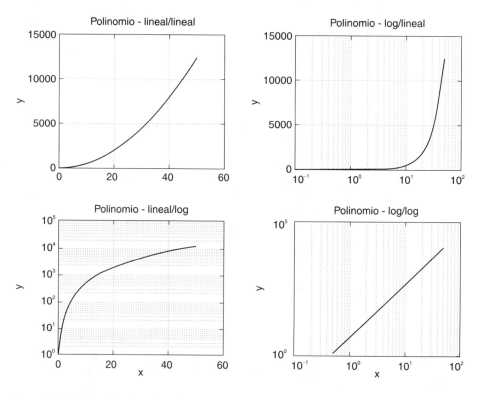

Figura 2.3 *Gráficas lineales y logarítmicas.*

GRÁFICAS MÚLTIPLES

Una forma sencilla de generar curvas múltiples en la misma gráfica es usar múltiples argumentos en un comando de graficación, como en

```
plot(x,y,w,z)
```

donde las variables x, y, w y z son vectores. Al ejecutarse este comando, se traza la curva correspondiente a x versus y, y luego se traza en la misma gráfica la curva correspondiente a w versus z. La ventaja de esta técnica es que el número de puntos de las dos curvas no tiene que ser el mismo. MATLAB selecciona automáticamente diferentes tipos de líneas para poder distinguir entre las dos curvas.

Otra forma de generar múltiples curvas en la misma gráfica es usar una sola matriz con múltiples columnas. Cada columna se graficará contra un vector x. Por ejemplo, las siguientes instrucciones generan una gráfica que contiene dos funciones como se muestra en la figura 2.4:

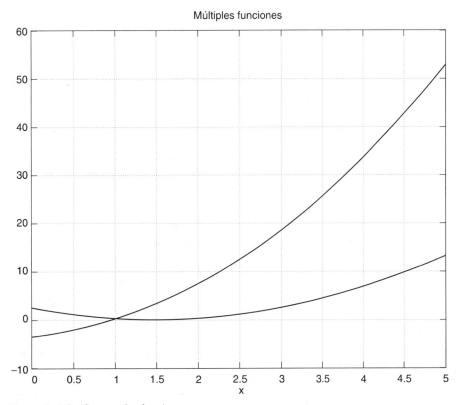

Figura 2.4 *Gráfica con dos funciones.*

```
x = 0:0.1:5;
f(:,1) = x'.^2 - 3*x' + 2;
f(:,2) = 2*x'.^2 + x' - 3;
plot(x,f),title('Múltiples funciones'),...
xlabel('x'),grid
```

Si la función `plot` no tiene un vector `x` aparte, como en `plot(f)`, las columnas de `f` se graficarán usando los subíndices de fila como valores *x*.

ESTILO DE LÍNEAS Y MARCAS

El comando `plot(x,y)` genera una gráfica de líneas que conecta los puntos representados por los vectores `x` y `y` con segmentos de línea. También podemos seleccionar otros tipos de líneas: de guiones, de puntos y de puntos y guiones, y también una gráfica de puntos en lugar de una de líneas. En este caso, los puntos representados por los vectores se marcarán con un punto en vez de conectarse con segmentos de línea. Asimismo, podemos escoger caracteres distintos del punto para indicar los puntos: signos más, estrellas, círculos o marcas x. La tabla 2.5 lista estas diferentes opciones de líneas y marcas.

El siguiente comando ilustra el uso de los estilos de línea y marca; genera una curva de línea continua con los puntos representados por los vectores `x` y `y` y luego marca los puntos mismos con círculos:

```
plot(x,y,x,y,'o')
```

Este tipo de gráfica se muestra en la figura 6.3.

TABLA 2.5 Opciones de líneas y marcas			
Tipo de línea	**Indicador**	**Tipo de punto**	**Indicador**
continua	–	punto	.
guiones	—	más	+
punteada	:	estrella	*
guiones-puntos	– .	círculo	o
		marca	x

ESCALA DE LOS EJES

Matlab fija automáticamente la escala de los ejes ajustándola a los valores de datos. Sin embargo, podemos supeditar esas escalas con el comando `axis`. Hay varias formas de este comando:

`axis`   Mantiene la escala del eje actual para gráficas subsecuentes. Una segunda ejecución del comando regresa el sistema al escalado automático.

`axis(v)`   Especifica la escala del eje usando los valores de escala que están en el vector `v`, el cual debe contener `[xmin,xmax,ymin,ymax]`.

Estilo   *Estos comandos resultan especialmente útiles cuando queremos comparar curvas de diferentes gráficas, pues puede ser difícil comparar visualmente curvas trazadas con diferentes ejes.* El comando `plot` precede al comando `axis` correspondiente.

SUBGRÁFICAS

Subventanas

El comando `subplot` permite dividir la ventana de gráficos en **subventanas**. Las posibles divisiones pueden ser dos subventanas o cuatro subventanas. Dos subventanas pueden quedar arriba y abajo o a la izquierda y a la derecha. Una división de cuatro ventanas tiene dos subventanas arriba y dos abajo. Los argumentos del comando `subplot` son tres enteros: *m*, *n*, *p*. Los dígitos *m* y *n* especifican que la ventana de gráficos se divida en una retícula de *m* por *n* ventanas más pequeñas, y el dígito *p* especifica la *p*-ésima ventana para la gráfica actual. Las ventanas se numeran de izquierda a derecha y de arriba a abajo. Por tanto, los siguientes comandos especifican que la ventana de gráficos se divida en una gráfica superior y una inferior, y que la gráfica actual se coloque en la subventana superior:

```
subplot(2,1,1),plot(x,y)
```

La figura 2.3 contiene cuatro gráficas que ilustran el comando `subplot` empleando escalas lineales y logarítmicas. Esta figura se generó usando las siguientes instrucciones:

```
%    Generar curvas de un polinomio.
%
x = 0:0.5:50;
y = 5*x.^2;
subplot(2,2,1),plot(x,y),...
    title('Polinomio - lineal/lineal'),...
    ylabel('y'),grid,...
subplot(2,2,2),semilogx(x,y),...
    title('Polinomio - log/lineal'),...
    ylabel('y'),grid,...
subplot(2,2,3),semilogy(x,y),...
    title('Polinomio - lineal/log'),...
    xlabel('x'),ylabel('y'),grid,...
subplot(2,2,4),loglog(x,y),...
    title('Polinomio - log/log'),...
    xlabel('x'),ylabel('y'),grid
```

Se incluirán con frecuencia ejemplos del comando `subplot` en este texto.

2.5   Resolución aplicada de problemas: Motor turbohélice avanzado

Abanico
sin ductos

En esta sección realizaremos cálculos en una aplicación relacionada con el gran desafío del funcionamiento de vehículos. Un motor turbohélice avanzado llamado **abanico sin ductos** (UDF, *unducted fan*) es una de las prometedoras tecnologías que se están desarrollando para aviones de transporte futuros. Los motores de turbohélice, que han estado en uso desde hace varias décadas, combinan la potencia y la confiabilidad de los motores a reacción con la eficiencia de las hélices. Estos motores representan una mejora significativa respecto a los anteriores motores de hélice impulsados por pistones. No obstante, su aplicación se ha limitado a aviones pequeños para cubrir rutas cortas porque no son tan rápidos ni tan potentes como los motores de aspas a reacción que se emplean en los aviones de pasajeros de mayor tamaño. El motor UDF aprovecha avances significativos en la tecnología de hélices que se probaron cuidadosamente en túneles de viento y que han angostado la brecha de rendimiento entre los motores turbohélice y los de aspas a reacción. Nuevos materiales, formas de aspas y mayores velocidades de rotación permiten a los aviones con motores UDF volar casi con la misma rapidez que los provistos de motores de aspas a reacción, con mayor eficiencia de combustible. Además, el UDF es considerablemente más silencioso que el motor turbohélice convencional.

Durante un vuelo de prueba de un avión con motor UDF, el piloto de prueba ajustó el nivel de potencia del motor en 40,000 newtons, lo que hace que el avión de 20,000 kg alcance una velocidad de crucero de 180 m/s (metros por segundo). A continuación, las gargantas del motor se ajustan a un nivel de potencia de 60,000 newtons y el avión comienza a acelerar. Al aumentar la velocidad del avión, el arrastre aerodinámico aumenta en proporción con el cuadrado de la velocidad respecto al aire. Después de cierto tiempo, el avión alcanza una nueva velocidad de crucero en la que el empuje de los motores UDF es equilibrado por el arrastre. Las ecuaciones empleadas para estimar la velocidad y aceleración del avión desde el momento en que se reajustan las gargantas hasta que el avión alcanza su nueva velocidad de crucero (aproximadamente 120 s después) son las siguientes:

$$\text{velocidad} = 0.00001\ \text{tiempo}^3 - 0.00488\ \text{tiempo}^2 + 0.75795\ \text{tiempo} + 181.3566$$
$$\text{aceleración} = 3 - 0.000062\ \text{velocidad}^2$$

Escriba un programa Matlab que pida al usuario introducir un tiempo inicial y un tiempo final (ambos en segundos) que definan un intervalo de tiempo para el cual deseamos graficar la velocidad y la aceleración del avión. Suponga que el tiempo cero representa el punto en el que se aumentó el nivel de potencia. El tiempo final deberá ser 120 segundos o menos.

1.   PLANTEAMIENTO DEL PROBLEMA

Calcular la nueva velocidad y aceleración del avión después de un cambio en el nivel de potencia.

2.   DESCRIPCIÓN DE ENTRADAS/SALIDAS

El siguiente diagrama muestra que las entradas del programa son los tiempos inicial y final y que las salidas son gráficas de los valores de velocidad y aceleración dentro de este lapso.

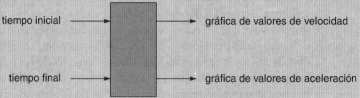

3.   EJEMPLO A MANO

Dado que el programa está generando una gráfica para un intervalo de tiempo específico, supondremos que el intervalo es de 0 a 5 segundos. Luego calculamos unos cuantos valores con una calculadora para poderlos comparar con los valores de las curvas generadas por el programa.

Tiempo (s)	Velocidad (m/s)	Aceleración (m/s^2)
0.0	181.3566	0.9608
3.0	183.5868	0.9103
5.0	185.0256	0.8775

4.   DESARROLLO DEL ALGORITMO

La generación de las curvas con los valores de velocidad y aceleración requiere los siguientes pasos:

1.   Leer los límites del intervalo de tiempo.
2.   Calcular los valores de velocidad y aceleración correspondientes.
3.   Graficar la nueva velocidad y aceleración.

Puesto que el intervalo de tiempo depende de los valores de entrada, puede ser muy pequeño o muy grande. Por tanto, en lugar de calcular valores de velocidad y aceleración en los puntos especificados, calcularemos 100 puntos dentro del intervalo especificado.

```
% Estos comandos generan y grafican valores de velocidad
% y aceleración en un intervalo especificado por el usuario.
%
star_time = input('Teclee tiempo inicial (en segundos): ');
end_time = input('Teclee tiempo final (máx. 120 segundos): ');
%
time_incr = (end_time - start_time)/99;
time = start_time:time_incr:end_time;
velocity = 0.00001*time.^3 - 0.00488*time.^2...
           + 0.75795*time + 181.3566;
acceleration = 3 - 0.000062*velocity.^2;
%
subplot(2,1,1),plot(time,velocity),title('Velocidad'),...
    ylabel('metros/segundo'),grid,...
subplot(2,1,2),plot(time,acceleration),...
    title('Aceleración'),...
    xlabel('Tiempo, s'),ylabel('metros/segundo^2'),grid
```

5.   PRUEBA

Primero probamos el programa usando los datos del ejemplo a mano. Esto genera la siguiente interacción:

```
Teclee tiempo inicial (en segundos): 0
Teclee tiempo final (máx. 120 segundos): 5
```

La gráfica generada por el programa se muestra en la figura 2.5. En vista de que los valores calculados coinciden con el ejemplo a mano, podemos probar el programa con otros valores de tiempo. Si los valores no hubieran concordado con el ejemplo, habríamos tenido que determinar si el error estuvo en el ejemplo o en el programa. En la figura 2.6 se muestran las gráficas generadas para el intervalo de tiempo de 0 a 120 segundos. Observe que la aceleración se acerca a cero conforme la velocidad se acerca a la nueva velocidad de crucero.

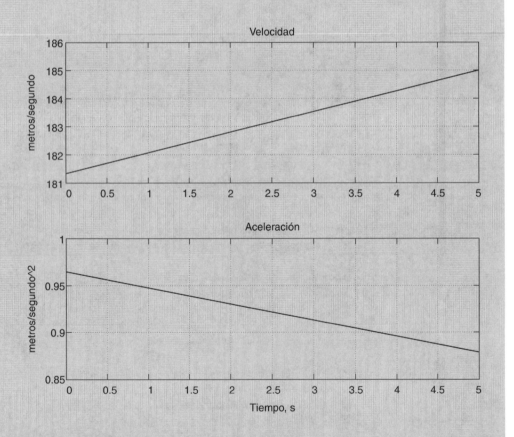

Figura 2.5 *Velocidad y aceleración de 0 a 5 segundos.*

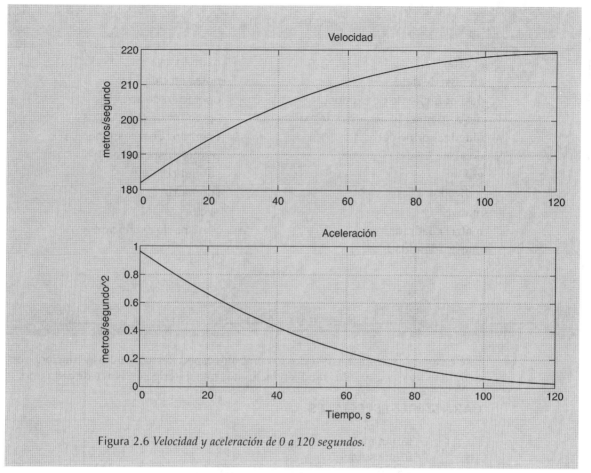

Figura 2.6 *Velocidad y aceleración de 0 a 120 segundos.*

RESUMEN DEL CAPÍTULO

En este capítulo presentamos el entorno MATLAB. La estructura de datos primaria en MATLAB es la matriz, que puede ser un solo punto (un escalar), una lista de valores (un vector) o una retícula rectangular de valores con filas y columnas. Los valores se pueden introducir en una matriz usando una lista explícita de los valores o usando un operador de dos puntos que nos permite especificar un valor inicial, un incremento y un valor final para generar la sucesión de valores. Los valores también pueden cargarse en una matriz a partir de archivos MAT o archivos ASCII. Exploramos las diversas operaciones matemáticas que se realizan elemento por elemento. También mostramos cómo generar gráficas *xy* sencillas con valores de datos, ilustrando esto con una aplicación que graficó datos de una prueba de motor sin ductos.

TÉRMINOS CLAVE

abortar

archivo de datos

desbordamiento de exponente

desbordamiento negativo de exponente

diagonal principal

escalar

guión

indicador

matriz

matriz cuadrada

matriz identidad

matriz vacía

notación científica

operación de arreglos

operador de dos puntos

operador de transponer

puntos suspensivos

subíndice

submatriz

vector

ventana de exhibición

RESUMEN DE MATLAB

Este resumen de MATLAB lista todos los símbolos especiales, comandos y funciones que definimos en este capítulo. También incluimos una descripción breve de cada uno.

CARACTERES ESPECIALES

[ ]	forma matrices
( )	forma subíndices
,	separa subíndices o elementos de matrices
;	separa comandos o filas de matrices
%	indica comentarios
:	genera matrices
+	suma de escalares y arreglos
-	resta de escalares y arreglos
*	multiplicación de escalares
.*	multiplicación de arreglos
/	división de escalares
./	división de arreglos
^	exponenciación de escalares
.^	exponenciación de arreglos
'	transponer

COMANDOS Y FUNCIONES

ans	almacena valores de expresiones
axis	controla la escala de los ejes

`^c`	genera un aborto local
`clc`	despeja la pantalla de comandos
`clear`	despeja el espacio de trabajo
`clf`	borra una figura
`clock`	representa la hora actual
`date`	representa la fecha actual
`demo`	ejecuta demostraciones
`disp`	exhibe matriz o texto
`eps`	representa la precisión de punto flotante
`exit`	termina MATLAB
`eye`	genera una matriz identidad
`format +`	establece formato de sólo signos más y menos
`format compact`	establece formato de forma compacta
`format long`	establece formato decimal largo
`format long e`	establece formato exponencial largo
`format loose`	establece formato de forma no compacta
`format short`	establece formato decimal corto
`format short e`	establece formato exponencial corto
`fprintf`	imprime información formateada
`grid`	inserta una retícula en una gráfica
`help`	invoca el recurso de ayuda
`i`	representa el valor $\sqrt{-1}$
`Inf`	representa el valor ∞
`input`	acepta entradas del teclado
`j`	representa el valor $\sqrt{-1}$
`load`	carga matrices de un archivo
`loglog`	genera una gráfica log-log
`NaN`	representa el valor No-es-un-número
`ones`	genera una matriz de unos
`pause`	detiene temporalmente un programa
`pi`	representa el valor π
`plot`	genera una gráfica xy lineal
`print`	imprime la ventana de gráficos
`quit`	termina MATLAB
`save`	guarda variables en un archivo
`semilogx`	genera una gráfica log-lineal
`semilogy`	genera una gráfica lineal-log
`size`	determina las dimensiones de filas y columnas
`subplot`	divide la ventana de gráficos en subventanas
`title`	agrega un título a una gráfica
`who`	lista las variables en memoria
`whos`	lista las variables y sus tamaños en memoria
`xlabel`	agrega una leyenda de eje x a una gráfica
`ylabel`	agrega una leyenda de eje y a una gráfica
`zeros`	genera una matriz de ceros

NOTAS DE *Estilo*

1. Escoja nombres que le ayuden a recordar lo que se está almacenando en la variable.
2. Siempre incluya unidades y un título en las gráficas para fines de documentación.
3. Use la extensión `dat` en los archivos de datos para distinguirlos de los archivos MAT y los archivos M.
4. Use múltiples instrucciones para calcular expresiones largas, haciéndolas más comprensibles.
5. Para comparar información de diferentes gráficas, use el comando `axis` para especificar que las gráficas tengan los mismos ejes.

NOTAS DE DEPURACIÓN

1. Hasta que se sienta cómodo asignando valores a una matriz, omita el signo de punto y coma después de una definición de matriz a fin de que se exhiban los números.
2. No use los nombres `i` o `j` para variables en un programa que maneje números complejos.
3. Pruebe una expresión complicada con valores sencillos para asegurarse de que entiende cómo se evalúa.
4. Agregue paréntesis extra, si es necesario, para asegurarse de que los cálculos se efectúen en el orden deseado.
5. Recuerde que el logaritmo de un valor negativo o de cero no existe.

PROBLEMAS

Tablas de conversión. En los problemas 1-10, exhiba las tablas especificadas usando el operador de transponer si es necesario. Incluya una cabecera de tabla y cabeceras de columna. Escoja un número apropiado de posiciones decimales para los valores.

1. Genere una tabla de conversiones de grados a radianes. La primera línea deberá contener los valores para 0°, la segunda deberá contener los valores para 10°, etc. La última línea deberá contener los valores para 360°. (Recuerde que radianes $\pi = 180°$.)
2. Genere una tabla de conversiones de centímetros a pulgadas. Comience la columna de centímetros en 0, con incrementos de 2 cm. La última línea deberá contener el valor de 50 cm. (Recuerde que 1 pulg = 2.54 cm)
3. Genere una tabla de conversiones de mi/h a ft/s. Inicie la columna de mi/h en 0, con incrementos de 5 mi/h. La última línea deberá contener el valor de 65 mi/h. (Recuerde que 1 mi = 5280 ft)

Conversiones monetarias. Las siguientes conversiones monetarias aplican a los problemas 4-7:

$1 = 5.045 francos (Fr)
1 yen (Y) = $.0101239
1.4682 marco alemán (DM) = $1

4.   Genere una tabla de conversiones de francos a dólares. Inicie la columna de los francos en 5 Fr, con incrementos de 5 Fr. Exhiba 25 líneas de la tabla.
5.   Genere una tabla de conversiones de marcos alemanes a francos. Inicie la columna de marcos alemanes en 1 DM, con incrementos de 2 DM. Imprima 30 líneas de la tabla.
6.   Genere una tabla de conversiones de yenes a marcos alemanes. Inicie la columna de yenes en 100 Y y exhiba 25 líneas, de modo que la última línea contenga 10000 Y.
7.   Genere una tabla de conversiones de dólares a francos, marcos alemanes y yenes. Inicie la columna en $1, con incrementos de $1. Imprima 50 líneas de la tabla.

Conversiones de temperatura. Los siguientes problemas generan tablas de conversión de temperatura. Use las siguientes ecuaciones que dan las relaciones entre temperaturas en grados Fahrenheit (T_F), grados Celsius (T_C), grados Kelvin (T_K) y grados Rankin (T_R):

$$T^F = T^R - 459.67$$

$$T^F = \frac{9}{5} T^C + 32$$

$$T^R = \frac{9}{5} T^K$$

8.   **Genere una tabla con las conversiones de Fahrenheit a Kelvin para valores de** 0 °F a 200 °F. Permita al usuario especificar el incremento en grados F entre cada línea.
9.   Genere una tabla con las conversiones de Celsius a Rankin. Permita al usuario introducir la temperatura inicial y el incremento entre líneas. Imprima 25 líneas de la tabla.
10. Genere una tabla con conversiones de Celsius a Fahrenheit. Permita al usuario introducir la temperatura inicial, el incremento entre líneas y el número de líneas de la tabla.

3

Cortesía de FPG International.

GRAN DESAFÍO:
Reconocimiento del habla

La cabina de control de un avión a reacción moderno tiene literalmente cientos de interruptores y medidores. Varios programas de investigación han estado estudiando la factibilidad de usar un sistema de reconocimiento del habla en la cabina que haga las veces de asistente del piloto. El sistema respondería a solicitudes verbales del piloto pidiendo información como la situación del combustible o la altura. El piloto usaría palabras de un vocabulario pequeño que la computadora habrá sido instruida para entender. Además de entender un conjunto selecto de palabras, el sistema tendría que ser instruido empleando la voz del piloto que usaría el sistema. Esta información de instrucción podría almacenarse en un disquete e insertarse en la computadora al principio de un vuelo para que el sistema pueda reconocer al piloto actual. El sistema de cómputo también usaría síntesis de voz para responder a las solicitudes de información del piloto.

Funciones de MATLAB

OBJETIVOS

Las operaciones de sumar, restar, multiplicar y dividir son las básicas entre las que usan los ingenieros y científicos. Sin embargo, también necesitamos realizar otras operaciones rutinarias, como calcular la raíz cuadrada de un valor, obtener la tangente de un ángulo o generar un número aleatorio. Por ello, aquí presentaremos varias funciones para realizar cálculos, trabajar con valores complejos y generar números aleatorios. También estudiaremos instrucciones y funciones que nos permiten analizar o modificar valores selectos dentro de una matriz. Aunque MATLAB contiene varios cientos de funciones, habrá ocasiones en que querremos usar una función que no esté incluida en MATLAB; por tanto, mostraremos los pasos a seguir para escribir una función definida por el usuario.

3.1   Funciones matemáticas

Las expresiones aritméticas a menudo requieren cálculos distintos de la suma, resta, multiplicación, división y exponenciación. Por ejemplo, muchas expresiones requieren el empleo de logaritmos, funciones trigonométricas, polinomios y números complejos. MATLAB contiene varias funciones para realizar estos cálculos adicionales. Por ejemplo, si queremos calcular el seno de un ángulo y almacenar el resultado en b, podemos usar el siguiente comando:

```
b = sin(angulo);
```

La función sin supone que el argumento está en radianes. Si el argumento contiene un valor en grados, podemos convertir los grados a radianes dentro de la referencia a la función:

```
b = sin(angulo*pi/180);
```

También podríamos haber hecho la conversión en una instrucción aparte:

```
angulo_radianes = angulo*pi/180;
b = sin(angulo_radianes);
```

Estas instrucciones son válidas si angulo es un escalar o una matriz; si angulo es una matriz, la función se aplicará elemento por elemento a los valores de la matriz.

Función

Ahora que hemos visto un ejemplo del uso de una función, resumiremos las reglas que lo rigen. Una **función** es una referencia que representa una matriz. Los **argumentos** o **parámetros** de una matriz se colocan entre paréntesis después del nombre de la función. Una función puede tener cero, uno o muchos argumentos, dependiendo de su definición. Por ejemplo, pi es una función que no tiene argumentos; cuando usamos la referencia de función pi, el valor de π sustituye automáticamente la referencia a la función. Si una función contiene más de un argumento, es muy importante dar los argumentos en el orden correcto. Algunas funciones también requieren que los argumentos estén en unidades específicas. Por ejemplo, las funciones trigonométricas suponen que los argumentos están en radianes. En MATLAB, algunas funciones usan el número de argumentos para determinar el resultado de la función. Además, los nombres de funciones deben estar en minúsculas.

No podemos colocar una referencia de función a la izquierda de un signo de igual porque representa un valor y no una variable. Las funciones pueden aparecer a la izquierda de un signo de igual y en expresiones. Las referencias de función también pueden formar parte del argumento de otra referencia de función. Por ejemplo, la siguiente instrucción calcula el logaritmo del valor absoluto de x:

```
log_x = log(abs(x));
```

Si se usa una función para calcular el argumento de otra función, hay que asegurarse de que el argumento de cada función esté encerrado en su propio juego de paréntesis. Este anidamiento de funciones también se llama **composición** de funciones.

A continuación veremos varias categorías de funciones que se usan comúnmente en cálculos de ingeniería. Presentaremos otras funciones en los capítulos restantes cuando tratemos los temas pertinentes. En el apéndice A hay tablas de las
funciones comunes, lo mismo que en las dos últimas páginas del texto.

FUNCIONES MATEMÁTICAS COMUNES

Las funciones matemáticas comunes incluyen funciones para calcular el valor absoluto de un valor o la raíz cuadrada de un valor o para redondear un valor. He aquí
una lista de estas funciones junto con descripciones breves.

`abs(x)`	Calcula el valor absoluto de `x`.
`sqrt(x)`	Calcula la raíz cuadrada de `x`.
`round(x)`	Redondea `x` al entero más cercano.
`fix(x)`	Redondea (o trunca) `x` al entero más cercano a 0.
`floor(x)`	Redondea `x` al entero más cercano a $-\infty$.
`ceil(x)`	Redondea `x` al entero más cercano a ∞.
`sign(x)`	Devuelve un valor de –1 si `x` es menor que 0, un valor de 0 si `x` es igual a 0 y un valor de 1 si `x` es mayor que 0.
`rem(x,y)`	Devuelve el residuo de x/y. Por ejemplo, `rem(25,4)` es 1, y `rem(100,21)` es 16. Esta función también se llama función **módulo**.
`exp(x)`	Calcula e^x, donde e es la base de los logaritmos naturales (aproximadamente 2.718282).
`log(x)`	Calcula ln `x`, el logaritmo natural de `x` con base e.
`log10(x)`	Calcula $\log_{10}$ `x`, el logaritmo común de `x` con base 10.

¡Practique!

Evalúe las siguientes expresiones, y luego verifique sus respuestas introduciendo
las expresiones en MATLAB.

1. `round(-2.6)`   2. `fix(-2.6)`

3. `floor(-2.6)`   4. `ceil(-2.6)`

5. `sign(-2.6)`   6. `rem(15,2)`

7. `floor(ceil(10.8))`   8. `log10(100) + log10(0.001)`

9. `abs(-5:5)`   10. `round([0:0.3:2,1:0.75:4])`

FUNCIONES TRIGONOMÉTRICAS E HIPERBÓLICAS

Funciones
trigonométricas

Las **funciones trigonométricas** suponen que los ángulos se representan en radianes. Para convertir radianes a grados o grados a radianes, use las siguientes conversiones, que se basan en el hecho de que $180° = \pi$ radianes:

```
angulo_grados = angulo_radianes*(180/pi);
angulo_radianes = angulo_grados*(pi/180);
```

He aquí una lista de las funciones trigonométricas con descripciones breves:

`sin(x)`	Calcula el seno de x, donde x está en radianes
`cos(x)`	Calcula el coseno de x, donde x está en radianes
`tan(x)`	Calcula la tangente de x, donde x está en radianes.
`asin(x)`	Calcula el arcoseno o seno inverso de x, donde x debe estar entre −1 y 1. La función devuelve un ángulo en radianes entre $-\pi/2$ y $\pi/2$.
`acos(x)`	Calcula el arcocoseno o coseno inverso de x, donde x debe estar entre 1 y 1. La función devuelve un ángulo en radianes entre 0 y π.
`atan(x)`	Calcula la arcotangente o tangente inversa de x. La función devuelve un ángulo en radianes entre $-\pi/2$ y $\pi/2$.
`atan2(y,x)`	Calcula la arcotangente o tangente inversa del valor y/x. La función devuelve un ángulo en radianes que está entre $-\pi$ y π, dependiendo de los signos de x y de y.

Las demás funciones trigonométricas pueden calcularse usando las siguientes ecuaciones:

$$\sec(x) = \frac{1}{\cos(x)} \qquad \csc(x) = \frac{1}{\operatorname{sen}(x)} \qquad \cot(x) = \frac{1}{\tan(x)}$$

$$\operatorname{arcsec}(x) = \arccos\left(\frac{1}{x}\right) \text{para } |x| \geq 1$$

$$\operatorname{arccsc}(x) = \operatorname{arcsen}\left(\frac{1}{x}\right) \text{para } |x| \geq 1$$

$$\operatorname{arccot}(x) = \arccos\left(\frac{x}{\sqrt{1 + x^2}}\right)$$

¡Practique!

Escriba comandos MATLAB para calcular los siguientes valores, suponiendo que todas las variables sean escalares:

1. Movimiento uniformemente acelerado:

    $$\text{movimiento} = \sqrt{vi^2 + 2 \cdot a \cdot x}$$

2. Frecuencia de oscilación eléctrica:

    $$\text{frecuencia} = \frac{1}{\sqrt{\dfrac{2\pi c}{L}}}$$

3. Alcance de un proyectil:

    $$\text{alcance} = 2vi^2 \cdot \frac{\text{sen}(b) \cdot \cos(b)}{g}$$

4. Contracción longitudinal:

    $$\text{longitud} = k \sqrt{1 - \left(\frac{v}{c}\right)^2}$$

5. Volumen de un anillo de filete:

    $$\text{volumen} = 2\pi x^2 \left(\left(1 - \frac{\pi}{4}\right) \cdot y - \left(0.8333 - \frac{\pi}{4}\right) \cdot x \right)$$

6. Distancia del centro de gravedad a un plano de referencia en un sector de cilindro hueco:

    $$\text{centro} = \frac{38.1972 \cdot (r^3 - s^3)\, \text{sen}\, a}{(r^2 - s^2) \cdot a}$$

Funciones
hiperbólicas

Las **funciones hiperbólicas** son funciones de la función exponencial natural, e^x; las funciones hiperbólicas inversas son funciones de la función de logaritmo natural, $\ln x$. MATLAB incluye varias funciones hiperbólicas, como se muestra en estas breves descripciones:

sinh(x)   Calcula el seno hiperbólico de x, que es igual a:

$$\frac{e^x - e^{-x}}{2}$$

cosh(x)   Calcula el coseno hiperbólico de x, que es igual a:
$\dfrac{e^x + e^{-x}}{2}$.

tanh(x)   Calcula la tangente hiperbólica de x, que es igual a:
$\dfrac{\text{senh } x}{\cosh x}$.

asinh(x)   Calcula el seno hiperbólico inverso de x, que es igual a:
$\ln(x + \sqrt{x^2 + 1}\,)$.

acosh(x)   Calcula el coseno hiperbólico inverso de x, que es igual a:
$\ln(x + \sqrt{x^2 - 1}\,)$ para x mayor o igual que 1.

atanh(x)   Calcula la tangente hiperbólica inversa de x, que es igual a:
$\ln \sqrt{\dfrac{1 + x}{1 - x}}$ para $| x | \le 1$.

Las demás funciones hiperbólicas e hiperbólicas inversas se pueden calcular usando las siguientes ecuaciones:

$$\coth x = \frac{\cosh x}{\text{senh } x} \text{ para } x \ne 0$$

$$\text{sech } x = \frac{1}{\cosh x}$$

$$\text{csch } x = \frac{1}{\text{senh } x}$$

$$\text{acoth } x = \ln \sqrt{\frac{x + 1}{x - 1}} \text{ para } | x | \ge 1$$

$$\text{asech } x = \ln \left(\frac{1 + \sqrt{1 - x^2}}{x} \right) \text{ para } 0 \le x \le 1$$

$$\text{acsch } x = \ln \left(\frac{1}{x} + \frac{\sqrt{1 + x^2}}{|x|} \right)$$

¡Practique!

Escriba expresiones MATLAB para calcular los siguientes valores. (Suponga que x es un escalar y que su valor está en el intervalo de valores correcto para los cálculos.)

1. coth x   2.   sec x

3. csc x   4.   acoth x

5. asech x   6.   acsc x

TABLA 3.1 Operaciones aritméticas con números complejos	
Operación	**Resultado**
$c_1 + c_2$	$(a_1 + a_2) + i(b_1 + b_2)$
$c_1 - c_2$	$(a_1 - a_2) + i(b_1 - b_2)$
$c_1 \cdot c_2$	$(a_1 a_2 - b_1 b_2) + i(a_1 b_2 + a_2 b_1)$
$\dfrac{c_1}{c_2}$	$\left(\dfrac{a_1 a_2 + b_1 b_2}{a_2^2 + b_2^2}\right) + i\left(\dfrac{a_2 b_1 - b_2 a_1}{a_2^2 + b_2^2}\right)$
$\lvert c_1 \rvert$	$\sqrt{a_1^2 + b_1^2}$ (magnitud o valor absoluto de c_1)
c_1^*	$a_1 - ib_1$ (conjugado de c_1)
suponga que $c_1 = a_1 + ib_1$ y $c_2 = a_2 + ib_2$.)	

FUNCIONES DE NÚMEROS COMPLEJOS

Número
complejo

Los números complejos son necesarios para resolver muchos problemas en ciencias e ingeniería. Recuerde que un **número complejo** tiene la forma $a + ib$, donde i es $\sqrt{-1}$, a es la parte real del valor y b es la parte imaginaria del valor. La tabla 3.1 es un repaso de los resultados de las operaciones aritméticas entre dos números complejos.

Una de las ventajas de usar MATLAB para cálculos de ingeniería es su facilidad para manejar números complejos. Un número complejo se almacena como dos números reales (que representan la parte real y la parte imaginaria) en MATLAB. Los comandos MATLAB también suponen que i representa $\sqrt{-1}$, a menos que se haya dado a i un valor distinto. (MATLAB también reconoce el uso de j para representar $\sqrt{-1}$. Esta notación es de uso común en ingeniería eléctrica.) Así, el siguiente comando define una variable compleja x:

```
x = 1 - i*0.5;
```

Cuando realizamos operaciones entre dos números complejos, MATLAB automáticamente realiza los cálculos necesarios, como se bosqueja en la tabla 3.1. Si se realiza una operación entre un número real y uno complejo, MATLAB supone que la parte imaginaria del número real es 0. Tenga cuidado de no usar el nombre i o j para otras variables en un programa en el que también se usen números complejos; los nuevos valores sustituirán al valor de $\sqrt{-1}$ y podrían causar muchos problemas.

Coordenadas rectangulares y polares. Podemos visualizar el sistema de números complejos como un plano con un eje real y uno imaginario. Los números reales (los que no tienen parte imaginaria) representan el eje x; los números imaginarios (los que no tienen parte real) representan el eje y; y los números que tienen tanto parte real como imaginaria representan el resto del plano. Así, el sistema de números reales

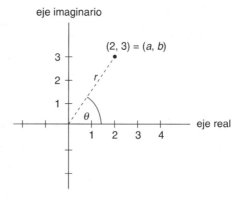

Figura 3.1 *Plano complejo.*

(con el que estamos más familiarizados) es un subconjunto del sistema de números complejos. Cuando representamos un número complejo con una parte real y una parte imaginaria, como en 2 + i3, estamos usando **notación rectangular**. En la figura 3.1 vemos que un número complejo podría describirse también con un ángulo θ y un radio r relativo al origen. Esta forma de denomina **notación polar**, y el punto 2 + i3 puede representarse en notación polar con un ángulo de .98 radianes y un radio de 3.6. Estudiando la figura 3.1 es fácil determinar las siguientes relaciones para realizar conversiones entre coordenadas rectangulares y polares.

Conversión rectangular a polar:

$$r = \sqrt{a^2 + b^2},\ \theta = \tan^{-1}\frac{b}{a}$$

Conversión polar a rectangular:

$$a = r \cos\theta,\ b = r \operatorname{sen}\theta$$

Matlab incluye varias funciones que son específicas para números complejos y sus conversiones:

conj(x)   Calcula el **conjugado** complejo del número complejo x. Por tanto, si x es igual a $a + ib$, conj(x) es igual a $a - ib$.

real(x)   Calcula la porción real del número complejo x.

imag(x)   Calcula la porción imaginaria del número complejo x.

abs(x)   Calcula el valor absoluto o **magnitud** del número complejo x.

angle(x)   Calcula el ángulo usando el valor de atan2(imag(x), real(x)); así, el valor del ángulo está entre $-\pi$ y π.

Fórmula de Euler. Para deducir algunas propiedades importantes de los números complejos necesitamos las siguientes representaciones de **serie de Maclaurin**, que por lo regular se ven en los cursos de cálculo:

$$\operatorname{sen} x = x - \frac{x^3}{3!} + \frac{x^5}{5!} - \cdots \tag{3.1}$$

$$\cos x = 1 - \frac{x^2}{2!} + \frac{x^4}{4!} - \cdots \tag{3.2}$$

$$e^x = 1 + x + \frac{x^2}{2!} + \frac{x^3}{3!} + \cdots \tag{3.3}$$

Ahora, sea x el valor imaginario ib. Entonces, por la Ec. (3.3) tenemos:

$$e^{ib} = 1 + ib + \frac{(ib)^2}{2!} + \frac{(ib)^3}{3!} + \frac{(ib)^4}{4!} + \frac{(ib)^5}{5!} + \cdots$$

$$= 1 + ib - \frac{b^2}{2!} - i\frac{b^3}{3!} + \frac{b^4}{4!} + i\frac{b^5}{5!} + \cdots . \tag{3.4}$$

Ahora separamos la suma infinita de la Ec. (3.4) en dos partes, obteniendo:

$$e^{ib} = \left(1 - \frac{b^2}{2!} + \frac{b^4}{4!} - \cdots\right) + i\left(b - \frac{b^3}{3!} + \frac{b^5}{5!} - \cdots\right) \tag{3.5}$$

Por último, sustituimos las sumas infinitas de las Ecs. (3.1) y (3.2) en la Ec. (3.5) para obtener:

$$e^{ib} = \cos b + i\operatorname{sen} b. \tag{3.6}$$

Fórmula de Euler

La Ec. (3.6) es una fórmula muy importante llamada **fórmula de Euler**. Esta fórmula se usa con frecuencia, así como estas dos fórmulas adicionales que se pueden deducir de ella:

$$\operatorname{sen} \theta = \frac{e^{i\theta} - e^{-i\theta}}{2i} \tag{3.7}$$

$$\cos \theta = \frac{e^{i\theta} + e^{-i\theta}}{2} \tag{3.8}$$

Usando la fórmula de Euler, podemos expresar **un número complejo en forma de coordenadas rectangulares o en forma polar**. Esta relación se deduce como sigue:

$$a + ib = (r \cos \theta) + i(r \operatorname{sen} \theta)$$
$$= r(\cos \theta + i\operatorname{sen} \theta). \tag{3.9}$$

Ahora usamos las Ecs. (3.7) y (3.8) en la Ec. (3.9) para obtener:

$$a + ib = re^{i\theta} \tag{3.10}$$

donde,

$$r = \sqrt{a^2 + b^2}, \; \theta = \tan^{-1}\frac{b}{a}; \quad a = r\cos\theta, \, b = r\operatorname{sen}\theta$$

Así, podemos representar un número complejo ya sea en forma rectangular ($a + ib$) o en forma exponencial ($re^{i\theta}$).

¡Practique!

Convierta los valores complejos de los problemas 1-4 a la forma polar. Luego verifique sus respuestas usando funciones MATLAB.

1. $3 - i2$ 2. $-i$
3. -2 4. $0.5 + i$

Convierta los valores exponenciales complejos de los problemas 5-8 a forma rectangular. Verifique sus respuestas usando funciones MATLAB.

5. e^i 6. $e^{i0.75\pi}$
7. $0.5e^{i2.3}$ 8. $3.5e^{i3\pi}$

Gráficas polares. Los datos a veces se representan con valores complejos, que pueden considerarse como un ángulo y una magnitud. Por ejemplo, si medimos la intensidad de luz alrededor de una fuente de luz, podríamos representar la información con un ángulo desde un eje fijo y una magnitud que representa la intensidad. Para graficar datos complejos, tal vez querramos usar una **gráfica polar** en lugar de graficar la información de magnitud y fase por separado. El comando MATLAB para generar una gráfica polar de los vectores `theta` y `r` es el siguiente:

Gráfica polar

   `polar(theta,r)`   Genera una gráfica polar de los ángulos `theta` (en radianes) versus las magnitudes `r`.

El comando `polar(r)` Genera una gráfica usando los índices del vector `r` como los valores de θ.

A fin de ilustrar el uso de la función `polar`, suponga que deseamos generar puntos en una curva con radio creciente. Podríamos generar valores de ángulo desde 0 hasta 2π, y el radio correspondiente que aumenta de 0 a 1. La figura 3.2 contiene una gráfica polar generada con las siguientes instrucciones:

```
theta = 0:2*pi/100:2*pi;
r = theta/(2*pi);
polar(theta,r),title('Gráfica polar')
```

FUNCIONES POLINÓMICAS

Polinomio

Un **polinomio** es una función de una sola variable que se puede expresar en la siguiente forma general,

$$f(x) = a_0 x^N + a_1 x^{N-1} + a_2 x^{N-2} + \cdots + a_{N-2}x^2 + a_{N-1} x + a_N$$

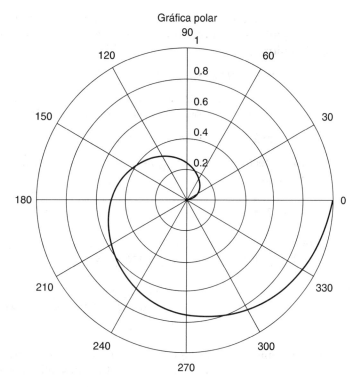

Gráfica polar

Figura 3.2 *Gráfica polar con radio creciente.*

Grado

donde la variable es x y los **coeficientes del polinomio** se representan con los valores de a_0, a_1, etc. El **grado** de un polinomio es igual al valor más alto empleado como exponente. Por tanto, la forma general de un polinomio cúbico (grado 3) es:

$$g(x) = a_0\,x^3 + a_1\,x^2 + a_2\,x + a_3$$

y un ejemplo específico de un polinomio cúbico es:

$$h(x) = x^3 - 2x^2 + 0.5x - 6.5.$$

Observe que, en la forma general, la suma del subíndice del coeficiente y el exponente de la variable da el grado del polinomio.

Los polinomios ocurren con frecuencia en aplicaciones de ciencias e ingeniería porque suelen ser buenos modelos para representar sistemas físicos. En esta sección veremos la evaluación de polinomios y los cálculos con polinomios. Si a usted le interesa modelar un conjunto de datos empleando un modelo polinómico, consulte el capítulo 6, donde hablamos de ajuste de curvas.

Evaluación de polinomios. Hay varias formas de evaluar un polinomio para un conjunto de valores usando MATLAB. Como ilustración, considere el siguiente polinomio:

$$f(x) = 3x^4 - 0.5x^3 + x - 5.2$$

Si queremos evaluar esta función para un valor escalar que está almacenado en x, podemos usar operaciones escalares como se muestra en este comando:

```
f = 3*x^4 - 0.5*x^3 + x - 5.2;
```

Si x es un vector o una matriz, necesitaremos especificar operaciones de arreglo o de elemento por elemento:

```
f = 3*x.^4 - 0.5*x.^3 + x - 5.2;
```

El tamaño de la matriz f será el mismo que el de la matriz x.

Los polinomios también pueden evaluarse usando la función `polyval`:

```
polyval(a,x)
```
Evalúa un polinomio con coeficientes a para los valores que están en x. El resultado es una matriz del mismo tamaño que x.

Así, podemos usar los siguientes comandos para evaluar el polinomio del párrafo anterior, si el vector a contiene los coeficientes del polinomio:

```
a = [3,-0.5,0,1,-5.2];
f = polyval(a,x);
```

Estos comandos también podrían combinarse en uno solo:

```
f = plyval([3,-0.5,0,1,-5.2],x);
```

Suponga que queremos evaluar el siguiente polinomio dentro del intervalo [0,5]:

$$g(x) = -x^5 + 3x^3 - 2.5x^2 - 2.5$$

La siguiente referencia `polyval` generará y graficará 201 puntos del polinomio dentro del intervalo deseado:

```
x = 0:5/200:5;
a = [-1,0,3,-2.5,0,-2.5];
g = polyval(a,x);
plot(x,g),title('Función polinómica')
```

Operaciones de polinomios. Si suponemos que los coeficientes de dos polinomios están almacenados en los vectores a y b, podremos realizar cálculos con polinomios usando a y b. Por ejemplo, si queremos sumar polinomios, sumamos los coeficientes de los términos similares. Es decir, los coeficientes de la suma de dos polinomios son las sumas de los coeficientes de los dos polinomios. Cabe señalar que los vectores que contienen los coeficientes de los polinomios deben ser del mismo tamaño para poderlos sumar. Como ilustración, suponga que deseamos efectuar la siguiente suma de polinomios:

$$g(x) = x^4 - 3x^2 - x + 2.4$$
$$h(x) = 4x^3 - 2x^2 + 5x - 16$$
$$s(x) = g(x) + h(x)$$

Las instrucciones MATLAB para realizar esta suma son:

```
g = [1,0,-3,-1,2.4];
h = [0,4,-2,5,-16];
s = g + h;
```

Como esperábamos, el valor de s es [1, 4, –5, 4, –13.6].

Los coeficientes del polinomio que representa la diferencia entre dos polinomios se pueden calcular de forma similar. El vector de coeficientes de la diferencia se calcula restando los dos vectores de coeficientes de polinomios. Una vez más, el tamaño de los dos vectores de coeficientes tendría que ser el mismo.

Podemos especificar un múltiplo escalar de un polinomio multiplicando el vector de coeficientes del polinomio por el escalar. Así, si queremos especificar el siguiente polinomio,

$$g(x) = 3f(x)$$

podemos representar $g(x)$ con la matriz de coeficientes que es un escalar multiplicado por el vector de coeficientes de $f(x)$. Si $f(x) = 3x^2 - 6x + 1$, el vector de coeficientes g podrá calcularse como sigue:

```
f = [3,-6,1];
g = 3*f;
```

Desde luego, el escalar puede ser positivo o negativo.

Multiplicar dos polinomios es más complicado que sumar o restar dos polinomios porque se generan y combinan varios términos. De forma similar, dividir dos polinomios es un proceso tedioso porque debemos multiplicar y restar polinomios. MATLAB contiene funciones para realizar multiplicación y división de polinomios:

conv(a,b)	Calcula un vector de coeficientes que contiene los coeficientes del producto de los polinomios representados por los coeficientes contenidos en a y en b. Los vectores a y b no tienen que tener el mismo tamaño.
[q,r] = deconv(n,d)	Devuelve dos vectores. El primero contiene los coeficientes del cociente y el segundo contiene los coeficientes del polinomio que es el residuo.

A fin de ilustrar el uso de las funciones conv y deconv para la multiplicación y división de polinomios, consideremos el siguiente producto de polinomios:

$$g(x) = (3x^3 - 5x^2 + 6x - 2)(x^5 + 3x^4 - x^2 + 2.5)$$

Podemos multiplicar estos polinomios usando la función `conv` de esta manera:

```
a = [3,-5,6,-2];
b = [1,3,0,-1,0,2.5];
g = conv(a,b);
```

Los valores que están en `g` son [3, 4, −9, 13, −1, 1.5, −10.5, 15, −5], que representan el siguiente polinomio:

$$g(x) = 3x^8 + 4x^7 - 9x^6 + 13x^5 - x^4 + 1.5x^3 - 10.5x^2 + 15x - 5$$

Podemos ilustrar la división de polinomios usando los polinomios anteriores:

$$h(x) = \frac{3x^8 + 4x^7 - 9x^6 + 13x^5 - x^4 + 1.5x^3 - 10.5x^2 + 15x - 5}{x^5 + 3x^4 - x^2 + 2.5}$$

Esta división polinómica se especifica con estos comandos:

```
g = [3,4,-9,13,-1,1.5,-10.5,15,-5];
b = [1,3,0,-1,0,2.5];
[q,r] = deconv (g,b);
```

Como esperábamos, el vector de coeficientes del cociente es [3, −5, 6, −2], que representa el polinomio cociente $3x^3 - 5x^2 + 6x - 2$, y el vector del residuo contiene ceros.

Varias aplicaciones de ingeniería requieren expresar el cociente de dos polinomios como una suma de fracciones polinómicas. En el capítulo 10 veremos técnicas para la expansión de fracciones parciales de un cociente de dos polinomios.

¡Practique!

Suponga que se han dado los siguientes polinomios:

$$f_1(x) = x^3 - 3x^2 - x + 3$$
$$f_2(x) = x^3 - 6x^2 + 12x - 8$$
$$f_3(x) = x^3 - 8x^2 + 20x - 16$$
$$f_4(x) = x^3 - 5x^2 + 7x - 3$$
$$f_5(x) = x - 2$$

Grafique cada una de las siguientes funciones en el intervalo [0,4]. Use funciones Matlab con vectores de coeficientes de polinomios para evaluar las expresiones.

1. $f_1(x)$
2. $f_2(x) - 2f_4(x)$
3. $3f_5(x) + f_2(x) - 2f_3(x)$
4. $f_1(x) * f_3(x)$
5. $f_4(x) / (x-1)$
6. $f_1(x) * f_2(x) / f_5(x)$

Raíces de polinomios. La resolución de muchos problemas de ingeniería implica obtener las raíces de una ecuación de la forma:

$$y = f(x)$$

donde las **raíces** son los valores de x para los que $y = 0$. Entre los ejemplos de aplicaciones en las que necesitamos obtener las raíces de ecuaciones incluyen el diseño del sistema de control para un brazo robótico, el diseño de resortes y amortiguadores para automóviles, el análisis de la respuesta de un motor y el análisis de la estabilidad de un filtro digital.

Si la función $f(x)$ es un polinomio de grado N, entonces $f(x)$ tiene exactamente N raíces. Esas N raíces pueden contener **raíces múltiples** o **raíces complejas**, como se mostrará en los siguientes ejemplos. Si suponemos que los coeficientes $(a_0, a_1, \ldots)$ del polinomio son valores reales, todas las raíces complejas siempre ocurrirán en pares conjugados complejos.

Si un polinomio se factoriza obteniendo **términos lineales**, es fácil identificar las raíces del polinomio igualando cada término a 0. Por ejemplo, considere la siguiente ecuación:

$$f(x) = x^2 + x - 6$$
$$= (x - 2)(x + 3)$$

Entonces, si $f(x) = 0$, tenemos lo siguiente:

$$(x - 2)(x + 3) = 0$$

Las raíces de la ecuación, que son los valores de x para los que $f(x) = 0$, son $x = 2$ y $x = -3$. Las raíces también corresponden al valor de x donde el polinomio cruza el eje x, como se muestra en la figura 3.3.

Un polinomio cúbico tiene la siguiente forma general:

$$f(x) = a_0 x^3 + a_1 x^2 + a_2 x + a_3$$

Como el polinomio cúbico tiene grado 3, tiene exactamente tres raíces. Si suponemos que los coeficientes son reales, las posibilidades para las raíces son las siguientes:

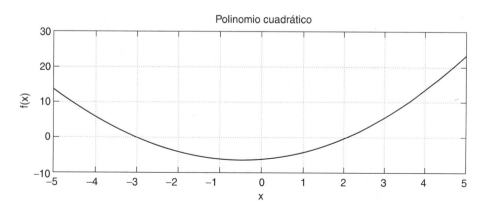

Figura 3.3 *Polinomio con dos raíces reales.*

3 raíces reales distintas
1 raíz real con multiplicidad de 3
1 raíz real simple y 1 raíz real con multiplicidad de 2
1 raíz real y un par conjugado complejo de raíces.

He aquí algunos ejemplos de funciones que ilustran estos casos:

$$f_1(x) = (x - 3)(x + 1)(x - 1)$$
$$= x^3 - 3x^2 - x + 3$$
$$f_2(x) = (x - 2)^3$$
$$= x^3 - 6x^2 + 12x - 8$$
$$f_3(x) = (x + 4)(x - 2)^2$$
$$= x^3 - 12x + 16$$
$$f_4(x) = (x + 2)(x - (2+i))(x - (2- i))$$
$$= x^3 - 2x^2 - 3x + 10$$

La figura 3.4 contiene gráficas de estas funciones. Observe que las raíces reales corresponden a los puntos donde la función cruza el eje x.

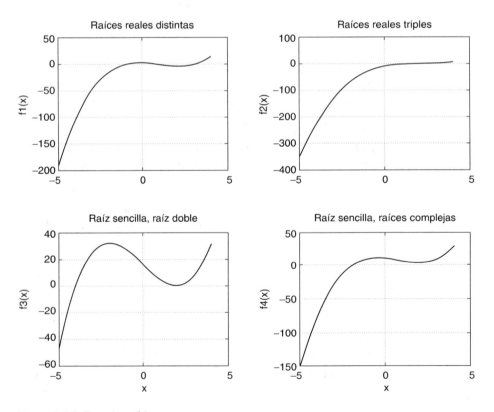

Figura 3.4 *Polinomios cúbicos.*

Es relativamente fácil determinar las raíces de grado 1 o 2 igualando el polinomio a 0 y despejando x. Si no se puede factorizar fácilmente un polinomio de segundo grado, se puede usar la **ecuación cuadrática** para obtener las dos raíces. En el caso de polinomios de grado 3 o superior, puede ser difícil determinar las raíces de los polinomios a mano. Existen varias técnicas numéricas para determinar las raíces de polinomios; algunas de ellas, como la búsqueda incremental, el método de bisección y la técnica de posición falsa, identifican las raíces reales buscando puntos en los que la función cambia de signo, porque esto indica que la función cruzó el eje x. Podemos usar otras técnicas, como el método de Newton-Raphson, para obtener raíces complejas.

La función MATLAB para determinar las raíces de un polinomio es la función `roots`:

`roots(a)`   Determina las raíces del polinomio representado por el vector de coeficientes `a`.

La función `roots` devuelve un vector de columna que contiene las raíces del polinomio; el número de raíces es igual al grado del polinomio. A fin de ilustrar el uso de esta función, suponga que nos interesa determinar las raíces de este polinomio:

$$f(x) = x^3 - 2x^2 - 3x + 10$$

Los comandos para calcular e imprimir las raíces de este polinomio son:

```
p = [1,-2,-3,10];
r = roots(p)
```

Estos dos comandos también podrían combinarse en uno solo:

```
r = roots([1,-2,-3,10])
```

Los valores que se imprimen son $2 + i$, $2 - i$ y -2. Podemos verificar que estos valores son raíces evaluando el polinomio en las raíces y observando que su valor es prácticamente 0:

```
polyval([1,-2,-3,10],r)
```

Si tenemos las raíces de un polinomio y queremos determinar los coeficientes del polinomio cuando se multiplican todos los términos lineales, podemos usar la función `poly`:

`poly(r)`   Determina los coeficientes del polinomio cuyas raíces están contenidas en el vector `r`.

La salida de la función es un vector de fila que contiene los coeficientes del polinomio. Por ejemplo, podemos calcular los coeficientes del polinomio cuyas raíces son -1, 1 y 3 con la siguiente instrucción:

```
a = poly([-1,1,3]);
```

El vector de fila a es igual a [1, –3, –1, 3], como esperábamos, porque ésta es una de las funciones de ejemplo que ya vimos en esta sección.

¡Practique!

Determine las raíces reales de los siguientes polinomios. Luego grafique cada polinomio en un intervalo apropiado a fin de verificar que cruza el eje x en las posiciones de las raíces reales.

1. $g_1(x) = x^3 - 5x^2 + 2x + 8$
2. $g_2(x) = x^2 + 4x + 4$
3. $g_3(x) = x^2 - 2x + 2$
4. $g_4(x) = x^5 - 3x^4 - 11x^3 + 27x^2 + 10x - 24$
5. $g_5(x) = x^5 - 4x^4 - 9x^3 + 32x^2 + 28x - 48$
6. $g_6(x) = x^5 + 3x^4 - 4x^3 - 26x^2 - 40x - 24$
7. $g_7(x) = x^5 - 9x^4 + 35x^3 - 65x^2 + 64x - 26$
8. $g_8(x) = x^5 - 3x^4 + 4x^3 - 4x + 4$

FUNCIONES DE DOS VARIABLES

MATLAB contiene varias funciones diseñadas específicamente para evaluar y graficar funciones de dos variables. Primero estudiaremos la evaluación de funciones de dos variables; luego veremos las gráficas tridimensionales y de contorno de las funciones resultantes.

Evaluación de funciones. Recuerde que la evaluación de una función de una variable, como $f(x)$, implica calcular un vector de valores x, y luego calcular un vector correspondiente de valores de la función como se ilustra con las siguientes instrucciones:

```
x = 0:0.1:5;
f = 2*x.^2 - 3*x + 2;
```

Retícula bidimensional   Para evaluar una función $f(x,y)$ de dos variables, primero definimos una **retícula bidimensional** en el plano xy. A continuación evaluamos la función en los puntos de la retícula para determinar puntos en la **superficie tridimensional**. Este proceso se ilustra en la figura 3.5 que muestra una retícula subyacente de valores xy con los correspondientes valores de z que representan los valores de la función.

Definimos una retícula bidimensional en el plano xy en MATLAB usando dos matrices. Una matriz contiene las coordenadas x de todos los puntos de la retícula, y la otra contiene las coordenadas y de todos los puntos de la retícula. Por ejemplo,

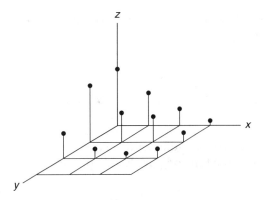

Figura 3.5 *Función tridimensional.*

supongamos que queremos definir una retícula en la que la coordenada x varíe de –2 a 2 en incrementos de 1 y la coordenada y varíe de –1 a 2 en incrementos de 1. Esta retícula es similar a la retícula subyacente de la figura 3.5. La matriz correspondiente de valores x de la retícula es la siguiente:

–2	–1	0	1	2
–2	–1	0	1	2
–2	–1	0	1	2
–2	–1	0	1	2

La matriz correspondiente de valores y de la retícula es esta matriz:

–1	–1	–1	–1	–1
0	0	0	0	0
1	1	1	1	1
2	2	2	2	2

Así, el punto de la esquina superior izquierda de la retícula tiene coordenadas (–2, –1) y el punto de la esquina inferior derecha de la retícula tiene coordenadas (2, 2).

La función `meshgrid` genera las dos matrices que definen la retícula subyacente para una función bidimensional.

`[x_grid, y_grid] = meshgrid(x,y)`   Genera dos matrices de tamaño $n \times m$, con base en los valores de los vectores `x` y `y` que contiene m-valores y n-valores, respectivamente. La matriz `x_grid` contiene los valores de `x` repetidos en cada fila, y la matriz `y_grid` contiene los valores de `y` repetidos en cada columna.

Así, para generar las dos matrices descritas en la página anterior, podríamos usar las siguientes instrucciones:

```
x = -2:2;
y = -1:2;
[x_grid, y_grid] = meshgrid(x,y);
```

Una vez definidas las matrices de la retícula subyacente, podremos calcular los valores correspondientes de la función. Por ejemplo, suponga que deseamos evaluar la siguiente función para la retícula subyacente que acabamos de definir:

$$z = f(x,y) = \frac{1}{1 + x^2 + y^2}$$

Los valores correspondientes de la función se pueden calcular y almacenar en una matriz z de cuatro filas y cinco columnas con estas instrucciones:

```
z = 1./(1 + x_grid.^2 + y_grid.^2);
```

Puesto que las operaciones son elemento por elemento, el valor de la matriz z que tiene subíndices (1, 1) se calcula usando los valores que están en x_grid(1,1) y en y_grid(1,1), y así sucesivamente. Observe que no se requieren ciclos para calcular todos los valores de z. Un error común al calcular los valores de una función de dos variables es usar los vectores x y y, en lugar de los valores de la retícula subyacente que están en x_grid y en y_grid.

Gráficas tridimensionales. Hay varias formas de graficar una superficie tridimensional con MATLAB. En esta explicación presentaremos dos tipos de gráficas: la **gráfica de malla** y la **gráfica de superficie**. Una gráfica de malla tiene una cuadrícula abierta como se aprecia en la figura 3.6, mientras que una gráfica de superficie tiene una cuadrícula sombreada como la de la figura 3.7. A continuación describimos las variaciones de los comandos MATLAB para generar estas gráficas:

Gráfica de malla

`mesh(x_pts,y_pts,z)`	Genera una gráfica de cuadrícula abierta de la superficie definida por la matriz z. Los argumentos x_pts y y_pts pueden ser vectores que definen los intervalos de valores de las coordenadas x y y, o bien matrices que definen la retícula subyacente de coordenadas x y y.
`surf(x_pts,y_pts,z)`	Genera una gráfica de cuadrícula sombreada de la superficie definida por la matriz z. Los argumentos x_pts y y_pts pueden ser vectores que definen los intervalos de valores de las coordenadas x y y, o bien matrices que definen la retícula subyacente de coordenadas x y y.

Gráfica de malla

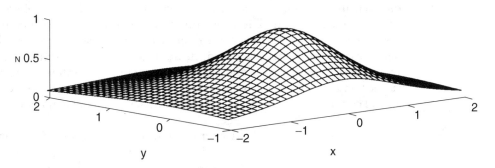

Figura 3.6 *Gráfica de malla para una función de dos variables.*

Gráfica de superficie

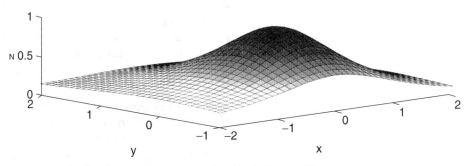

Figura 3.7 *Gráfica de superficie para una función de dos variables.*

Las instrucciones que generaron las gráficas de las figuras 3.6 y 3.7 son éstas:

```
x = -2:0.1:2;
y = -1:0.1:2;
[x_grid,y_grid] = meshgrid(x,y);
z = 1./(1 + x_grid.^2 + y_grid.^2);
subplot(2,1,1),mesh(x_grid,y_grid,z),...
    title('Gráfica de malla'),xlabel('x'),...
    ylabel('y'),zlabel('z'),pause
subplot(2,1,1),surf(x_grid,y_grid,z),...
    title('Gráfica de superficie'),xlabel('x'),...
    ylabel('y'),zlabel('z')
```

Observe que los argumentos `x_grid` y `y_grid` podrían haber sido sustituidos por `x` y `y`.

Una vez que sienta que ha adquirido soltura usando los comandos `mesh` y `surf`, utilice la función `help` para conocer las opciones adicionales de estos comandos y también las funciones `view` (para especificar el punto de vista) y `colormap` (para especificar las escalas de color).

Mapa de
contorno

Gráficas de contorno. Un **mapa de contorno** es en esencia un mapa de elevación que contiene un grupo de líneas que conectan elevaciones iguales. Podemos imaginar una línea que conecta puntos con la misma elevación como un corte del terreno a esa elevación. Si tenemos un mapa con muchas líneas que muestran diferentes elevaciones, podemos determinar dónde están las montañas y los valles. Un mapa de contorno se genera a partir de datos de elevación tridimensionales, y puede ser generado por MATLAB usando matrices que definen el intervalo de coordenadas x y y y los datos de elevación (coordenada z). A continuación describimos dos variaciones del comando `contour` y una variación relacionada del comando `mesh`:

`contour(x,y,z)`	Genera una gráfica de contorno de la superficie definida por la matriz `z`. Los argumentos `x` y `y` son vectores que definen los intervalos de valores de las coordenadas x y y. El número de líneas de contorno y sus valores se escogen automáticamente.
`contour(x,y,z,v)`	Genera una gráfica de contorno de la superficie definida por la matriz `z`. Los argumentos `x` y `y` son vectores que definen los intervalos de valores de las coordenadas x y y. El vector `v` define los valores que se usarán para las líneas de contorno.
`meshc(x_pts,y_pts,z)`	Genera una gráfica de cuadrícula abierta de la superficie definida por la matriz `z`. Los argumentos `x_pts` y `y_pts` pueden ser vectores que definen los intervalos de valores de las coordenadas x y y, o pueden ser matrices que definen la retícula subyacente de coordenadas x y y. Además, se genera una gráfica de contorno debajo de la gráfica de malla.

Los siguientes comandos generan las gráficas que se muestran en las figuras 3.8 y 3.9, suponiendo que las matrices `x`, `y`, `x_grid`, `y_grid` y `z` se definen usando las instrucciones MATLAB anteriores:

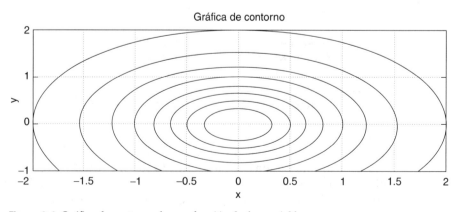

Figura 3.8 *Gráfica de contorno de una función de dos variables.*

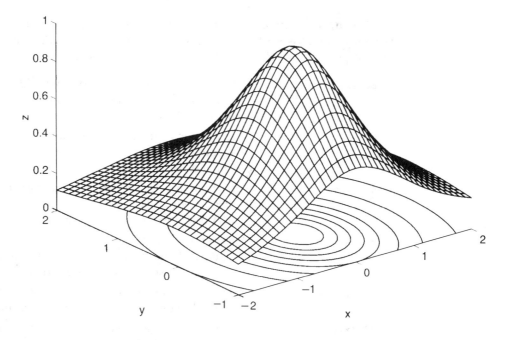

Figura 3.9 *Gráfica de malla/contorno de una función de dos variables.*

```
subplot(2,1,1),contour(x,y,z),...
    title('Gráfica de contorno'),xlabel('x'),...
    ylabel('y'),grid,pause,clf
meshc(x_grid,y_grid,z),...
    title('Gráfica de malla/contorno'),xlabel('x'),...
    ylabel('y'),zlabel('z')
```

Una vez que haya adquirido cierto dominio usando el comando `contour`, use la función `help` para aprender a usar otras opciones de estos comandos y la función `contour3` (para trazar gráficas de contorno tridimensionales).

3.2 Funciones de análisis de datos

MATLAB contiene varias funciones que facilitan la evaluación y análisis de datos. Primero presentaremos varias funciones de análisis sencillas, y luego veremos funciones que calculan medidas más complejas, o **métricas**, relacionadas con un conjunto de datos.

Métricas

ANÁLISIS SIMPLE

Los siguientes grupos de funciones se utilizan con frecuencia para evaluar un conjunto de datos recabados de un experimento.

Máximo y mínimo. Este conjunto de funciones puede servir para determinar máximos y mínimos y sus posiciones. Tome nota de que las funciones `max` y `min` pueden especificar una salida o dos.

`max(x)`	Determina el valor más grande contenido en x. Si x es una matriz, la función devuelve un vector de fila que contiene el elemento máximo de cada columna.
`[y,k] = max(x)`	Determina los valores máximos de x y los índices correspondientes del primer valor máximo de cada columna de x.
`max(x,y)`	Determina una matriz con el mismo tamaño que x y y. Cada elemento de la matriz contiene el valor máximo de las posiciones correspondientes en x y y.
`min(x)`	Determina el valor más pequeño contenido en x. Si x es una matriz, la función devuelve un vector de fila que contiene el elemento mínimo de cada columna.
`[y,k] = min(x)`	Determina los valores mínimos de x y los índices correspondientes del primer valor mínimo de cada columna de x.
`min(x,y)`	Determina una matriz con el mismo tamaño que x y y. Cada elemento de la matriz contiene el valor mínimo de las posiciones correspondientes en x y y.

Sumas y productos. MATLAB contiene funciones para calcular las sumas y productos de las columnas de una matriz, y funciones para calcular las sumas y productos acumulativos dentro de las columnas de una matriz.

`sum(x)`	Determina la suma de los elementos de x. Si x es una matriz, esta función devuelve un vector de fila que contiene la suma de cada columna.
`prod(x)`	Determina el producto de los elementos de x. Si x es una matriz, esta función devuelve un vector de fila que contiene el producto de cada columna.
`cumsum(x)`	Determina un vector del mismo tamaño que x que contiene sumas acumulativas de valores de x. Si x es una matriz, la función devuelve una matriz del mismo tamaño que x y que contiene sumas acumulativas de valores de las columnas de x.
`cumprod(x)`	Determina un vector del mismo tamaño que x que contiene productos acumulativos de valores de x. Si x es una matriz, la función devuelve una matriz del mismo tamaño que x y que contiene productos acumulativos de valores de las columnas de x.

Media

Media y mediana. La **media** de un grupo de valores es el promedio. Se usa la letra griega μ (mu) para representar el valor medio, como se muestra en la siguiente ecuación que usa notación de sumatorias para definir la media:

$$\mu = \frac{\sum_{k=1}^{N} x_k}{N} \tag{3.11}$$

donde $\sum_{k=1}^{N} x_k = x_1 + x_2 + \cdots + x_N$.

Mediana

La **mediana** es el valor que está a la mitad del grupo, suponiendo que los valores están ordenados. Si hay un número impar de valores, la mediana es el valor que está en la posición media. Si el número de valores es par, la mediana es el promedio de los dos valores que están en medio.

Las funciones para calcular la media y la mediana son las siguientes:

mean(x)   Calcula el valor medio (o promedio) de los elementos del vector **x**. Si **x** es una matriz, esta función devuelve un vector de fila que contiene el valor medio de cada columna.

median(x)   Determina la mediana de los elementos del vector **x**. Si **x** es una matriz, esta función devuelve un vector de fila que contiene la mediana de cada columna. Los valores de **x** no tienen que estar ordenados.

Ordenamiento de valores. Matlab contiene una función para ordenar valores en orden ascendente.

sort(x)   Devuelve un vector con los valores de **x** en orden ascendente. Si **x** es una matriz, esta función devuelve una matriz con cada columna en orden ascendente.

¡Practique!

Determine las matrices representadas por las siguientes referencias de función. Luego use Matlab para verificar sus respuestas. Suponga que **w**, **x** y **y** son las siguientes matrices:

$$\mathbf{w} = \begin{bmatrix} 0 & 3 & -2 & 7 \end{bmatrix} \qquad \mathbf{x} = \begin{bmatrix} 3 & -1 & 5 & 7 \end{bmatrix}$$

$$\mathbf{y} = \begin{bmatrix} 1 & 3 & 7 \\ 2 & 8 & 4 \\ 6 & -1 & -2 \end{bmatrix}$$

1.   max(w)   2.   min(y)

3.   min(w,x)   4.   mean(y)

5.   median(w)   6.   cumprod(y)

7.   sort(2*w+x)   8.   sort(y)

VARIANZA Y DESVIACIÓN ESTÁNDAR

Dos medidas estadísticas importantes para un conjunto de datos son su varianza y su desviación estándar. Antes de dar las definiciones matemáticas, resulta útil adquirir un entendimiento intuitivo de estos valores. Considere los valores de los vectores `data_1` y `data_2` que se grafican en la figura 3.10. Si tratáramos de trazar una línea recta a través de estos valores, la línea sería horizontal y estaría aproximadamente en 3.0 en ambas gráficas. Por tanto, supondríamos que ambos vectores tienen aproximadamente el mismo valor medio de 3.0. Sin embargo, es evidente que los datos de los dos vectores tienen características distintivas. Los datos de `data_2` varían más respecto a la media, o se desvían más de la media. Así, las medidas de varianza y desviación para los valores de `data_2` serán mayores que para los de `data_1`. Por tanto,

Varianza

entendemos intuitivamente que la **varianza** (o desviación) tiene que ver con qué tanto varían los valores respecto a la media. Cuanto mayor sea la varianza, más ampliamente fluctuarán los valores respecto al valor medio.

Matemáticamente, la varianza σ^2 de un conjunto de valores de datos (que supondremos están almacenados en un vector x) se puede calcular usando la siguiente ecuación, donde σ es el símbolo griego sigma:

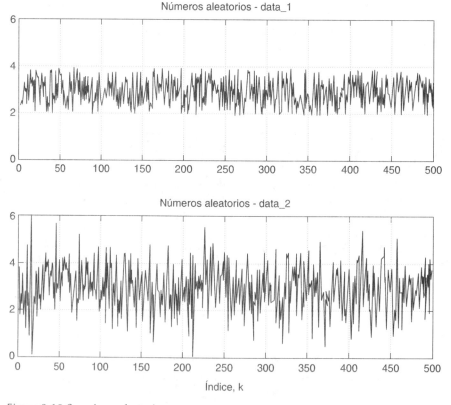

Figura 3.10 *Sucesiones aleatorias.*

$$\sigma^2 = \frac{\sum\limits_{k=1}^{N} (x_k - \mu)^2}{N - 1} \tag{3.12}$$

Esta ecuación podría parecer un tanto intimidante al principio, pero si se examina de cerca resulta mucho más sencilla. El término $x_k - \mu$ es la diferencia o desviación de x_k respecto a la media. Este valor se eleva al cuadrado para que siempre tenga un valor positivo. Luego se suman las desviaciones al cuadrado de todos los puntos de datos. Esta suma se divide entonces entre $N-1$, o sea que es aproximadamente un promedio. (La ecuación de la varianza a veces tiene N como denominador, pero la forma de la ecuación 3.12 tiene propiedades estadísticas que la hacen más deseable generalmente.) Por tanto, la varianza es el promedio de las desviaciones de los datos respecto a la media, elevadas al cuadrado.

Desviación estándar

La **desviación estándar** se define como la raíz cuadrada de la varianza, o

$$\sigma = \sqrt{\sigma^2} \tag{3.13}$$

MATLAB incluye una función para calcular la desviación estándar.

std(x)   Calcula la desviación estándar para los valores contenidos en x. Si x es una matriz, se devuelve un vector de fila que contiene la desviación estándar de cada columna.

Para calcular la varianza, simplemente eleve al cuadrado la desviación estándar.

HISTOGRAMAS

Histograma

Un **histograma** es un tipo especial de gráfica que tiene especial importancia para las mediciones estadísticas que tratamos en esta sección porque muestra la distribución de un conjunto de valores. En MATLAB, el histograma calcula el número de valores que caen en 10 intervalos espaciados equitativamente entre los valores mínimo y máximo del conjunto de valores. Por ejemplo, si graficamos los histogramas de los valores de datos de los vectores data_1 y data_2 de la figura 3.10, obtenemos los histogramas de la figura 3.11. Observe que la información de un histograma es diferente de la que se obtiene de la media o de la varianza. El histograma no sólo nos muestra la gama de valores, sino también la forma en que están distribuidos. Por ejemplo, los valores de data_1 tienden a estar distribuidos equitativamente dentro de la gama de valores. (En la sección 3.7 veremos que estos tipos de valores se denominan valores uniformemente distribuidos.) Los valores de data_2 no están distribuidos equitativamente dentro de la gama de valores. De hecho, la mayor parte de los valores están centrados en la media. (En la sección 3.7 veremos que este tipo de distribución es una distribución gaussiana o normal.)

El comando MATLAB para generar y trazar un histograma es hist:

hist(x)   Genera un histograma de los valores de x usando 10 intervalos.

hist(x,n)   Genera un histograma de los valores de x usando n intervalos.

Los histogramas de los vectores data_1 y data_2 usando 25 intervalos se muestran en la figura 3.12.

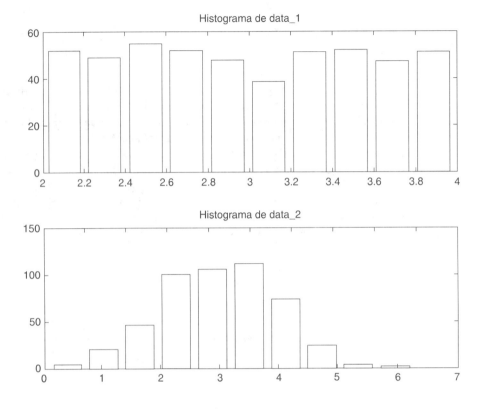

Figura 3.11 *Histogramas con 10 intervalos.*

3.3   Instrucciones de selección y funciones de selección

Una instrucción de **selección** nos permite hacer una pregunta o probar una condición para determinar qué pasos se ejecutarán a continuación. Primero veremos la instrucción de selección más común —la instrucción `if`— y luego estudiaremos los operadores y funciones relacionales y lógicos que se usan comúnmente con las instrucciones de selección.

INSTRUCCIÓN `if` SENCILLA

He aquí un ejemplo de la instrucción `if`:

```
if g < 50
    count = count + 1;
    disp(g);
end
```

Suponga que `g` es un escalar. Si `g` es menor que 50, `count` se incrementa en 1 y se exhibe `g` en la pantalla; si no, se pasan por alto estas dos instrucciones. Si `g` no es un escalar, `count` se incrementará en 1 y sólo se exhibirá `g` en la pantalla si todos los elementos de `g` son menores que 50.

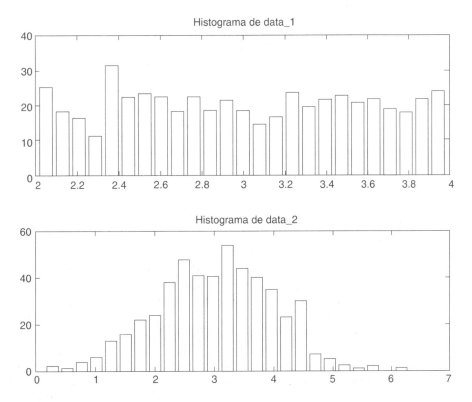

Figura 3.12 *Histogramas con 25 intervalos.*

La forma general de la instrucción if sencilla es la siguiente:

```
if expresión lógica
    instrucciones
end
```

Si la expresión lógica es verdadera, ejecutamos las instrucciones que están entre la instrucción if y la instrucción end. Si la expresión lógica es falsa, saltamos de inmediato a la instrucción que sigue a la instrucción end. *Es importante sangrar las instrucciones dentro de una estructura if para que sea más fácil de entender.*

Estilo

Puesto que las expresiones lógicas se generan a partir de operadores relacionales y operadores lógicos, a continuación veremos estos nuevos operadores.

OPERADORES RELACIONALES Y LÓGICOS

MATLAB cuenta con seis **operadores relacionales** para comparar dos matrices de igual tamaño, como se muestra en la tabla 3.2. Se usan matrices o expresiones de matrices en ambos lados de un operador relacional para dar otra matriz del mismo tamaño. Cada entrada de la matriz resultante contiene un 1 si la comparación es verdadera cuando se aplica a los valores de las posiciones correspondientes de las matrices; de lo contrario, la entrada de la matriz resultante contiene un 0. Una expresión que

TABLA 3.2 Operadores relacionales	
Operador relacional	Interpretación
<	menor que
<=	menor que o igual
>	mayor que
>=	mayor que o igual
==	igual
~=	no igual

Matriz 0-1

contiene un operador relacional es una expresión lógica porque el resultado es una matriz que contiene ceros y unos que pueden interpretarse como valores falsos y valores verdaderos, respectivamente; la matriz resultante también se denomina **matriz 0-1**.

Considere la expresión lógica a<b. Si a y b son escalares, el valor de esta expresión es 1 (verdadero) si a es menor que b; de lo contrario, la expresión es 0 (falso). Sean a y b vectores con los siguientes valores:

$$a = [2 \quad 4 \quad 6] \qquad b = [3 \quad 5 \quad 1]$$

Entonces, el valor de a<b es el vector [1 1 0], en tanto que el valor de a~=b es [1 1 1].

También podemos combinar dos expresiones lógicas usando los **operadores lógicos** *no* (*not*), *y* (*and*) y *o* (*or*). Estos operadores lógicos se representan con los símbolos que se muestran en la tabla 3.3.

Si dos expresiones lógicas se unen con |, las entradas de la matriz 0-1 resultante son 1 (verdadero) si cualquiera de esas expresiones es verdadera, o si ambas lo son; es 0 (falso) sólo si ambas expresiones son falsas. Si dos expresiones lógicas se unen con &, la expresión completa es verdadera sólo si ambas expresiones son verdaderas. La tabla 3.4 lista todas las posibles combinaciones para los operadores lógicos con dos expresiones lógicas.

Los operadores lógicos se usan con expresiones lógicas completas. Por ejemplo, a>b & b>c es una expresión lógica válida, pero a>b & c no es una expresión equivalente. Las expresiones lógicas también pueden ir precedidas por el operador lógico *no* (*not*). Este operador cambia el valor de la expresión al valor opuesto; por tanto, si a>b es verdadero, ~(a>b) es falso.

Una expresión lógica puede contener varios operadores lógicos, como en:

TABLA 3.3 Operadores lógicos	
Operador lógico	Símbolo
no	~
y	&
o	/

TABLA 3.4 Combinaciones de operadores lógicos				
A	**B**	**~A**	**A|B**	**A&B**
falso	falso	verdadero	falso	falso
falso	verdadero	verdadero	verdadero	falso
verdadero	falso	falso	verdadero	falso
verdadero	verdadero	falso	verdadero	verdadero

```
~(b==c | b==5.5)
```

La jerarquía, del nivel más alto al más bajo, es ~, & y |. Desde luego, se pueden usar paréntesis para alterar la jerarquía. En el ejemplo anterior, se evalúan primero las expresiones `b==c` y `b==5.5`. Suponga que `b` contiene el valor 3 y `c` contiene el valor 5; entonces, ninguna de las expresiones es verdadera, y la expresión `b==c | b==5.5` es falsa. A continuación aplicamos el operador ~, que cambia el valor de la expresión a verdadero. Suponga que no hubiéramos puesto los paréntesis alrededor de la expresión lógica, como en:

```
~b==c | b==5.5
```

En este caso, la expresión `~b==c` se evaluaría junto con `b==5.5`. Para los valores que hemos dado a `b` y `c`, el valor de ambas expresiones relacionales es falso; por tanto, el valor de toda la expresión lógica es falso. Usted tal vez se pregunte cómo podemos evaluar `~b` si `b` es un número. En MATLAB, cualquier valor distinto de cero se considera verdadero; los valores de cero son falsos. Por tanto, debemos tener mucho cuidado al usar los operadores relacionales y lógicos, asegurándonos de que los pasos que se ejecuten sean los que queremos que se ejecuten.

¡Practique!

Determine si las siguientes expresiones de los problemas 1 al 8 son verdaderas o falsas. Luego verifique sus respuestas usando MATLAB. Recuerde que para verificar su respuesta lo único que necesita hacer es teclear la expresión para que se exhiba el valor representado. Suponga que las siguientes variables tienen los valores indicados:

$$a = 5.5 \qquad b = 1.5 \qquad k = -3$$

1. `a < 10.0`
2. `a+b >= 6.5`
3. `k ~= 0`
4. `b-k > a`
5. `~(a == 3*b)`
6. `-k <= k+6`
7. `a<10 & a>5`
8. `abs(k)>3 | k<b-a`

INSTRUCCIONES if ANIDADAS

He aquí un ejemplo de instrucciones **if anidadas** que extiende el ejemplo anterior:

```
if g < 50
    count = count + 1;
    disp(g);
    if b > g
        b = 0;
    end
end
```

Una vez más, supondremos primero que g y b son escalares. Entonces, si g<50, incrementamos count en 1 y exhibimos g. Además, si b>g, asignamos 0 a b. si g no es menor que 50, pasamos de inmediato a la instrucción que sigue a la segunda instrucción end. Si g no es un escalar, la condición g<50 sólo será verdadera si todos los elementos de g son menores que 50. Si ni g ni b son escalares, b será mayor que g sólo si cada uno de los pares de elementos correspondientes de g y b son valores tales que el de b es mayor que el de g. Si g o b es un escalar, la otra matriz se comparará con el escalar elemento por elemento.

CLÁUSULAS else Y elseif

La cláusula else nos permite ejecutar una serie de instrucciones si una expresión lógica es verdadera y una serie diferente si la expresión es falsa. Para ilustrar esta instrucción, supongamos que tenemos una variable interval. Si el valor de interval es menor que 1, queremos asignar el valor interval/10 a x_increment; en caso contrario, queremos asignar 0.1 a x_increment. La siguiente instrucción ejecuta estos pasos:

```
if interval < 1
    x_increment = interval/10;
else
    x_increment = 0.1;
end
```

Si anidamos varios niveles de instrucciones if-else, puede ser difícil determinar cuáles expresiones lógicas deben ser verdaderas (o falsas) para ejecutar cada serie de instrucciones. En estos casos es común utilizar la cláusula elseif para aclarar la lógica del programa, como se ilustra con las siguientes instrucciones:

```
if temperatura > 100
    disp('Demasiado caliente - falla de equipo.')
elseif temperatura > 90
    disp('Intervalo operativo normal.')
elseif temperatura > 50
    disp('Temperatura por debajo del intervalo operativo deseado.')
else
    disp('Demasiado frío - apagar equipo.')
end
```

En este ejemplo, las temperaturas entre 90 y 100 están en el intervalo operativo normal; las temperaturas fuera de este intervalo generan un mensaje apropiado.

¡Practique!

En los problemas 1 al 4, escriba instruccciones MATLAB que realicen los pasos indicados. Suponga que las variables son escalares.

1. Si la diferencia entre `volt_1` y `volt_2` es mayor que 10.0, exhibir los valores de `volt_1` y `volt_2`.

2. Si el logaritmo natural de `x` es mayor o igual que 3, asignar 0 a `time` e incrementar `count` en 1.

3. Si `dist` es menor que 50.0 y `time` es mayor que 10.0, incrementar `time` en 2; en caso contrario, incrementar `time` en 2.5.

4. Si `dist` es mayor o igual que 100.0, incrementar `time` en 2.0. Si `dist` está entre 50 y 100, incrementar `time` en 1. En los demás casos, incrementar `time` en 0.5.

FUNCIONES LÓGICAS

MATLAB contiene una serie de **funciones lógicas** que son muy útiles. A continuación describimos estas funciones.

`any(x)`	Devuelve un escalar que es 1 (verdadero) si cualquier elemento del vector `x` es distinto de cero; en caso contrario, el escalar es 0 (falso). Si `x` es una matriz, esta función devuelve un vector de fila; un elemento de este vector de fila contiene un 1 (verdadero) si cualquier elemento de la columna correspondiente de `x` es distinto de cero, y un 0 (falso) en caso contrario.
`all(x)`	Devuelve un escalar que es 1 (verdadero) si todos los elementos del vector `x` son distintos de cero; en caso contrario, el escalar es 0 (falso). Si `x` es una matriz, esta función devuelve un vector de fila; un elemento de este vector de fila contiene un 1 (verdadero) si todos los elementos de la columna correspondiente de `x` son distintos de cero, y un 0 (falso) en caso contrario.
`find(x)`	Devuelve un vector que contiene los índices de los elementos distintos de cero de un vector `x`. Si `x` es una matriz, entonces los índices se seleccionan de `x(:)`, que es un vector de una sola columna formado a partir de las columnas de `x`.

`isnan(x)`	Devuelve una matriz con unos donde los elementos de x son NaN y ceros donde no lo son.
`finite(x)`	Devuelve una matriz con unos donde los elementos de x son finitos y ceros donde son infinitos o NaN.
`isempty(x)`	Devuelve 1 si x es una matriz vacía y 0 en caso contrario.

Suponga que A es una matriz con tres filas y tres columnas de valores. Considere la siguiente instrucción:

```
if all(A)
    disp('A no contiene ceros')
end
```

La cadena A no contiene ceros sólo se exhibe si los nueve valores de A son distintos de cero.

Ahora presentamos otro ejemplo que usa una función lógica. Suponga que tenemos un vector que contiene un grupo de valores que representan las distancias de un carro de cable a la torre más cercana. Queremos generar un vector que contenga las velocidades del carro a esas distancias. Si el carro está a 30 pies o menos de la torre, usamos esta ecuación para calcular la velocidad:

$$\text{velocidad} = 0.425 + 0.00175d^2$$

Si el carro está a más de 30 pies de la torre, usamos la siguiente ecuación:

$$\text{velocidad} = 0.625 + 0.12d - 0.00025d^2$$

Podemos usar la función find para encontrar los valores de distancia mayores que 30 pies y los de 30 pies o menos. Puesto que la función find identifica los subíndices para cada grupo de valores, podemos calcular las velocidades correspondientes con estas instrucciones:

```
inferior = find(d   < 30);
velocidad(inferior) = 0.425 + 0.00175*d(inferior).^2;
superior = find(d   >= 30);
velocidad(superior) = 0.625 + 0.12*d(superior) ...
                -0.00025*d(superior).^2;
```

Si todos los valores de d son menores que 30, el vector superior estará vacío, y la referencia a d(superior) y velocidad(superior) no hará que cambie ningún valor.

¡Practique!

Determine el valor de las siguientes expresiones. Luego verifique sus respuestas introduciendo las expresiones. Suponga que la matriz b tiene los valores indicados:

$$b = \begin{bmatrix} 1 & 0 & 4 \\ 0 & 0 & 3 \\ 8 & 7 & 0 \end{bmatrix}$$

1. `any(b)`
2. `find(b)`
3. `all(any(b))`
4. `any(all(b))`
5. `finite(b(:,3))`
6. `any(b(1:2,1:3))`

3.4   Resolución aplicada de problemas: Análisis de señales de voz

Suponga que deseamos diseñar un sistema que reconozca las palabras correspondientes a los diez dígitos en inglés: "zero", "one", "two", ..., "nine". Una de las primeras cosas que podríamos hacer es analizar datos obtenidos mediante un micrófono para las diez sucesiones (o señales) correspondientes con miras a determinar si existen mediciones estadísticas que nos permitan distinguir estos dígitos. Las funciones de análisis de datos de MATLAB nos ayudan a calcular estas mediciones con facilidad. A continuación podríamos imprimir una tabla de las mediciones y buscar aquellas que nos permitan distinguir los valores. Por ejemplo, una medición podría permitirnos reducir los posibles dígitos a tres, y otra podría servirnos para identificar el dígito específico de entre esas tres posibilidades.

Pronunciación

Escriba un programa MATLAB que lea y grafique un archivo de datos ASCII `zero.dat` que contenga una **pronunciación** de la palabra "zero". El programa también deberá calcular la siguiente información: media, desviación estándar, varianza, potencia media, magnitud media y número de cruces de cero. Ya hablamos de la media, la desviación estándar y la varianza. La potencia media es el promedio de los valores al cuadrado; la magnitud media es la media de los valores absolutos de los datos. El número de cruces de cero es el número de veces que se pasa de un valor negativo a uno positivo o de uno positivo a uno negativo.

1.   PLANTEAMIENTO DEL PROBLEMA

Calcule las siguientes mediciones estadísticas para una pronunciación: media, desviación estándar, varianza, potencia media, magnitud media y número de cruces de cero. Además, grafique la señal.

2.   DESCRIPCIÓN DE ENTRADAS/SALIDAS

El siguiente diagrama de E/S muestra el archivo que contiene la pronunciación como entrada y las diferentes medidas estadísticas como salidas.

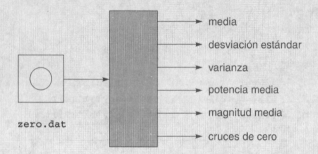

zero.dat

3.   EJEMPLO A MANO

Para el ejemplo a mano, suponga que una pronunciación contiene la siguiente sucesión de valores:

[2.5 8.2   −1.1   −0.2   1.5]

Usando una calculadora, podemos calcular los siguientes valores:

$$\text{media} = \mu = (2.5 + 8.2 - 1.1 - 0.2 + 1.5)/5$$
$$= 2.18$$
$$\text{varianza} = ((2.5 - \mu)^2 + (8.2 - \mu)^2 + (-1.1 - \mu)^2 + (-0.2 - \mu)^2$$
$$+ (1.5 - \mu)^2)/4$$
$$= 13.307$$
$$\text{potencia media} = (2.5^2 + 8.2^2 + (-1.1)^2 + (-0.2)^2 + 1.5^2)/5$$
$$= 15.398$$
$$\text{magnitud media} = (|2.5| + |8.2| + |-1.1| + |-0.2| + |1.5|)/5$$
$$= 2.7$$

número de cruces de cero = 2

4.   SOLUCIÓN MATLAB

En esta solución usamos funciones MATLAB para realizar la mayor parte de los cálculos. Para calcular el número de cruces de cero, generamos un vector cuyo primer valor es x(1)*x(2), cuyo segundo valor es x(2)*x(3), y así sucesivamente, siendo el último valor igual al producto del penúltimo dato y el último dato. A continuación usamos la función find para determinar las posiciones de los productos que son negativos, y usamos la función length para contar el número de tales productos que son negativos.

```
%   Este programa calcula varias estadísticas
%   para una pronunciación tomada de un archivo de datos.
%
load zero.dat;
x = zero;
%
fprintf('Estadísticas de dígito \n\n')
fprintf('media: %f \n',mean(x))
fprintf('desviación estándar: %f \n',std(x))
fprintf('varianza: %f \n',std(x)^2)
fprintf('potencia media: %f \n', mean((x.^2))
fprintf('magnitud media: %f \n',mean(abs(x))
prod = x(1:length(x)-1).*x(2:length(x));
crossing = length(find(prod<0));
fprintf('cruces de cero: %.0f \n',crossings)
subplot(2,1,1),plot(x),...
    title('Pronunciación de la palabra ZERO'),...
    xlabel('Índice'),grid
```

5. **PRUEBA**

En la figura 3.13 se muestra una gráfica de un archivo de datos que contiene una
pronunciación de la palabra "zero". Se calculó el siguiente conjunto de valores
para esta señal:

```
Estadísticas de dígito
media: 0.002931
desviación estándar: 0.121763
varianza: 0.014826
potencia media: 0.014820
magnitud media: 0.089753
cruces de cero: 106
```

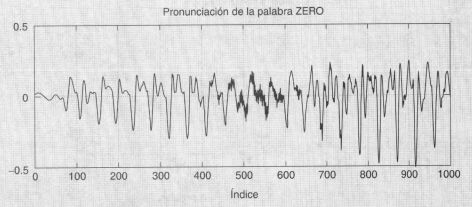

Figura 3.13 *Pronunciación de la palabra ZERO.*

Ahora podemos ejecutar este programa con las pronunciaciones de diferentes dígitos y observar las diferencias en las medidas estadísticas. También es interesante ejecutar este programa usando pronunciaciones del mismo dígito tomadas de diferentes personas. La amplia gama de las medidas ilustra algunos de los problemas del diseño de sistemas de reconocimiento de voz independientes del hablante. Muchos sistemas de computadora cuentan con micrófono y altavoces. Si su computadora tiene esta capacidad, grabe la pronunciación "zero" y compare la gráfica y las estadísticas con las que se muestran en esta sección.

3.5   Funciones escritas por el usuario

Función escrita por el usuario

Al usar Matlab para realizar más y más cálculos, se topará con cálculos que desearía estuvieran incluidos como funciones de Matlab. En tales casos, puede crear una **función escrita por el usuario** a la cual su programa podrá referirse del mismo modo como se refiere a una función Matlab. Las funciones escritas por el usuario tienen reglas muy específicas que deben obedecerse; sin embargo, antes de listar las reglas consideraremos un ejemplo sencillo.

En muchas aplicaciones de ingeniería se usa una **función rectangular** (Fig. 3.14). Una definición común de la función rectangular es la siguiente:

$$\text{rect}(x) = \begin{cases} 1, & |x| \leq 0.5 \\ 0, & \text{en otro caso} \end{cases}$$

He aquí una función definida por el usuario para evaluar esta función:

```
function r = rect(x)
%    RECT   Se define la función rectangular como 1 en
%           [-0.5, 0.5] y 0 en los demás puntos.
%
r = zeros(size(x));
set1 = find(abs(x) < = 0.5);
r(set1) = ones(size(set1));
```

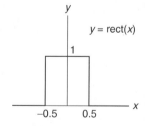

Figura 3.14 *Función rectangular.*

Esta función debe guardarse en un archivo llamado `rect.m`. Así, los programas y guiones MATLAB podrán referirse a esta función del mismo modo como hacen referencia a funciones como `sqrt` y `abs`. Un ejemplo del uso de esta función sería:

```
x = -3:0.1:3;
y = rect(x);
plot(x,y),title('Función Rect'),...
    xlabel('x'),ylabel('y'),grid
```

A continuación resumimos las reglas para escribir funciones de archivo M. Refiérase a la función `rect` al leer cada regla.

1. La función debe comenzar con una línea que contenga la palabra `function`, seguida del argumento de salida, un signo de igual y el nombre de la función. Este nombre va seguido por los argumentos de entrada de la función encerrados en paréntesis. Esta línea distingue el archivo de función de un archivo de guión.
2. Es recomendable que las primeras líneas sean comentarios porque se exhibirán si se solicita ayuda para el nombre de la función, como en `help rect`.
3. La única información que la función devuelve está contenida en los argumentos de salida que, desde luego, son matrices. Siempre compruebe que la función incluya una instrucción que asigne un valor al argumento de salida.
4. Se pueden usar los mismos nombres de matriz tanto en una función como en el programa que hace referencia a ella. No habrá confusión en cuanto a cuál matriz es a la que se refiere porque la función y el programa son totalmente independientes. Por otro lado, no es posible acceder desde el programa a ninguno de los valores que se calculan en la función, como no sean los argumentos de salida.
5. Una función que va a devolver más de un valor debe mostrar todos los valores que devolverá en forma de vector en la instrucción de función, como en este ejemplo que devuelve tres valores:

```
function [dist, vel, acel] = movimiento(x)
```

Los tres valores tendrán que calcularse dentro de la función.

6. Una función que tenga múltiples argumentos de entrada deberá listar los argumentos en la instrucción de función, como se muestra en este ejemplo, que tiene dos argumentos de entrada:

```
function error = mse(w,d)
```

7. Las variables especiales `nargin` y `nargout` pueden servir para determinar el número de argumentos de entrada y el número de argumentos de salida de una función.

El comando `what` lista todos los archivos M y MAT que están disponibles en el espacio de trabajo actual. El comando `type` seguido de un nombre de archivo exhibe el contenido de ese archivo en la pantalla. Si el nombre del archivo especificado no tiene extensión, el comando `type` supone automáticamente que la extensión es `.m`.

¡Practique!

Cree y pruebe funciones escritas por el usuario para calcular lo siguiente:

1. $\text{step}(x) = \begin{cases} 0 \text{ si } x < 0 \\ 1 \text{ en los demás casos} \end{cases}$

2. $\text{ramp}(x) = \begin{cases} 0 \text{ si } x < 0 \\ x \text{ en los demás casos} \end{cases}$

3. $g(x) = \begin{cases} 0 \text{ si } x < 0 \\ \text{sen } (\pi x / 2) \text{ si } 0 \le x \le 1 \\ 1 \text{ si } x > 1 \end{cases}$

3.6   Funciones de generación de números aleatorios

Números aleatorios

Hay muchos problemas de ingeniería que requieren **números aleatorios** para obtener una solución. En algunos casos, esos números sirven para crear una simulación de un problema complejo. La simulación puede probarse una y otra vez para analizar los resultados, y cada prueba representa una repetición del experimento. También usamos números aleatorios para aproximar secuencias de ruido. Por ejemplo, la estática que escuchamos en una radio es una secuencia de ruido. Si estamos probando un programa que usa un archivo de datos de entrada que representan una señal de radio, tal vez nos interese generar ruido y agregarlo a una señal de voz o de música a fin de obtener una señal más realista.

NÚMEROS ALEATORIOS UNIFORMES

Números aleatorios uniformes

Los números aleatorios no se definen mediante una ecuación; más bien, se caracterizan por la distribución de valores. Por ejemplo, los números aleatorios que tienen la misma probabilidad de ser cualquier valor entre un límite superior y uno inferior se denominan **números aleatorios uniformes**. El histograma de la parte superior de la figura 3.10 muestra la distribución de un conjunto de valores uniformes entre 2 y 4.

Valor de semilla

La función `rand` de MATLAB genera números aleatorios distribuidos uniformemente en el intervalo [0,1]. Se emplea un **valor de semilla** para iniciar una sucesión aleatoria de valores; este valor de semilla es inicialmente 0, pero se puede cambiar con la función `seed`.

`rand(n)`	Genera una matriz n × n que contiene números aleatorios entre 0 y 1.
`rand(m,n)`	Genera una matriz m × n que contiene números aleatorios entre 0 y 1.
`rand('seed',n)`	Asigna n como valor de la semilla.
`rand('seed')`	Devuelve el valor actual de la semilla del generador de números aleatorios.

La función `rand` genera la misma sucesión de valores aleatorios en cada sesión de trabajo si se usa el mismo valor de semilla. Los siguientes comandos generan y exhiben dos series de diez números aleatorios uniformemente distribuidos entre 0 y 1; la diferencia entre las dos series se debe al uso de semillas distintas:

```
rand('seed',0)
set1 = rand(10,1);
rand('seed',123)
set2 = rand(10,1);
[set1 set2]
```

Los valores que se exhiben con estos comandos son:

```
0.2190      0.0878
0.0470      0.6395
0.6789      0.0986
0.6793      0.6906
0.9347      0.3415
0.3835      0.2359
0.5194      0.2641
0.8310      0.6044
0.0346      0.4181
0.0535      0.1363
```

Con frecuencia se requieren sucesiones aleatorias con valores dentro de intervalos distintos del de 0 a 1. Por ejemplo, supongamos que queremos generar valores entre –5 y 5. Primero generamos un número aleatorio r (que está entre 0 y 1) y luego lo multiplicamos por 10, que es la diferencia entre el límite superior y el inferior (5 – (–5)). Ahora le sumamos el límite inferior (–5) para obtener un valor que tiene la misma probabilidad de ser cualquier valor entre –5 y 5. Por tanto, si queremos convertir un valor r que está uniformemente distribuido entre 0 y 1 en un valor uniformemente distribuido entre un límite inferior a y un límite superior b, usamos la siguiente ecuación:

$$x = (b - a) \cdot r + a \tag{3.14}$$

La sucesión `data_1`, graficada en la figura 3.10 de la página 94, se generó con esta ecuación:

```
data_1 = 2*rand(1,500) + 2;
```

Por tanto, la sucesión contiene 500 valores distribuidos uniformemente entre 2 y 4. La semilla de los números aleatorios fue 246.

¡Practique!

Escriba instrucciones Matlab para generar 10 números aleatorios en el intervalo especificado. Verifique sus respuestas ejecutando las instrucciones e imprimiendo los valores generados en los vectores.

1. Números aleatorios uniformes entre 0 y 10.0.
2. Números aleatorios uniformes entre −1 y +1.
3. Números aleatorios uniformes entre −20 y −10
4. Números aleatorios uniformes entre 4.5 y 5.0.
5. Números aleatorios uniformes entre $-\pi$ y π.

NÚMEROS ALEATORIOS GAUSSIANOS

Cuando generamos una sucesión aleatoria con una distribución uniforme, todos los valores tienen la misma probabilidad de ocurrir. A veces necesitamos generar números aleatorios usando distribuciones en las que algunos valores tienen mayor probabilidad de ser generados que otros. Por ejemplo, suponga que una sucesión aleatoria representa mediciones de temperatura exterior tomadas durante cierto tiempo. Veríamos que las mediciones de temperatura tienen cierta variación, pero por lo regular no son igualmente verosímiles. Por ejemplo, podríamos encontrar que los valores varían en unos cuantos grados, aunque ocasionalmente pueden ocurrir cambios mayores a causa de tormentas, nublados y cambios del día a la noche.

Números aleatorios gaussianos

Las sucesiones aleatorias que tienen algunos valores con mayor probabilidad de ocurrir que otros a menudo pueden modelarse con **números aleatorios gaussianos** (también llamados **números aleatorios normales**). Un ejemplo de conjunto de valores con una distribución gaussiana es el representado por la segunda gráfica de la figura 3.10. La media de esta variable aleatoria corresponde a la coordenada x del pico de esta distribución, que es aproximadamente 3. A partir del histograma de la figura 3.12 podemos ver que la mayor parte de los valores están cerca de la media. Mientras que una variable aleatoria uniforme tiene límites superior e inferior específicos, una variable aleatoria gaussiana no se define en términos de límites superior e inferior: se define en términos de la media y la varianza de los valores. Para los números aleatorios gaussianos, puede demostrarse que aproximadamente el 68% de los valores caen a menos de una desviación estándar de la media, el 95% caen a menos de dos desviaciones estándar de la media, y el 99% caen a menos de tres desviaciones estándar de la media. Estos datos son útiles cuando se trabaja con números aleatorios gaussianos.

MATLAB genera valores gaussianos con una media de cero y una varianza de 1.0 si se especifica una distribución normal. Las funciones para generar valores gaussianos son:

`randn(n)`   Genera una matriz de `n` × `n` que contiene números aleatorios gaussianos (o normales) con una media de 0 y una varianza de 1.

`randn(m,n)`   Genera una matriz de `m` × `n` que contiene números aleatorios gaussianos (o normales) con una media de 0 y una varianza de 1.

Si desea modificar valores gaussianos con una media de 0 y una varianza de 1 de modo que tengan otra distribución gaussiana, multiplique los valores por la desviación estándar de la distribución deseada y súmeles la media de la distribución deseada. Así pues, si r es un número aleatorio con una media de 0 y una varianza de 1.0, la siguiente ecuación generará un número aleatorio con una desviación estándar de a y una media de b:

$$x = a \cdot r + b \tag{3.15}$$

La sucesión `data_2`, graficada en la figura 3.10, se generó con esta ecuación:

```
data_2 = randn(1,500) + 3;
```

Así, la sucesión contiene 500 valores aleatorios gaussianos con una desviación estándar de 1 y una media de 3. La semilla para números aleatorios que se usó fue 95.

¡Practique!

Use MATLAB para generar 1000 valores con las características especificadas. Calcule la media y la varianza de los 1000 valores, y compárelas con los valores especificados. Prepare también el histograma de los valores usando 25 intervalos.

1. Números aleatorios gaussianos con una media de 1.0 y una varianza de 0.5.
2. Números aleatorios gaussianos con una media de −5.5 y una desviación estándar de 0.25.
3. Números aleatorios gaussianos con una media de −5.5 y una desviación estándar de 1.25.

3.7   Funciones para manipular matrices

MATLAB incluye varias funciones que manipulan el contenido de una matriz. Describiremos cada una de estas funciones y daremos un ejemplo para ilustrarlas.

ROTACIÓN

Se puede girar una matriz en dirección contraria a las manecillas del reloj usando la función rot90:

rot90(A)   Gira la matriz A 90° en dirección contraria a las manecillas del reloj.

rot90(A,n)   Gira la matriz A n·90° en dirección contraria a las manecillas del reloj.

Sea A la matriz siguiente:

$$A = \begin{bmatrix} 2 & 1 & 0 \\ -2 & 5 & -1 \\ 3 & 4 & 6 \end{bmatrix}$$

Si ejecutamos los comandos:

```
B = rot90(A);
C = rot90(A,2);
```

los valores de B y c serán:

$$B = \begin{bmatrix} 0 & -1 & 6 \\ 1 & 5 & 4 \\ 2 & -2 & 3 \end{bmatrix} \qquad c = \begin{bmatrix} 6 & 4 & 3 \\ -1 & 5 & -2 \\ 0 & 1 & 2 \end{bmatrix}$$

INVERSIÓN

Hay dos funciones para invertir una matriz:

fliplr(A)   Invierte la matriz A de izquierda a derecha.

flipud(A)   Invierte la matriz A de arriba hacia abajo.

Por ejemplo, considere los siguientes comandos MATLAB:

```
A = [1,2; 4,8; -2,0];
B = fliplr(A);
C = flipud(B);
```

Después de ejecutarse estos comandos, las matrices A, B y c contienen los siguientes valores:

$$A = \begin{bmatrix} 1 & 2 \\ 4 & 8 \\ -2 & 0 \end{bmatrix} \qquad B = \begin{bmatrix} 2 & 1 \\ 8 & 4 \\ 0 & -2 \end{bmatrix} \qquad c = \begin{bmatrix} 0 & -2 \\ 8 & 4 \\ 2 & 1 \end{bmatrix}$$

RECONFIGURACIÓN

La función `reshape` nos permite reconfigurar una matriz de modo que tenga un número diferente de filas y columnas:

`reshape(A,m,n)`   Reconfigura la matriz `A` de modo que tenga `m` filas y `n` columnas.

El número de elementos de la matriz original y de la matriz reconfigurada debe ser el mismo; si no, aparecerá un mensaje de error. Los números se seleccionan en orden de columna de la matriz vieja y se usan para llenar la nueva matriz. Considere las siguientes instrucciones MATLAB:

```
A = [2 5 6 -1; 3 -2 10 0];
B = reshape(A,4,2);
C = reshape(A,8,1);
```

Después de ejecutarse estas instrucciones, los valores de las matrices `A`, `B` y `C` son los siguientes:

$$A = \begin{bmatrix} 2 & 5 & 6 & -1 \\ 3 & -2 & 10 & 0 \end{bmatrix} \quad B = \begin{bmatrix} 2 & 6 \\ 3 & 10 \\ 5 & -1 \\ -2 & 0 \end{bmatrix} \quad C = \begin{bmatrix} 2 \\ 3 \\ 5 \\ -2 \\ 6 \\ 10 \\ -1 \\ 0 \end{bmatrix}$$

EXTRACCIÓN

Diagonal principal

Las funciones `diag`, `triu` y `tril` nos permiten extraer elementos de una matriz. La definición de estas tres funciones se basa en la definición de **diagonal principal**, que es la diagonal que parte de la esquina superior izquierda de la matriz y contiene los valores con subíndices de fila y de columna iguales, como $a_{1,1}$, $a_{2,2}$ y $a_{3,3}$. Aun las matrices no cuadradas tienen una diagonal principal. Por ejemplo, en la matriz A de la subsección anterior los elementos de la diagonal principal son 2, −2; los elementos de la diagonal principal de B son 2, 10; y el elemento de la diagonal principal de c es 2.

k-ésima diagonal

También podemos definir otras diagonales además de la principal. Por ejemplo, podemos definir una **k-ésima diagonal**. Si k es 0, la k-ésima diagonal es la diagonal principal. Si k es positivo, la k-ésima diagonal es una diagonal paralela a la diagonal principal y situada más arriba. Si $k = 1$, la k-ésima diagonal es el conjunto de elementos que están inmediatamente arriba de los de la diagonal principal. Para $k = 2$, la k-ésima diagonal es el conjunto de elementos de la segunda diagonal arriba de la diagonal principal. Si k es menor que 0, la k-ésima diagonal es el conjunto de elementos de una diagonal situada debajo de la diagonal principal. Así, para $k = −1$, la k-ésima diagonal es la primera diagonal abajo de la diagonal principal.

La función `diag` sirve para extraer valores de diagonales de una matriz:

| diag(A) | Extrae los elementos de la diagonal principal y los almacena en un vector de columna si A es una matriz. Si A es un vector, la función generará una matriz cuadrada con A como su diagonal. |
| diag(A,k) | Extrae los elementos de la k-ésima diagonal de A y los almacena en un vector de columna. |

Por ejemplo, las siguientes instrucciones:

```
P = [1 2 3; 2 4 6; -1 2 0];
A = diag(P,1);
```

generan un vector con los siguientes elementos:

$$P = \begin{bmatrix} 1 & 2 & 3 \\ 2 & 4 & 6 \\ -1 & 2 & 0 \end{bmatrix} \qquad A = \begin{bmatrix} 2 \\ 6 \end{bmatrix}$$

La función triu genera una nueva matriz que se conoce como **matriz triangular superior**:

| triu(A) | Genera una matriz cuadrada de valores a partir de A, con ceros por debajo de la diagonal principal. |
| triu(A,k) | Genera una matriz cuadrada de valores a partir de A, con ceros por debajo de la k-ésima diagonal. |

Considere las instrucciones:

```
A = [1:2:7; 3:3:12; 4:-1:1; 1:4];
B = triu (A);
C = triu (A,-1);
D = triu (A,3);
```

Las matrices resultantes son:

$$A = \begin{bmatrix} 1 & 3 & 5 & 7 \\ 3 & 6 & 9 & 12 \\ 4 & 3 & 2 & 1 \\ 1 & 2 & 3 & 4 \end{bmatrix} \qquad B = \begin{bmatrix} 1 & 3 & 5 & 7 \\ 0 & 6 & 9 & 12 \\ 0 & 0 & 2 & 1 \\ 0 & 0 & 0 & 4 \end{bmatrix}$$

$$C = \begin{bmatrix} 1 & 3 & 5 & 7 \\ 3 & 6 & 9 & 12 \\ 0 & 3 & 2 & 1 \\ 0 & 0 & 3 & 4 \end{bmatrix} \qquad D = \begin{bmatrix} 0 & 0 & 0 & 7 \\ 0 & 0 & 0 & 0 \\ 0 & 0 & 0 & 0 \\ 0 & 0 & 0 & 0 \end{bmatrix}$$

La función tril es similar a la función triu, sólo que genera **matrices triangulares inferiores**:

`tril(A)`	Genera una matriz cuadrada de valores a partir de A, con ceros arriba de la diagonal principal.
`tril(A,k)`	Genera una matriz cuadrada de valores a partir de A, con ceros arriba de la k-ésima diagonal.

Si sustituimos las referencias a `triu` en el ejemplo anterior por referencias a `tril`, tenemos:

```
A = [1:2:7; 3:3:12; 4:-1:1; 1:4];
B = tril(A);
C = tril(A,-1);
D = tril(A,3);
```

Las matrices resultantes son:

$$A = \begin{bmatrix} 1 & 3 & 5 & 7 \\ 3 & 6 & 9 & 12 \\ 4 & 3 & 2 & 1 \\ 1 & 2 & 3 & 4 \end{bmatrix} \qquad B = \begin{bmatrix} 1 & 0 & 0 & 0 \\ 3 & 6 & 0 & 0 \\ 4 & 3 & 2 & 0 \\ 1 & 2 & 3 & 4 \end{bmatrix}$$

$$C = \begin{bmatrix} 0 & 0 & 0 & 0 \\ 3 & 0 & 0 & 0 \\ 4 & 3 & 0 & 0 \\ 1 & 2 & 3 & 0 \end{bmatrix} \qquad D = \begin{bmatrix} 1 & 3 & 5 & 7 \\ 3 & 6 & 9 & 12 \\ 4 & 3 & 2 & 1 \\ 1 & 2 & 3 & 4 \end{bmatrix}$$

¡Practique!

Determine las matrices generadas por las siguientes referencias de función. Luego verifique sus respuestas usando MATLAB.

Suponga que A y B son las siguientes matrices:

$$A = \begin{bmatrix} 0 & -1 & 0 & 3 \\ 4 & 3 & 5 & 0 \\ 1 & 2 & 3 & 0 \end{bmatrix} \qquad B = \begin{bmatrix} 1 & 3 & 5 & 0 \\ 3 & 6 & 9 & 12 \\ 4 & 3 & 2 & 1 \\ 1 & 2 & 3 & 4 \end{bmatrix}$$

1. `rot90(B)`
2. `rot90(A,3)`
3. `fliplr(A)`
4. `flipud(fliplr(B))`
5. `reshape(A,4,3)`
6. `reshape(A,6,2)`
7. `reshape(A,2,6)`
8. `reshape(flipud(B),8,2)`
9. `triu(B)`
10. `triu(B,-1)`
11. `tril(A,2)`
12. `diag(rot90(B))`

3.8   Ciclos

Ciclo

Un **ciclo** es una estructura que nos permite repetir una serie de instrucciones. En general, es aconsejable evitar los ciclos en MATLAB porque pueden aumentar significativamente el tiempo de ejecución de los programas. Sin embargo, hay ocasiones en las que son necesarios los ciclos, así que presentaremos una breve introducción a los ciclos `for` y a los ciclos `while`.

CICLO `for`

En un ejemplo de una sección anterior usamos la función `find` para encontrar los valores de distancia mayores que 30 pies y de 30 pies o menos. Luego calculamos las velocidades correspondientes usando las ecuaciones apropiadas, como repetimos aquí:

```
inferior = find(d  < 30);
velocidad(inferior) = 0.425 + 0.00175*d(inferior).^2;
superior = find(d  >= 30);
velocidad(superior) = 0.625 + 0.12*d(superior)...
                    - 0.00025*d(superior).^2;
```

Otra forma de realizar estos pasos usa un ciclo `for`. En las siguientes instrucciones, se asigna el valor 1 a `k` y se ejecutan las instrucciones contenidas en el ciclo. El valor de `k` se incrementa a 2 y se ejecutan otra vez las instrucciones del ciclo. Esto continúa hasta que el valor de `k` es mayor que la longitud del vector `d`.

```
for k=1:length(d)
  if d(k) < 30
    velocidad (k) = 0.425 - 0.00175*d(k)^2;
  else
    velocidad (k) = 0.625 + 0.12*d(k)...
                  - 0.00025*d(k)^2;
  end
end
```

Aunque estas instrucciones realizan las mismas operaciones que los pasos anteriores empleando la función `find`, la solución sin ciclo se ejecuta con mucha mayor rapidez.

Un ciclo `for` tiene la siguiente estructura general:

```
for índice=expresión
    instrucciones
end
```

La expresión es una matriz(que podría ser un escalar o un vector) y las instrucciones se repiten tantas veces como columnas hay en la matriz de la expresión. Cada vez que se repite el ciclo, el índice tiene el valor de uno de los elementos de la matriz de la expresión. Las reglas para escribir y usar un ciclo `for` son las siguientes:

1.   El índice de un ciclo `for` debe ser una variable.
2.   Si la matriz de la expresión es la matriz vacía, no se ejecutará el ciclo. El control pasará a la instrucción que sigue a la instrucción `end`.

3. Si la matriz de la expresión es un escalar, el ciclo se ejecutará una vez, y el índice contendrá el valor del escalar.

4. Si la matriz de la expresión es un vector de fila, en cada repetición del ciclo el índice contendrá el siguiente valor del vector.

5. Si la matriz de la expresión es una matriz, en cada repetición del ciclo el índice contendrá la siguiente columna de la matriz.

6. Al completarse un ciclo for, el índice contendrá el último valor utilizado.

7. Se puede usar el operador de dos puntos para definir la matriz de la expresión usando el siguiente formato:

```
for k = inicial:incremento:limite
```

¡Practique!

Determine el número de veces que se ejecutarán los ciclos for definidos por las siguientes instrucciones. Para verificar su respuesta, utilice la función length, que devuelve el número de valores contenidos en un vector. Por ejemplo, el número de veces que se ejecuta el ciclo for del problema 1 es length(3:20).

1. `for k = 3:20`

2. `for count = -2:14`

3. `for k = -2:-1:-10`

4. `for time =10:-1:0`

5   `for time = 10:5`

6. `for index = 2:3:12`

CICLO while

El ciclo while es una estructura para repetir una serie de instrucciones en tanto se cumple una condición especificada. El formato general de esta estructura de control es

```
while expresión
    instrucciones
end
```

Si la expresión es verdadera, se ejecutan las instrucciones, después de lo cual se vuelve a probar la condición. Si la condición se sigue cumpliendo, se ejecuta otra vez la serie de instrucciones. Si la condición es falsa, el control pasa a la instrucción que sigue a la instrucción end. Las variables modificadas dentro del ciclo deben incluir las variables de la expresión, pues de lo contrario el valor de la expresión nunca cambiaría. Si la expresión siempre es verdadera (o es un valor distinto de cero), el ciclo se convierte en un **ciclo infinito**.

Ciclo infinito

Los ciclos son estructuras necesarias en la mayor parte de los lenguajes de alto nivel; no obstante, generalmente puede aprovecharse la potencia de las operaciones elemento por elemento con matrices para evitar el uso de ciclos en los programas MATLAB.

Estilo

Antes de usar un ciclo en un programa MATLAB, examine con detenimiento formas alternativas de realizar los cálculos deseados sin ciclos; esto permitirá a su programa ejecutarse con mayor rapidez y, en general, hará a su programa más legible porque es más corto.

RESUMEN DEL CAPÍTULO

En este capítulo exploramos las diversas funciones MATLAB para crear matrices y para calcular nuevas matrices a partir de matrices existentes. Entre ellas están las funciones matemáticas, funciones trigonométricas, funciones de análisis de datos, funciones de números aleatorios y funciones lógicas; también ilustramos los pasos a seguir para crear una función escrita por el usuario. Además, presentamos las instrucciones y funciones de selección que nos permiten analizar porciones selectas de las matrices. Por último, incluimos una breve descripción de los ciclos porque a veces se necesitan en las soluciones MATLAB.

TÉRMINOS CLAVE

argumento	número aleatorio
conjugado	número aleatorio gaussiano
desviación estándar	número aleatorio normal
fórmula de Euler	número aleatorio uniforme
función	número complejo
grado	operador lógico
histograma	operador relacional
matriz 0-1	parámetro
media	polinomio
mediana	pronunciación
métrica	raíz
notación polar	valor de semilla
notación rectangular	varianza

RESUMEN DE MATLAB

Este resumen de MATLAB lista todos los símbolos especiales, comandos y funciones que definimos en este capítulo. También se incluye una descripción breve de cada uno.

CARACTERES ESPECIALES

<	menor que
<=	menor que o igual
>	mayor que
>=	mayor que o igual
==	igual
~=	no igual
&	y
		o
~	no

COMANDOS Y FUNCIONES

abs	calcula valor absoluto o magnitud
acos	calcula arcocoseno
all	determina si todos los valores son verdaderos
any	determina si algún valor es verdadero
asin	calcula arcoseno
atan	calcula arcotangente de 2 cuadrantes
atan2	calcula arcotangente de 4 cuadrantes
ceil	redondea hacia ∞
cos	calcula el coseno de un ángulo
cumprod	determina productos acumulativos
cumsum	determina sumas acumulativas
else	cláusula opcional de la instrucción if
elseif	cláusula opcional de la instrucción if
end	define el final de una estructura de control
exp	calcula un valor con base e
find	localiza los valores distintos de cero
finite	determina si los valores son finitos
fix	redondea hacia cero

floor	redondea hacia $-\infty$
for	genera una estructura de ciclo
function	genera una función definida por el usuario
hist	dibuja un histograma
if	prueba una expresión lógica
isempty	determina si una matriz está vacía
isnan	determina si los valores son NaN
length	determina el número de valores en un vector
log	calcula el logaritmo natural
log10	calcula el logaritmo común
max	determina el valor máximo
mean	determina la media
median	determina la mediana
min	determina el valor mínimo
polyval	evalúa un polinomio
prod	determina el producto de los valores
rand	genera un número aleatorio uniforme
randn	genera un número aleatorio gaussiano
rem	calcula el residuo de una división
round	redondea al entero más cercano
sign	genera -1, 0 o 1 con base en el signo
sin	calcula el seno de un ángulo
sort	ordena valores
sqrt	calcula raíz cuadrada
std	calcula desviación estándar
sum	determina la sumatoria de los valores
tan	calcula la tangente de un ángulo
what	lista archivos
while	genera una estructura de ciclo

NOTAS DE *Estilo*

1. Sangre las instrucciones incluidas en una instrucción if para facilitar su comprensión.

2. Evite usar ciclos porque pueden aumentar significativamente el tiempo de ejecución de un programa.

NOTAS DE DEPURACIÓN

1.   No olvide encerrar los argumentos de cada función en paréntesis.

2.   No use el nombre de variable i o j para otras variables en un programa que también use números complejos.

3.   Al usar operadores relacionales y lógicos, asegúrese de que los pasos que se ejecutan sean los debidos.

PROBLEMAS

Trayectoria de cohete. Se está diseñando un cohete pequeño para medir las fuerzas de corte del viento en las inmediaciones de tormentas. Antes de iniciar las pruebas, los diseñadores están creando una simulación de la trayectoria del cohete, y han deducido la siguiente ecuación que, según creen, puede predecir el desempeño del cohete, donde t es el tiempo transcurrido en segundos:

$$\text{altura} = 60 + 2.13t^2 - 0.0013t^4 + 0.000034t^{4.751}$$

La ecuación da la altura sobre el suelo en el instante t. El primer término (60) es la altura en pies sobre el suelo de la punta del cohete.

1.   Escriba comandos para calcular y exhibir el tiempo y la altura del cohete desde $t = 0$ hasta el instante en que toque el suelo, en incrementos de 2 segundos. Si el cohete no ha tocado el suelo en 100 segundos, imprima valores sólo hasta $t = 100$ s.

2.   Modifique los pasos del problema 1 para que, en lugar de una tabla, el programa exhiba el instante en el que el cohete comienza a caer hacia el suelo y el instante en el que el cohete choca con el suelo.

Empaque de suturas. Las suturas son hilos o fibras empleados para coser tejidos vivos a fin de cerrar heridas por accidente u operación. Los paquetes de suturas deben sellarse cuidadosamente antes de enviarse a los hospitales de modo que los contaminantes no puedan penetrar en los paquetes. El objeto que sella el paquete se denomina **dado sellador**. En general, los dados selladores se calientan con un calentador eléctrico. Para que el proceso de sellado tenga éxito, el dado de sellado se mantiene a cierta temperatura y debe hacer contacto con el paquete con cierta presión durante cierto tiempo. El periodo durante el cual el dado hace contacto con el paquete se denomina tiempo de permanencia. Suponga que los intervalos aceptables de parámetros para un sello correcto son los siguientes:

Temperatura: 150-170° C
Presión: 60-70 psi
Tiempo de permanencia: 2-2.5 s

3. Un archivo de datos llamado `suture.dat` contiene información sobre lotes de suturas que han sido rechazados durante un periodo de una semana. Cada línea del archivo de datos contiene el número de lote, la temperatura, la presión y el tiempo de permanencia de un lote rechazado. Un ingeniero de control de calidad quiere analizar esta información para determinar el porcentaje de los lotes rechazados por temperatura, el porcentaje rechazado por presión y el porcentaje rechazado por tiempo de permanencia. Si un lote específico se rechaza por más de una razón, se debe contar en todos los totales aplicables. Escriba instrucciones Matlab para calcular e imprimir estos tres porcentajes. Use los siguientes datos:

Número de lote	Temperatura	Presión	Tiempo de permanencia
24551	145.5	62.3	2.23
24582	153.7	63.2	2.52
26553	160.3	58.9	2.51
26623	159.5	58.9	2.01
26642	160.3	61.2	1.98

4. Modifique la solución del problema 3 de modo que también imprima el número de lotes que hay en cada categoría de rechazo y el número total de lotes rechazados. (Recuerde que un lote rechazado sólo debe aparecer una vez en el total, pero podría aparecer en más de una categoría de rechazo.)
5. Escriba un programa que lea el archivo de datos `suture.dat` y se asegure de que la información corresponda sólo a lotes que debieron haberse rechazado. Si algún lote no debería estar en el archivo de datos, exhiba un mensaje apropiado con la información del lote.

Reforestación. Un problema de silvicultura consiste en determinar qué tanta área debe dejarse sin cortar de modo que el área cosechada se pueda reforestar en cierto tiempo. Se supone que la reforestación ocurre con una rapidez conocida por año, dependiendo del clima y las condiciones del suelo. Una ecuación de reforestación expresa este crecimiento en función de la cantidad de árboles en pie y la tasa de reforestación. Por ejemplo, si se dejan 100 acres sin cortar después de la cosecha y la tasa de reforestación es de 0.05, habrá árboles en 100 + 0.05 × 100 = 105 acres al final del primer año. Al final del segundo año, el número de acres con árboles es de 105 + 0.05 × 105 = 110.25 acres.

6. Suponga que hay 14,000 acres en total y se dejan 2500 acres sin cortar, y que la tasa de reforestación es de 0.02. Exhiba una tabla que muestre el número de acres reforestados al final de cada año, durante un total de 20 años.
7. Modifique el programa creado en el problema 6 de modo que el usuario pueda introducir el número de años que deben usarse para la tabla.

8. Modifique el programa creado en el problema 6 de modo que el usuario pueda introducir un número de acres, y el programa determine cuántos años se requieren para que ese número de acres quede cubierto con árboles.

Datos de sensores. Suponga que un archivo de datos llamado `sensor.dat` contiene información recolectada de una serie de sensores. Cada fila contiene una serie de lecturas de sensor, donde la primera fila contiene valores tomados a los 0.0 segundos, la segunda fila contiene valores tomados a los 1.0 segundos, etc.

9. Escriba un programa que lea el archivo de datos y exhiba el número de sensores y el número de segundos de datos contenidos en el archivo.
10. Escriba un progama que procese de antemano los datos de sensores de modo que todos los valores mayores que 10.0 se igualen a 10.0, y todos los valores menores que −10.0 se igualen a −10.0.
11. Escriba un programa que exhiba los subíndices de los valores de datos de sensores cuyo valor absoluto sea mayor que 20.0.
12. Escriba un programa que exhiba el porcentaje de los valores de datos de sensores que son 0.

Salida de una planta de energía eléctrica. La salida de potencia en megawatts de una planta de energía eléctrica durante un periodo de ocho semanas se almacenó en un archivo de datos llamado `plant.dat`. Cada línea del archivo representa los datos de una semana, y contiene la salida de los días 1, 2, . . . , 7.

13. Escriba un programa que use los datos de salida de la planta de electricidad y exhiba un informe que liste el número de días en los que la salida de potencia fue mayor que el promedio. El informe deberá indicar el número de la semana y el número de día para cada uno de esos días, además de mostrar la salida de potencia media de la planta durante el periodo de ocho semanas.
14. Escriba un programa que use los datos de salida de la planta de electricidad e indique el día y la semana en los que ocurrió la salida de potencia máxima y mínima. Si el máximo o el mínimo ocurrió en más de un día, se deben indicar todos los días en cuestión.
15. Escriba un programa que use los datos de salida de la planta de electricidad e indique la salida de potencia media para cada semana. Además, exhiba la salida de potencia media para el día 1, el día 2, etcétera.

4

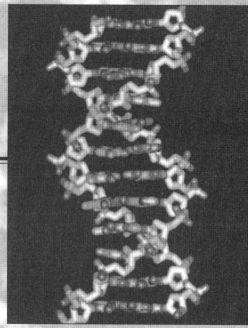

Cortesía de Photo Researchers, Inc.

GRAN DESAFÍO:
Mapas del genoma humano

Descifrar el código genético humano implica localizar, identificar y determinar la función de cada uno de los 50,000 a 100,000 genes contenidos en el ADN humano. Cada gen es un hilo de doble hélice compuesto por pares de bases de adenina unida a timina o de citosina unida a guanina, dispuestos en forma de escalones con grupos fosfato a un lado. Dado que el ADN dirige la producción de las proteínas, las proteínas producidas por una célula dan un indicio de la secuencia de pares de bases en el ADN. La instrumentación desarrollada para la ingeniería genética es extremadamente útil para esta labor detectivesca. Un secuenciador de proteínas inventado en 1969 puede identificar la secuencia de aminoácidos de una molécula proteínica. Una vez que conocen el orden de los aminoácidos, los biólogos pueden comenzar a identificar el gen que fabricó esa proteína. Un sintetizador de ADN, inventado en 1982, puede construir genes pequeños o fragmentos de genes a partir de ADN. Estas investigaciones, y la instrumentación que utilizan, son componentes clave para comenzar a elaborar mapas del genoma humano.

Álgebra lineal y matrices

OBJETIVOS

Una matriz es una forma conveniente de representar datos de ingeniería. En capítulos anteriores vimos los cálculos y funciones matemáticas que se pueden aplicar elemento por elemento a los valores de las matrices. En este capítulo presentaremos una serie de operaciones y funciones matriciales que se aplican a la matriz como un todo, no a elementos individuales dentro de la matriz. Primero consideraremos una serie de cálculos matemáticos que producen nuevos valores a partir de una o más matrices.

4.1   Operaciones con matrices

En muchos cálculos de ingeniería se usan matrices como una forma conveniente de representar un conjunto de datos. En este capítulo nos interesan principalmente las matrices que tienen más de una fila y más de una columna. Recuerde que la multiplicación escalar y la suma y resta de matrices se efectúan elemento por elemento y ya se trataron en el capítulo 2 cuando hablamos de las operaciones de arreglos. En este capítulo trataremos la multiplicación de matrices; la división de matrices, que se presentará en el capítulo 5, sirve para calcular la solución de un conjunto de ecuaciones lineales simultáneas.

TRANSPOSICIÓN

Transpuesta   La **transpuesta** de una matriz es una nueva matriz en la que las filas de la matriz original son las columnas de la nueva. Usamos el supraíndice T después del nombre de una matriz para referirnos a la transpuesta. Por ejemplo, considere la siguiente matriz y su transpuesta:

$$A = \begin{bmatrix} 2 & 5 & 1 \\ 7 & 3 & 8 \\ 4 & 5 & 21 \\ 16 & 13 & 0 \end{bmatrix} \qquad A^T = \begin{bmatrix} 2 & 7 & 4 & 16 \\ 5 & 3 & 5 & 13 \\ 1 & 8 & 21 & 0 \end{bmatrix}$$

Si consideramos un par de elementos, vemos que el valor que está en la posición (3,1) de A ahora está en la posición (1,3) de A^T, y el valor que está en la posición (4,2) de A pasó a la posición (2,4) de A^T. En general, los subíndices de fila y columna se intercambian para formar la transpuesta; así, el valor que está en la posición (i,j) pasa a la posición (j,i).

En MATLAB denotamos la transpuesta de la matriz A con A'. Observe que la transpuesta tiene un tamaño diferente del de la matriz original si ésta no es cuadrada. Usaremos con frecuencia la operación de transposición para convertir un vector fila en uno columna y viceversa.

PRODUCTO PUNTO

Producto punto   El **producto punto** es un escalar calculado a partir de dos vectores del mismo tamaño. Este escalar es la suma de los productos de los valores que están en posiciones correspondientes de los vectores, como se muestra en la ecuación de sumatoria, que supone que hay N elementos en los vectores A y B:

$$\text{producto punto} = A \cdot B = \sum_{i=1}^{N} a_i b_i$$

Como ilustración, suponga que A y B son los siguientes vectores:

$$A = \begin{bmatrix} 4 & -1 & 3 \end{bmatrix} \qquad B = \begin{bmatrix} -2 & 5 & 2 \end{bmatrix}$$

El producto punto es entonces:

$$A \cdot B = 4 \cdot (-2) + (-1) \cdot 5 + 3.2$$
$$= (-8) + (-5) + 6$$
$$= -7$$

En MATLAB podemos calcular el producto punto con la función dot:

dot(A,B)   Calcula el producto punto de A y B. Si A y B son matrices, el producto punto es un vector de fila que contiene los productos punto de las columnas correspondientes de A y B.

Así, podríamos usar las siguientes instrucciones para calcular el valor de A·B del ejemplo anterior:

```
A = [4,-1,3];
B = [-2,5,2];
C = dot(A,B);
```

Cabe señalar que el producto punto también podría calcularse con la siguiente instrucción:

```
C = sum(A.*B);
```

MULTIPLICACIÓN DE MATRICES

Multiplicación de matrices

La multiplicación de matrices no se calcula multiplicando los elementos correspondientes de las matrices. En la **multiplicación de matrices**, el valor que está en la posición $c_{i,j}$ del producto C de dos matrices, A y B, es el producto punto de la fila i de la primera matriz y la columna j de la segunda matriz, como se muestra en la ecuación de sumatoria:

$$c_{i,j} = \sum_{k=1}^{N} a_{i,k} b_{k,j}$$

Puesto que el producto punto exige que los vectores tengan el mismo número de elementos, la primera matriz (A) debe tener tantos elementos (N) en cada fila como elementos hay en cada columna de la segunda matriz (B). Por consiguiente, si tanto A como B tienen cinco filas y cinco columnas, su producto tiene cinco filas y cinco columnas. Además, para estas matrices podemos calcular tanto AB como BA, aunque en general no serán iguales.

Si A tiene dos filas y tres columnas, y B tiene tres filas y tres columnas, el producto AB tendrá dos filas y tres columnas. Por ejemplo, considere las siguientes matrices:

$$A = \begin{bmatrix} 2 & 5 & 1 \\ 0 & 3 & -1 \end{bmatrix} \qquad B = \begin{bmatrix} 1 & 0 & 2 \\ -1 & 4 & -2 \\ 5 & 2 & 1 \end{bmatrix}$$

El primer elemento del producto C = AB es:

$$C_{1,1} = \sum_{k=1}^{3} a_{1,k} b_{k,1}$$

$$= a_{1,1} b_{1,1} + a_{1,2} b_{2,1} + a_{1,3} b_{3,1}$$

$$= 2 \cdot 1 + 5 \cdot (-1) + 1 \cdot 5$$

$$= 2$$

De forma similar, podemos calcular el resto de los elementos del producto de A por B:

$$AB = C = \begin{bmatrix} 2 & 22 & -5 \\ -8 & 10 & -7 \end{bmatrix}$$

En este ejemplo, no podemos calcular BA porque B no tiene el mismo número de elementos en cada fila que A tiene en cada columna.

Una forma fácil de decidir si existe un producto de matrices es escribir los tamaños de las matrices uno junto al otro. Si los dos números interiores son iguales, existe el producto, y el tamaño del producto está determinado por los dos números exteriores. En el ejemplo anterior, el tamaño de A es 2 × 3, y el de B, 3 × 3. Por tanto, si queremos calcular AB, escribimos los tamaños uno junto al otro:

2 × 3, 3 × 3

Los dos números interiores son 3, así que AB existe, y su tamaño está determinado por los dos números exteriores, 2 × 3. Si queremos calcular, BA, escribimos otra vez los tamaños uno junto al otro:

3 × 3, 2 × 3

Los dos números interiores no son iguales, así que BA no existe.

En MATLAB, la multiplicación de matrices se denota con un asterisco. Por tanto, los comandos para generar las matrices del ejemplo anterior y para calcular su producto son:

```
A = [2,5,1; 0,3,-1];
B = [1,0,2; -1,4,-2; 5,2,1];
C = A*B;
```

Si ejecutamos el comando MATLAB C = B*A, recibimos un mensaje de advertencia diciéndonos que C no existe. Use la función size para determinar y verificar los tamaños de las matrices si no tiene la seguridad de que el producto exista.

Suponga que I es una matriz de identidad cuadrada (recuerde del capítulo 2 que una matriz de identidad tiene unos en la diagonal principal y ceros en las demás posiciones.) Si A es una matriz cuadrada del mismo tamaño, entonces AI e IA son ambos iguales a A. Use una matriz A pequeña y verifique a mano que estos productos de matrices son iguales a A.

POTENCIAS DE MATRICES

Recuerde que, si `A` es una matriz, `A.^2` es la operación que eleva al cuadrado cada elemento de la matriz. Si queremos elevar al cuadrado la matriz, es decir, si queremos calcular `A*A`, podemos usar la operación `A^2`. Así, `A^4` equivale a `A*A*A*A`. Para poder realizar la multiplicación de dos matrices, el número de filas de la primera matriz debe ser igual al número de columnas de la segunda; por tanto, para elevar una matriz a una potencia la matriz debe tener el mismo números de filas que de columnas; es decir, la matriz debe ser cuadrada.

POLINOMIOS DE MATRICES

Recuerde que un polinomio es una función de x que puede expresarse en la siguiente forma general:

$$f(x) = a_0 x^N + a_1 x^{N-1} + a_2 x^{N-2} + \ldots + a_{N-2} x^2 + a_{N-1} x + a_N$$

donde la variable es x y los coeficientes del polinomio están representados por los valores de a_0, a_1, etc. Si x es una matriz, la ecuación es un **polinomio de matrices** y requiere multiplicación de matrices para calcular términos como $a_0 x^N$. Considere el siguiente polinomio:

$$f(x) = 3x^4 - 0.5x^3 + x - 5.2$$

Si queremos evaluar esta función para una matriz `x`, podemos usar operaciones de matrices como en la siguiente instrucción:

```
f = 3*x^4 - 0.5*x^3 + x - 5.2;
```

También podemos evaluar un polinomio de matrices usando la función `polyvalm`:

`polyvalm(a,x)`   Evalúa un polinomio con coeficientes `a` para los valores de la matriz cuadrada `x`. El resultado es una matriz con el mismo tamaño que `x`.

Así pues, podemos usar los siguientes comandos para evaluar el polinomio de matrices antes mencionado:

```
a = [3,-0.5,0,1,-5.2];
f = polyvalm(a,x);
```

Si el polinomio contiene un término escalar (como –5.2 en este ejemplo), `polyvalm` lo evaluará como una matriz identidad multiplicada por el valor escalar.

¡Practique!

Use MATLAB para definir las siguientes matrices, y luego calcule las matrices especificadas, si existen.

$$A = \begin{bmatrix} 2 & 1 \\ 0 & -1 \\ 3 & 0 \end{bmatrix} \qquad B = \begin{bmatrix} 1 & 3 \\ -1 & 5 \end{bmatrix}$$

$$C = \begin{bmatrix} 3 & 2 \\ -1 & -2 \\ 0 & 2 \end{bmatrix} \qquad D = \begin{bmatrix} 1 & 2 \end{bmatrix}$$

1. DB^2 2. BC^T
3. $(CB)D^T$ 4. AC^T

4.2   Resolución aplicada de problemas: Pesos moleculares de proteínas

Aminoácidos

Un **secuenciador de proteínas** es un equipo avanzado que desempeña un papel clave en la ingeniería genética. El secuenciador puede determinar el orden de los **aminoácidos** que constituyen una molécula de proteína, similar a una cadena. El orden de los aminoácidos ayuda a los ingenieros genéticos a identificar el gen que produjo la proteína. Se usan enzimas para disolver los enlaces con los genes vecinos, separando así el valioso gen del ADN. A continuación, el gen se inserta en otro organismo, como una bacteria, que se multiplicará, multiplicando también el gen ajeno.

Aunque sólo existen 20 aminoácidos distintos en las proteínas, las moléculas de proteína tienen cientos de aminoácidos unidos en un orden específico. En este problema, suponemos que se ha identificado la secuencia de aminoácidos de una molécula de proteína y que deseamos calcular el peso molecular de la molécula de proteína. La tabla 4.1 contiene un listado alfabético de los aminoácidos, su referencia de tres letras, y sus pesos moleculares.

La entrada de este problema es un archivo de datos que contiene el número y tipo de moléculas de aminoácidos en cada molécula de proteína. Suponga que el archivo de datos es generado por la instrumentación del secuenciador de proteínas. Cada línea del archivo de datos corresponde a una proteína, y cada línea contiene 20 enteros que corresponden a los 20 aminoácidos en el orden alfabético que se muestra en la tabla 4.1. Cada entero indica cuántos de ese aminoácido en particular hay en la proteína. Por ejemplo, una línea que contiene los siguientes valores representa la proteína LysGluMetAspSerGlu:

```
0 0 0 1 0 2 0 0 0 0 0 1 1 0 0 1 0 0 0 0
```

El archivo de datos se llama `protein.dat`.

TABLA 4.1 Aminoácidos		
Aminoácido	**Referencia**	**Peso molecular**
1. Alanina	Ala	89
2. Arginina	Arg	175
3. Asparagina	Asn	132
4. Aspártico	Asp	132
5. Cisteína	Cys	121
6. Glutámico	Glu	146
7. Glutamina	Gln	146
8. Glicina	Gly	75
9. Histidina	His	156
10. Isoleucina	Ile	131
11. Leucina	Leu	131
12. Lisina	Lys	147
13. Metionina	Met	149
14. Fenilalanina	Phe	165
15. Prolina	Pro	116
16. Serina	Ser	105
17. Treonina	Thr	119
18. Triptofano	Trp	203
19. Tirosina	Tyr	181
20. Valina	Val	117

1. PLANTEAMIENTO DEL PROBLEMA

Calcular los pesos moleculares de un grupo de moléculas de proteínas.

2. DESCRIPCIÓN DE ENTRADAS/SALIDAS

El siguiente diagrama de E/S indica que la entrada es un archivo que contiene los aminoácidos identificados en un grupo de moléculas de proteínas. La salida del programa es el conjunto correspondiente de pesos moleculares de proteínas.

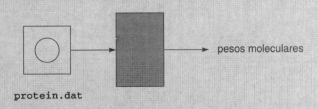

protein.dat   pesos moleculares

3.   EJEMPLO A MANO

Suponga que la molécula de proteína es la siguiente:

LysGluMetAspSerGlu

Los pesos moleculares correspondientes de los aminoácidos son:

147, 146, 149, 132, 105, 146

Por tanto, el peso molecular de las proteínas es de 825. El archivo de datos contendría la siguiente línea para esta proteína:

0 0 0 1 0 2 0 0 0 0 0 1 1 0 0 1 0 0 0 0

El peso molecular de la proteína es la suma del producto del número de aminoácidos y los pesos correspondientes. Esta suma de productos puede considerarse como un producto punto entre el vector de proteína y el vector de pesos. Si calculamos el peso molecular de un grupo de proteínas, podemos hacerlo en forma de producto de matrices, como se muestra en el siguiente ejemplo para dos proteínas:

$$
\begin{bmatrix} 0\,0\,0\,1\,0\,2\,0\,0\,0\,0\,0\,1\,1\,0\,0\,1\,0\,0\,0\,0 \\ 0\,1\,0\,0\,0\,1\,1\,0\,0\,3\,0\,0\,0\,0\,0\,0\,0\,1\,0\,0 \end{bmatrix}
\begin{bmatrix} 89 \\ 175 \\ 132 \\ 132 \\ 121 \\ 146 \\ 146 \\ 75 \\ 156 \\ 131 \\ 131 \\ 147 \\ 149 \\ 165 \\ 116 \\ 105 \\ 119 \\ 203 \\ 181 \\ 117 \end{bmatrix}
=
\begin{bmatrix} 825 \\ 1063 \end{bmatrix}
$$

4.   SOLUCIÓN Matlab

Al reconocer que este problema se puede plantear como una multiplicación de matrices, hemos simplificado la solución Matlab. La información de aminoácidos se lee del archivo de datos y se coloca en la matriz protein, y luego se define un vector de columna mw con los pesos moleculares de los aminoácidos. Así, los pesos moleculares de las proteínas estarán contenidos en el vector calculado como el producto de matrices de `protein` y `mw`.

```
%     Este programa calcula los pesos moleculares de un grupo
%     de moléculas de proteína. Un archivo de datos contiene
%     la ocurrencia y el número de aminoácidos en cada
%     molécula de proteína.
%
load protein.dat;
mw = [89 175 132 132 121 146 146 75 156 131 ....
      131 147 149 165 116 105 119 203 181 117];
%
weights = protein*mw';
%
[rows,cols] = size (protein);
for k=1:rows
    fprintf('proteína %3.0f: peso molecular = %5.0f \n',...
        k, wieghts(k));
end;
```

5.   PRUEBA

Suponga que las proteínas identificadas son las siguientes:

```
GlyIleSerThrTrp
AspHisProGln
ThrTyrSerTrpLysMetHisMet
AlaValLeuValMet
LysGluMetAspSerGluLysGluGlyGlu
```

El archivo de datos correspondiente será entonces:

```
0 0 0 0 0 0 0 1 0 1 0 0 0 0 0 1 1 1 0 0
0 0 0 1 0 0 1 0 1 0 0 0 0 0 1 0 0 0 0 0
0 0 0 0 0 0 0 1 0 0 1 2 0 0 1 1 1 1 0
1 0 0 0 0 0 0 0 0 1 0 1 0 0 0 0 0 2
0 0 0 1 0 4 0 1 0 0 0 2 1 0 0 1 0 0 0 0
```

La salida de este archivo de prueba es la siguiente:

```
proteína 1:    peso molecular =     633
proteína 2:    peso molecular =     550
proteína 3:    peso molecular =    1209
proteína 4:    peso molecular =     603
proteína 5:    peso molecular =    1339
```

El ciclo `for` de este ejemplo podría eliminarse fácilmente si sólo nos interesara exhibir los pesos moleculares y no quisiéramos alternar entre un valor de contador (o índice) y un peso molecular. Por ejemplo, suponga que sustituimos el ciclo `for` por esta instrucción:

```
fprintf('peso molecular = %5.0f \n', weights);
```

Entonces, la salida sería:

```
peso molecular =    633
peso molecular =    550
peso molecular =   1209
peso molecular =    603
peso molecular =   1339
```

En los problemas del final del capítulo se incluyen otros problemas relacionados con esta aplicación.

4.3   Funciones matriciales

Varias funciones de MATLAB tienen que ver con los usos de matrices en el álgebra lineal. En esta sección presentamos funciones relacionadas con el cálculo de la inversa de una matriz y el determinante de una matriz. También presentaremos funciones para calcular los vectores propios y valores propios de una matriz y para descomponer una matriz en un producto de otras matrices.

INVERSO Y RANGO DE UNA MATRIZ

Inversa

Por definición, la **inversa** de una matriz cuadrada A es la matriz A^{-1} para la cual los productos de matrices AA^{-1} y $A^{-1}A$ son iguales a la matriz identidad. Por ejemplo, considere las siguientes dos matrices, A y B:

$$A = \begin{bmatrix} 2 & 1 \\ 4 & 3 \end{bmatrix} \qquad B = \begin{bmatrix} 1.5 & -0.5 \\ -2 & 1 \end{bmatrix}$$

Si calculamos los productos AB y BA, obtenemos las siguientes matrices. (Realice las multiplicaciones de matrices a mano para asegurarse de seguir los pasos.)

$$AB = \begin{bmatrix} 1 & 0 \\ 0 & 1 \end{bmatrix} \qquad BA = \begin{bmatrix} 1 & 0 \\ 0 & 1 \end{bmatrix}$$

Por tanto, A y B son inversos una de la otra, o sea, $A = B^{-1}$ y $B = A^{-1}$.

No existe la inversa de una matriz **mal condicionada** o **singular**. En el capítulo 5 se presenta una interpretación gráfica de una matriz mal condicionada y se relaciona con un sistema de ecuaciones en el que las ecuaciones no son independientes entre sí. El **rango** de una matriz es el número de ecuaciones independientes representadas por las filas de la matriz. Por tanto, si el rango de una matriz es igual al número de filas que tiene, la matriz **no es singular** y existe su inversa.

Rango

El cálculo del rango y de la inversa de una matriz son procesos tediosos; por fortuna, MATLAB contiene funciones que se encargan de esos cálculos:

rank(A)   Calcula el rango de la matriz A. Si el rango es igual al número de filas de A, la matriz no es singular y existe su inversa.

inv(A)   Calcula el inverso de la matriz A, si existe. Si la inversa no existe, se exhibe un mensaje de error.

Considere las siguientes instrucciones que usan la matriz de la explicación anterior:

```
A = [2,1; 4,3];
rank(A)
B = inv(A)
```

El valor calculado para el rango de A es 2, y el valor de B es:

$$B = \begin{bmatrix} 1.5 & -0.5 \\ -2 & 1 \end{bmatrix}$$

Las siguientes instrucciones determinan el rango de una matriz C y luego calculan la inversa de C o bien exhiben un mensaje para indicar que no existe la inversa de esa matriz:

```
[nr,nc] = size(C);
if rank(C) == nr
    fprintf('Inversa de la matriz: \n');
    inv(C)
else
    fprintf('La inversa no existe. \n');
end
```

Estilo

Como se ilustró con este ejemplo, conviene evitar realizar cálculos que generen mensajes de error de MATLAB. *En vez de ello, incluya sus propias verificaciones de errores a fin de poder exhibir mensajes más específicos.*

DETERMINANTES

Determinante

Un **determinante** es un escalar calculado a partir de los elementos de una matriz cuadrada. Los determinantes tienen varias aplicaciones en ingeniería, incluido el cálculo de inversas y la resolución de sistemas de ecuaciones simultáneas. En el caso de una matriz de 2 × 2, el determinante es:

$$|A| = a_{1,1}a_{2,2} - a_{2,1}a_{1,2}$$

Por tanto, el determinante de A, o $|A|$, es igual a 8 para la siguiente matriz:

$$A = \begin{bmatrix} 1 & 3 \\ -1 & 5 \end{bmatrix}$$

Para una matriz A de 3 × 3, el determinante es:

$$|A| = a_{1,1}a_{2,2}a_{3,3} + a_{1,2}\,a_{2,3}a_{3,1} + a_{1,3}a_{2,1}a_{3,2} - a_{3,1}a_{2,2}a_{1,3} - a_{3,2}a_{2,3}a_{1,1} - a_{3,3}a_{2,1}a_{1,2}$$

Si A es la siguiente matriz,

$$A = \begin{bmatrix} 1 & 3 & 0 \\ -1 & 5 & 2 \\ 1 & 2 & 1 \end{bmatrix}$$

entonces $|A|$ es igual a $5 + 6 + 0 - 0 - 4 - (-3) = 10$. Se requiere un proceso más complicado para calcular determinantes de matrices con más de tres filas y columnas. MATLAB calcula el determinante de una matriz usando la función det:

det(A)   Calcula el determinante de una matriz cuadrada A.

Así, el valor de det([1,3,0; -1,5,2; 1,2,1]) es 10.

¡Practique!

Use MATLAB para definir las siguientes matrices. Luego calcule las matrices y determinantes especificados, si existen.

$$A = \begin{bmatrix} 2 & 1 \\ 0 & -1 \\ 3 & 0 \end{bmatrix} \qquad B = \begin{bmatrix} 1 & 3 \\ -1 & 5 \end{bmatrix}$$

$$C = \begin{bmatrix} 3 & 2 \\ -1 & -2 \\ 0 & 2 \end{bmatrix} \qquad D = \begin{bmatrix} 1 & 2 \end{bmatrix}$$

1. $(AC^T)^{-1}$ 2. $|B|$
3. $|AC^T|$ 4. $(C^TA)^{-1}$

VECTORES PROPIOS Y VALORES PROPIOS

Suponga que A es una matriz cuadrada de $n \times n$. Sea X un vector de columna con n filas, y sea λ un escalar. Considere la siguiente ecuación:

$$AX = \lambda X \qquad\qquad (4.1)$$

Ambos miembros de esta ecuación son iguales a un vector de columna con n filas. Si X se llena con ceros, esta ecuación será válida para cualquier valor de λ, pero se trata de una solución trivial. Los valores de λ para los que X es distinto de cero se denominan **valores propios** de la matriz A, y los valores correspondientes de X se denominan **vectores propios** de la matriz A.

Valor propio
Vector propio

La ecuación (4.1) también puede servir para determinar la siguiente ecuación:

$$(A - \lambda I) X = 0 \tag{4.2}$$

donde I es una matriz identidad de $n \times n$. Esta ecuación representa un conjunto de ecuaciones homogéneas, porque el miembro derecho de la ecuación es cero. Un conjunto de ecuaciones homogéneas tiene soluciones no triviales si y sólo si el determinante es igual a cero:

$$| A - \lambda I | = 0 \tag{4.3}$$

La ecuación (4.2) representa la **ecuación característica** de la matriz A. Las soluciones de la ecuación también son los valores propios de la matriz A.

En muchas aplicaciones, es deseable seleccionar vectores propios de modo que $QQ^T = I$, donde Q es la matriz cuyas columnas son vectores propios. Este conjunto de vectores propios representa un conjunto ortonormal, lo que significa que ambos están normalizados y son mutuamente ortogonales. (Un conjunto de vectores es **ortonormal** si el producto punto de un vector consigo mismo es igual a 1 y el producto punto de un vector con otro vector del conjunto es cero.)

A fin de ilustrar estas relaciones entre una matriz y sus valores y vectores propios, considere la siguiente matriz A:

$$A = \begin{bmatrix} 0.50 & 0.25 \\ 0.25 & 0.50 \end{bmatrix}$$

Los valores propios pueden calcularse usando la ecuación característica:

$$| A - \lambda I | = \begin{vmatrix} 0.50 - \lambda & 0.25 \\ 0.25 & 0.50 - \lambda \end{vmatrix}$$

$$= \lambda^2 - \lambda + 0.1875$$

$$= 0$$

Esta ecuación puede resolverse con facilidad usando la ecuación cuadrática, y da como resultado $\lambda_0 = 0.25$ y $\lambda_1 = 0.75$ (si una matriz tiene más de dos filas y dos columnas, determinar los valores propios a mano puede ser una tarea agotadora). Los vectores propios se pueden determinar usando los valores propios y la ecuación (4.2), como se muestra aquí para el valor propio 0.25:

$$\begin{bmatrix} 0.50 & -0.25 & 0.25 \\ 0.25 & 0.50 & -0.25 \end{bmatrix} \begin{bmatrix} x_1 \\ x_2 \end{bmatrix} = \begin{bmatrix} 0 \\ 0 \end{bmatrix}$$

o sea,

$$\begin{bmatrix} 0.25 & 0.25 \\ 0.25 & 0.25 \end{bmatrix} \begin{bmatrix} x_1 \\ x_2 \end{bmatrix} = \begin{bmatrix} 0 \\ 0 \end{bmatrix}$$

Pero este par de ecuaciones produce la siguiente ecuación:

$$x_1 = - x_2$$

Por tanto, hay un número infinito de vectores propios asociados al valor propio 0.25. A continuación mostramos algunos de esos vectores propios:

$$\begin{bmatrix} 1 \\ -1 \end{bmatrix} \quad \begin{bmatrix} 5 \\ -5 \end{bmatrix} \quad \begin{bmatrix} 0.2 \\ -0.2 \end{bmatrix}$$

De forma similar, puede demostrarse que los vectores propios asociados al valor propio 0.75 tienen la siguiente relación:

$$x_1 = x_2$$

Una vez más, hay un número infinito de vectores propios asociados a este valor propio, como

$$\begin{bmatrix} 1.5 \\ 1.5 \end{bmatrix} \quad \begin{bmatrix} -5 \\ -5 \end{bmatrix} \quad \begin{bmatrix} -0.2 \\ -0.2 \end{bmatrix}$$

Para determinar el conjunto ortonormal de vectores propios para el sencillo ejemplo que hemos estado usando, recuerde que queremos seleccionar los vectores propios de modo que $QQ^T = I$. Por tanto, considere lo siguiente:

$$QQ^T = \begin{bmatrix} c_1 & c_2 \\ -c_1 & c_2 \end{bmatrix} \begin{bmatrix} c_1 & -c_1 \\ c_2 & c_2 \end{bmatrix}$$

$$= \begin{bmatrix} c_1^2 + c_2^2 & -c_1^2 + c_2^2 \\ -c_1^2 + c_2^2 & c_1^2 + c_2^2 \end{bmatrix}$$

$$= \begin{bmatrix} 1 & 0 \\ 0 & 1 \end{bmatrix}$$

La resolución de este conjunto de ecuaciones da:

$$c_1^2 = c_2^2 = 0.5$$

Así, c_1 puede ser $1/(\sqrt{2})$ o bien $-1/(\sqrt{2})$; de forma similar, c_2 puede ser $1/(\sqrt{2})$ o bien $1/(\sqrt{2})$. Por tanto, hay muchas variaciones de los mismos valores que pueden servir para determinar el conjunto de vectores propios ortonormales. Escogeremos los siguientes:

$$Q = \begin{bmatrix} \dfrac{1}{\sqrt{2}} & \dfrac{1}{\sqrt{2}} \\ -\dfrac{1}{\sqrt{2}} & \dfrac{1}{\sqrt{2}} \end{bmatrix}$$

Los cálculos para obtener los vectores propios y el conjunto correspondiente de vectores propios ortonormales ha sido relativamente sencillo para la matriz A que tiene dos filas y dos columnas; sin embargo, debe ser obvio que los cálculos se complican considerablemente al aumentar el tamaño de la matriz A. Por tanto, es muy cómodo poder utilizar MATLAB para determinar tanto los vectores propios como los valores propios para una matriz A:

`eig(A)`	Calcula un vector de columna que contiene los valores propios de A.
`[Q,d] = eig(A)`	Calcula una matriz cuadrada Q que contiene los vectores propios de A como columnas, y una matriz cuadrada d que contiene los valores propios (λ) de A en la diagonal. Los valores de Q y d son tales que Q*Q' es la matriz identidad y A*x es igual a λ multiplicado por x.

Podemos ilustrar la función `eig` con el ejemplo desarrollado en esta sección; para ello usamos las siguientes instrucciones:

```
A = [0.50, 0.25; 0.25, 0.50];
[Q,d] = eig(A);
```

Los valores de Q y d son los siguientes:

$$Q = \begin{bmatrix} 0.7071 & 0.7071 \\ -0.7071 & 0.7071 \end{bmatrix}$$

$$d = \begin{bmatrix} 0.25 & 0.0 \\ 0.0 & 0.75 \end{bmatrix}$$

Estos valores concuerdan con los que calculamos a mano para este ejemplo, pero recuerde que la solución no es única; por tanto, los cálculos manuales podrían producir una solución distinta a la de la función de MATLAB. Si usamos multiplicación de matrices podremos comprobar fácilmente que Q*Q' es la matriz identidad y que A*x es igual a λ por x.

¡Practique!

Sea A la siguiente matriz:

$$\begin{bmatrix} 4 & 3 & 0 \\ 3 & 6 & 2 \\ 0 & 2 & 4 \end{bmatrix}$$

Use MATLAB para contestar las siguientes preguntas:

1. Determine λ_1, λ_2, λ_3, los tres valores propios de A.
2. Determine un conjunto de vectores propios ortonormales, X_1, X_2, X_3 tales que X_1 esté asociado a λ_1, etc.
3. Calcule $|A - \lambda I|$ y verifique que sea igual a cero para cada uno de los valores propios.
4. Demuestre que AQ = Qd, donde Q es la matriz que contiene los vectores propios como columnas y d es la matriz que contiene los valores propios correspondientes en la diagonal principal y ceros en todas las demás posiciones.

DESCOMPOSICIONES

En esta sección presentamos tres **descomposiciones** o **factorizaciones** de matrices que pueden ser útiles para resolver problemas que incluyen matrices. Todas estas técnicas descomponen una matriz A en un producto de otras matrices. El empleo del producto factorizado reduce el número de operaciones necesarias para muchos tipos de cálculos con matrices; por tanto, muchas técnicas numéricas que usan matrices convierten las matrices en formas descompuestas o factorizadas.

Factorización triangular. La factorización triangular expresa una matriz cuadrada como el producto de dos matrices triangulares: una matriz triangular inferior (o matriz triangular inferior permutada) y una matriz triangular superior. Esta factorización también se conoce como **factorización LU** (por *lower-upper*, inferior-superior). La factorización LU no es única.

Es común utilizar la factorización triangular para simplificar los cálculos en los que intervienen matrices; es uno de los pasos que suelen usarse para obtener el determinante de una matriz grande, calcular la inversa de una matriz y resolver ecuaciones lineales simultáneas.

La factorización puede efectuarse comenzando con el producto IA, donde I tiene el mismo tamaño que A. Se realizan operaciones de fila y columna sobre A con objeto de reducirla a una forma triangular superior; las mismas operaciones se realizan con la matriz identidad. En el proceso de realizar las operaciones de fila, puede resultar necesario intercambiar filas a fin de producir la forma triangular superior deseada. Estos mismos intercambios de filas se realizan con la matriz identidad, con el resultado de que la matriz identidad se transforma en una matriz triangular inferior permutada en lugar de una matriz triangular inferior estricta. Como ilustración, sean A y B las siguientes matrices:

$$A = \begin{bmatrix} 1 & 2 & -1 \\ -2 & -5 & 3 \\ -1 & -3 & 0 \end{bmatrix} \quad B = \begin{bmatrix} 1 & 3 & 2 \\ -2 & -6 & 1 \\ 2 & 5 & 7 \end{bmatrix}$$

Usando el proceso antes descrito, podemos demostrar que A y B se pueden factorizar para dar las siguientes formas LU:

$$A = \begin{bmatrix} 1 & 0 & 0 \\ -2 & 1 & 0 \\ -1 & 1 & 1 \end{bmatrix} \begin{bmatrix} 1 & 2 & -1 \\ 0 & -1 & 1 \\ 0 & 0 & -2 \end{bmatrix}$$

$$B = \begin{bmatrix} 1 & 0 & 0 \\ -2 & 0 & 1 \\ 2 & 1 & 0 \end{bmatrix} \begin{bmatrix} 1 & 3 & 2 \\ 0 & -1 & 3 \\ 0 & 0 & 5 \end{bmatrix}$$

Observe que la factorización de B produce una forma triangular inferior permutada; si se intercambian las filas 2 y 3, la forma triangular inferior permutada se convertirá en una forma triangular inferior estricta.

La función `lu` de MATLAB calcula la factorización Lu:

`[L,U] = lu(A)`   Calcula un factor triangular inferior permutado en `L` y un factor triangular superior en `U` tales que el producto de `L` y `U` es igual a `A`.

Para calcular la factorización LU de las dos matrices empleadas en el ejemplo anterior, usamos las siguientes instrucciones:

```
A = [1,2,-1; -2,-5,3; -1,-3,0];
[LA,UA] = lu(A);
B = [1,3,2; -2,-6,1; 2,5,7];
[LB, UB] = lu(B);
```

La factorización LU produce las siguientes matrices:

$$
\text{LA} = \begin{bmatrix} -0.5 & 1 & 0 \\ 1 & 0 & 0 \\ 0.5 & 1 & 1 \end{bmatrix} \quad \text{UA} = \begin{bmatrix} -2 & -5 & 3 \\ 0 & -0.5 & 0.5 \\ 0 & 0 & -2 \end{bmatrix}
$$

$$
\text{LB} = \begin{bmatrix} -0.5 & 0 & 1 \\ 1 & 0 & 0 \\ -1 & 1 & 0 \end{bmatrix} \quad \text{UB} = \begin{bmatrix} -2 & -6 & 1 \\ 0 & -1 & 8 \\ 0 & 0 & 2.5 \end{bmatrix}
$$

Es fácil verificar que `A` es igual a `LA*UA` y que `B` es igual a `LB*UB`. También resulta interesante observar que ninguna de estas factorizaciones coincide con la que generamos a mano antes en esta sección; esto no debe preocuparnos, pues ya señalamos que la factorización LU no es única. Además, observe que ambas factorizaciones incluyen un factor triangular inferior permutado.

Factorización QR. La técnica de factorización QR factoriza una matriz A para dar el producto de una matriz ortonormal y una matriz triangular superior. (Recuerde que una matriz Q es ortonormal si $QQ^T = I$.) No es necesario que la matriz A sea una matriz cuadrada para realizar una factorización QR.

La factorización QR puede determinarse ejecutando el proceso **Gram-Schmidt** con los vectores de columna de A para obtener una base ortonormal. La solución de mínimos cuadrados de un sistema sobredeterminado AX = B es la solución del sistema cuadrado RX $=Q^TB$.

La función `qr` sirve para realizar la factorización QR en MATLAB:

`[Q,R] = qr(A)`   Calcula los valores de `Q` y `R` tales que `A = QR`. `Q` será una matriz ortonormal, y `R` será una matriz triangular superior.

Para una matriz `A` de tamaño $m \times n$, el tamaño de `Q` es $m \times m$, y el tamaño de `R` es $m \times n$.

Descomposición de valor singular. La descomposición de valor singular (SVD) es otra factorización de matriz ortogonal. La SVD es la descomposición más confiable, pero puede requerir hasta 10 veces más operaciones aritméticas que la factorización QR. La SVD descompone una matriz A (de tamaño $m \times n$) para dar un producto de tres factores de matrices,

A = USV

donde U y V son las matrices ortogonales y S es la matriz diagonal. El tamaño de U es $m \times m$, el tamaño de V es $n \times n$, y el tamaño de S es $m \times n$. Los valores de la matriz diagonal S se denominan valores singulares y son los que dan su nombre a la técnica de descomposición. El número de valores singulares distintos de cero es igual al rango de la matriz.

La factorización SVD puede obtenerse usando la función `svd`:

`[U,S,V] = svd(A)`   Calcula la factorización de `A` para dar el producto de tres matrices, `USV`, donde `U` y `V` son matrices ortogonales y `S` es la matriz diagonal.

`svd(A)`   Devuelve los elementos diagonales de `S`, que son los valores singulares de `A`.

Uno de los principales usos de la factorización SVD es la resolución de problemas de mínimos cuadrados. Esta aplicación también puede extenderse al empleo de SVD para compresión de datos.

RESUMEN DEL CAPÍTULO

En este capítulo definimos la transpuesta, la inversa, el rango y el determinante de una matriz. También definimos el cálculo del producto punto (entre dos vectores) y el producto de matrices (entre dos matrices). Además, presentamos funciones MATLAB para calcular los valores propios y vectores propios de una matriz, y para calcular varias factorizaciones diferentes de una matriz.

TÉRMINOS CLAVE

determinante   rango
inversa   transpuesta
producto punto

RESUMEN DE MATLAB

En este resumen de MATLAB se listan todos los símbolos especiales, comandos y funciones que se definieron en el capítulo. También se incluye una breve descripción de cada uno.

CARACTERES ESPECIALES

'	Indica la transpuesta de una matriz
*	Indica multiplicación de matrices

COMANDOS Y FUNCIONES

`det`	Calcula el determinante de una matriz
`dot`	Calcula el producto punto de dos vectores
`eig`	Calcula los valores y vectores propios de una matriz
`inv`	Calcula la inversa de una matriz
`lu`	Calcula la factorización LU de una matriz
`qr`	Calcula la factorización QR de una matriz
`rank`	Calcula el rango de una matriz
`svd`	Calcula la factorización SVD de una matriz

NOTAS DE *Estilo*

1. Incluya sus propias verificaciones de errores con objeto de poder exhibir mensajes específicos.

NOTAS DE DEPURACIÓN

1. Use la función `size` para determinar si el producto de dos matrices existe y así evitar errores.

Aminoácidos. Los aminoácidos de las proteínas contienen moléculas de oxígeno (O), carbono (C), nitrógeno (N), azufre (S) e hidrógeno (H), como se muestra en la tabla 4.2. Los pesos moleculares del oxígeno, carbono, nitrógeno, azufre e hidrógeno son:

Oxígeno   15.9994
Carbono   12.011
Nitrógeno   14.00674
Azufre   32.066
Hidrógeno   1.00794

TABLA 4.2 Moléculas de aminoácidos

Aminoácido	O	C	N	S	H
Alanina	2	3	1	0	7
Arginina	2	6	4	0	15
Asparagina	3	4	2	0	8
Aspártico	4	4	1	0	6
Cisteína	2	3	1	1	7
Glutámico	4	5	1	0	8
Glutamina	3	5	2	0	10
Glicina	2	2	1	0	5
Histidina	2	6	3	0	10
Isoleucina	2	6	1	0	13
Leucina	2	6	1	0	13
Lisina	2	6	2	0	15
Metionina	2	5	1	1	11
Fenilalanina	2	9	1	0	11
Prolina	2	5	1	0	10
Serina	3	3	1	0	7
Treonina	3	4	1	0	9
Triptofano	2	11	2	0	11
Tirosina	3	9	1	0	11
Valina	2	5	1	0	11

1. Escriba un programa en el que el usuario introduzca el número de átomos de oxígeno, carbono, nitrógeno, azufre e hidrógeno de un aminoácido. Calcule e imprima el peso molecular correspondiente. Use un producto punto para calcular el peso molecular.
2. Escriba un programa que calcule el peso molecular de cada aminoácido de la tabla 4.2, suponiendo que la información numérica de dicha tabla está contenida en un archivo de datos llamado `elements.dat`. Genere un nuevo archivo de datos llamado `weights.dat` que contenga los pesos moleculares de los aminoácidos. Use multiplicación de matrices para calcular los pesos moleculares.

3. Modifique el programa creado en el problema 2 de modo que también calcule y exhiba el peso molecular promedio de los aminoácidos.

4. Modifique el programa creado en el problema 2 de modo que también calcule y exhiba los pesos moleculares máximo y mínimo.

Determinantes. Los siguientes problemas definen los cofactores y menores de una matriz cuadrada y luego los usan para evaluar un determinante. El valor calculado se compara entonces con el determinante calculado con la función MATLAB `det`.

5. El menor de un elemento $a_{i,j}$ de una matriz A es el determinante de la matriz obtenido eliminando la fila y la columna a las que pertenece el elemento dado $a_{i,j}$. Así pues, si la matriz original tiene cuatro filas y cuatro columnas, el menor es el determinante de una matriz de tres filas y tres columnas. Escriba una función llamada `minor` para calcular los menores de una matriz cuadrada con cuatro filas y cuatro columnas. Los argumentos de entrada deben ser la matriz A y los valores de i y de j.

6. Un cofactor $A_{i,j}$ de una matriz A es el producto del menor de $a_{i,j}$ y el factor $(-1)^{i+j}$. Escriba una función llamada `cofactor` para calcular un cofactor de una matriz cuadrada con cuatro filas y cuatro columnas. Los argumentos deben ser la matriz A y los valores de i y de j. Tal vez usted quiera hacer referencia a la función que se pide en el problema 5.

7. El determinante de una matriz cuadrada A se puede calcular de la siguiente forma:

    (a) Seleccione cualquier columna.
    (b) Multiplique cada elemento de la columna por su cofactor.
    (c) Sume los productos obtenidos en el paso (b).

    Escriba una función llamada `determinant_r` para calcular el determinante de una matriz cuadrada con cuatro filas y cuatro columnas usando esta técnica. Tal vez quiera hacer referencia a la función que se pide en el problema 6. Compare el valor calculado con el valor que se obtiene usando la función `det`.

8. El determinante de una matriz cuadrada A se puede calcular de la siguiente forma:

    (a) Seleccione cualquier fila.
    (b) Multiplique cada elemento de la fila por su cofactor.
    (c) Sume los productos obtenidos en el paso (b).

    Escriba una función llamada `determinant_c` para calcular el determinante de una matriz cuadrada con cuatro filas y cuatro columnas usando esta técnica. Tal vez quiera hacer referencia a la función que se pide en el problema 6. Compare el valor calculado con el valor que se obtiene usando la función `det`.

Factorizaciones. Los siguientes problemas se refieren a las factorizaciones y descomposiciones de matrices que vimos en este capítulo.

9. Escriba una función llamada `d_matrix` que reciba una matriz. Si ésta es diagonal, la función deberá devolver el valor 1; de lo contrario, la función deberá devolver el valor 0.

10.   Escriba una función llamada `ut_matrix` que reciba una matriz. Si la matriz es triangular superior, la función deberá devolver el valor 1; de lo contrario, la función deberá devolver el valor 0.

11.   Escriba una función llamada `lt_matrix` que reciba una matriz. Si ésta es triangular inferior, la función deberá devolver el valor 1; de lo contrario, la función deberá devolver el valor 0. (Trate de imaginar cómo podría usar la función del problema 10 para crear esta función.)

12.   Escriba una función llamada `p_ut_matrix` que reciba una matriz. Si ésta es triangular superior permutada, la función deberá devolver el valor 1; de lo contrario, la función deberá devolver el valor 0. Tal vez quiera hacer referencia a la función del problema 10 en su solución.

13.   Escriba una función llamada `p_lt_matrix` que reciba una matriz. Si la matriz es triangular inferior permutada, la función deberá devolver el valor 1; de lo contrario, la función deberá devolver el valor 0. Tal vez quiera hacer referencia a la función del problema 11 en su solución.

14.   Escriba una función llamada `attributes` que reciba una matriz. La función deberá exhibir cualquiera de los siguientes términos que apliquen a la matriz: diagonal, triangular superior, triangular inferior, triangular superior permutada, triangular inferior permutada. Use las funciones creadas en los problemas 9 a 13.

15.   Escriba una función llamada `disparity` que reciba una matriz. La función deberá devolver la diferencia entre el valor propio más grande y el más pequeño de la matriz.

PARTE II

Técnicas numéricas

Los capítulos de la Parte II contienen operadores y funciones de MATLAB para aplicar las técnicas numéricas de uso más común. El capítulo 5 presenta una explicación gráfica de la solución de un conjunto de ecuaciones, y luego presenta dos técnicas en MATLAB para resolver un sistema de ecuaciones lineales. En el capítulo 6 se trata la interpolación de valores entre puntos usando interpolación lineal e interpolación de *spline* cúbica. Luego se usa regresión polinómica para encontrar el polinomio de "mejor ajuste" para modelar un conjunto de datos. En el capítulo 7 repasaremos las definiciones de integrales y derivadas, y luego desarrollaremos técnicas para estimar una integral como el área bajo una curva usando las reglas trapezoidal y de Simpson. Las derivadas se estiman usando aproximaciones de pendiente con una diferencia hacia atrás, hacia adelante o central. Por último, resolveremos ecuaciones diferenciales ordinarias (EDO) usando técnicas de Runge-Kutta en el capítulo 8.

Cortesía de General Motors Media Archives.

GRAN DESAFÍO:
Funcionamiento de vehículos

El automóvil de esta fotografía es el nuevo vehículo eléctrico EV1 de General Motors, que será distribuido y comercializado por la Saturn Corporation. Se trata de un vehículo con cero emisiones que acelera de 0 a 60 millas por hora en ocho segundos y tiene un alcance práctico de 80 millas por carga. (En Estados Unidos, un coche se conduce en promedio 30 millas al día.) El tiempo de recarga es de aproximadamente tres horas en un circuito de 220 volts. El vehículo normalmente se recargaría durante la noche a fin de distribuir la demanda de electricidad y reducir la carga sobre las plantas generadoras. El paquete de baterías consiste en 26 módulos plomo-ácido de 12 volts regulados por válvulas. Se espera que las investigaciones durante las próximas décadas ayuden a conferir a los vehículos eléctricos un rendimiento y costos de operación capaces de competir con los automóviles de gasolina actuales.

Soluciones de sistemas de ecuaciones lineales

5.1 Interpretación gráfica

5.2 Soluciones empleando operaciones de matrices

5.3 *Resolución aplicada de problemas: Análisis de circuitos eléctricos*

Resumen del capítulo, Términos clave, Resumen de MATLAB,
Notas de estilo, Notas de depuración, Problemas

OBJETIVOS

Comenzamos este capítulo con una descripción gráfica de la solución a un conjunto de ecuaciones simultáneas. Usamos figuras para ilustrar las diferentes situaciones que pueden ocurrir al resolver conjuntos de ecuaciones con dos y tres variables. Explicamos las soluciones a conjuntos de ecuaciones con más de tres variables en términos de hiperplanos. A continuación presentamos dos técnicas diferentes para resolver un sistema de ecuaciones simultáneas usando operaciones de matrices. Por último, presentamos un ejemplo del análisis de circuitos eléctricos que usa un conjunto de ecuaciones simultáneas para determinar las corrientes de malla en un circuito.

5.1   Interpretación gráfica

Ecuaciones
simultáneas

La necesidad de resolver un sistema de **ecuaciones simultáneas** es algo común en los problemas de ingeniería. Existen varios métodos para resolver un sistema de ecuaciones, pero todos implican operaciones tediosas que van acompañadas de diversas ocasiones para cometer errores. Por tanto, la resolución de un sistema de ecuaciones es una operación que nos gustaría poder dejar a la computadora. No obstante, debemos entender el proceso a fin de evaluar e interpretar correctamente los resultados de la computadora. Para entender el proceso, comenzaremos con una interpretación gráfica de la solución de un conjunto de ecuaciones.

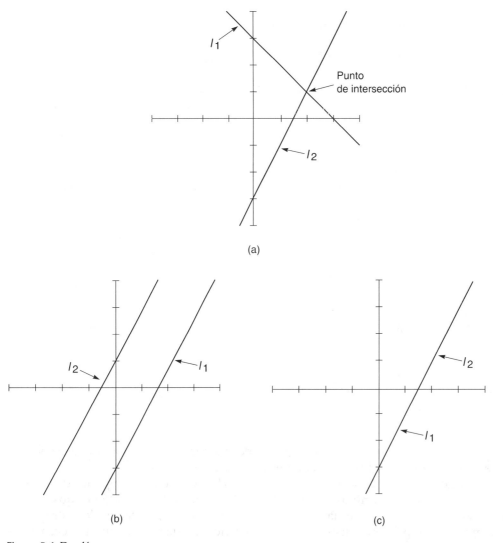

Figura 5.1 *Dos líneas.*

Una ecuación lineal con dos variables, como $2x - y = 3$, define una línea recta y con frecuencia se escribe en la forma $y = mx + b$, donde m representa la pendiente de la línea y b representa la ordenada al origen. Así, $2x - y = 3$ también puede escribirse como $y = 2x - 3$. Si tenemos dos ecuaciones lineales, pueden representar dos líneas diferentes que se cruzan en un solo punto, o representar dos líneas paralelas que nunca se cruzan, o pueden representar la misma línea; estas posibilidades se muestran en la figura 5.1. Las ecuaciones que representan dos líneas que se cruzan se pueden identificar fácilmente porque tienen pendiente distinta, como en $y = 2x - 3$ y $y = -x + 3$. Las ecuaciones que representan dos líneas paralelas tienen la misma pendiente pero diferente ordenada al origen, como en $y = 2x - 3$ y $y = 2x + 1$. Las ecuaciones que representan la misma línea tienen la misma pendiente y ordenada al origen, como en $y = 2x - 3$ y $3y = 6x - 9$.

Si una ecuación lineal contiene tres variables, x, y y z, representa un plano en un espacio tridimensional. Si tenemos dos ecuaciones con tres variables, pueden representar dos planos que se cruzan en una línea recta, dos planos paralelos o el mismo plano. Estas posibilidades se muestran en la figura 5.2. Si tenemos tres ecuaciones con tres variables, los tres planos se pueden cruzar en un solo punto, pueden cruzarse en una línea, pueden no tener un punto de intersección común o pueden representar el mismo plano. En la figura 5.3 se muestran ejemplos de las posibilidades que hay si las tres ecuaciones definen tres planos distintos.

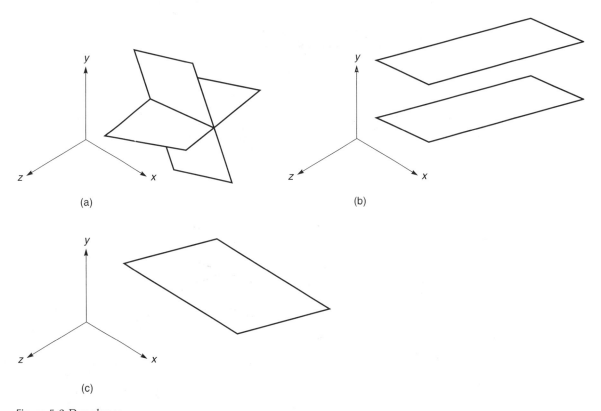

(a)

(b)

(c)

Figura 5.2 *Dos planos.*

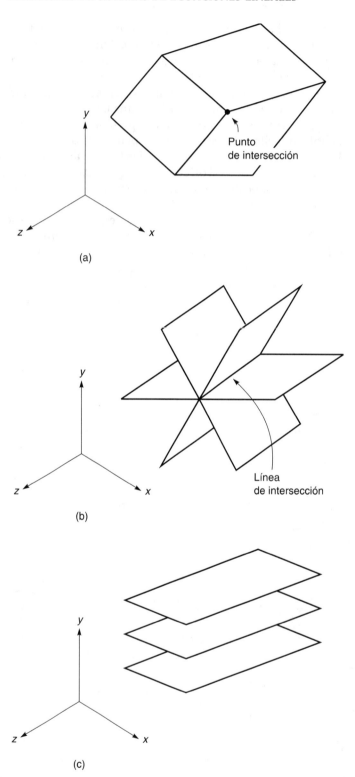

(a)

(b)

(c)

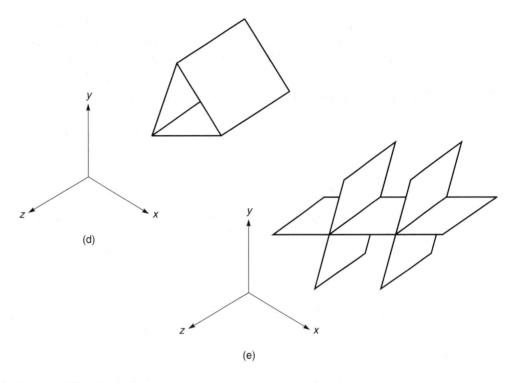

Figura 5.3 *Tres planos distintos.*

Hiperplano

Estas ideas pueden extenderse a más de tres variables, aunque es más difícil visualizar las situaciones correspondientes. Llamamos **hiperplano** al conjunto de puntos definido por una ecuación con más de tres variables. En general, podemos considerar un conjunto de M ecuaciones lineales que contienen N incógnitas, donde cada ecuación define un hiperplano único que no es idéntico a ningún otro hiperplano del sistema. Si $M < N$, el sistema está **subespecificado**, y no existe una solución única*. Si $M = N$, existirá una solución única si ningún par de ecuaciones representa hiperplanos paralelos. Si $M > N$, el sistema está **sobreespecificado**, y no existe una solución única**. El conjunto de ecuaciones también se denomina **sistema de ecuaciones**. Un sistema de ecuaciones que tiene una solución única es **no singular**, y uno que no tiene solución única recibe el nombre de sistema **singular**‡.

---

* Esto significa que si $M < N$ y el sistema tiene solución, entonces tendrá una infinidad de soluciones. Sin embargo, puede suceder que el sistema no tenga solución aunque haya más incóginitas que ecuaciones.

** Para el sistema:
$$x + y = 2$$
$$2x - y = 1$$
$$x + 2y = 3,$$
$M = 3 > N = 2$, de modo que la única solución es $x = 1$, $y = 1$. De hecho, en el caso en que $M > N$, el sistema puede no tener solución, tener solución única o una infinidad de soluciones.

‡ Por lo general, los términos *no singular* y *singular* sólo se usan cuando $M = N$.

En muchos problemas de ingeniería nos interesa determinar si existe una solución a un sistema de ecuaciones. Si existe, desearemos determinarla. En la siguiente sección veremos dos métodos para resolver un sistema de ecuaciones usando MATLAB.

5.2   Soluciones empleando operaciones de matrices

Considere el siguiente sistema de tres ecuaciones con tres incógnitas:

$$
\begin{array}{rrrcr}
3x & +2y & -z & = & 10 \\
-x & +3y & +2z & = & 5 \\
x & -y & -z & = & -1
\end{array}
$$

Podemos reescribir este sistema de ecuaciones usando las siguientes matrices:

$$
A = \begin{bmatrix} 3 & 2 & -1 \\ -1 & 3 & 2 \\ 1 & -1 & -1 \end{bmatrix} \qquad X = \begin{bmatrix} x \\ y \\ z \end{bmatrix} \qquad B = \begin{bmatrix} 10 \\ 5 \\ -1 \end{bmatrix}
$$

Si usamos multiplicación de matrices (repase la sección 4.1 si es necesario), el sistema de ecuaciones puede escribirse de esta forma:

$$AX = B$$

Realice la multiplicación para convencerse de que esta ecuación de matrices produce el conjunto de ecuaciones original.

Si usamos una letra distinta para cada variable, la notación se vuelve torpe cuando el número de variables es mayor que tres. Por tanto, modificamos nuestra notación de modo que las variables se designen con x_1, x_2, x_3, etc. Si reescribimos el conjunto inicial de ecuaciones usando esta notación, tenemos:

$$
\begin{array}{rrrcr}
3x_1 & +2x_2 & -x_3 & = & 10 \\
-x_1 & +3x_2 & +2x_3 & = & 5 \\
x_1 & -x_2 & -x_3 & = & -1
\end{array}
$$

Este conjunto de ecuaciones se representa entonces con la ecuación de matrices $AX = B$, donde X es el vector de columna $[x_1, x_2, x_3]^\mathrm{T}$.

Se usa generalmente la ecuación de matrices $AX = B$ para expresar un sistema de ecuaciones; sin embargo, también podemos expresarlo usando vectores de fila para B y X. Por ejemplo, considere el conjunto de ecuaciones que empleamos en la explicación anterior. Podemos escribir el conjunto de ecuaciones como $XA = B$ si X, A y B se definen como sigue:

$$
X = \begin{bmatrix} x_1 & x_2 & x_3 \end{bmatrix} \qquad A = \begin{bmatrix} 3 & -1 & 1 \\ 2 & 3 & -1 \\ -1 & 2 & -1 \end{bmatrix} \qquad B = \begin{bmatrix} 10 & 5 & -1 \end{bmatrix}
$$

Una vez más, haga la multiplicación para convencerse de que la ecuación de matrices genera el conjunto original de ecuaciones. (Observe que la matriz A en esta ecuación es la transpuesta de la matriz A de la ecuación de matrices original.)

Estilo

A fin de mantener una notación consistente, use matrices llamadas A y B para representar los coeficientes del conjunto de ecuaciones. Luego, en un comentario, no olvide indicar si el sistema se describe con AX = B o con XA = B.

Un sistema de ecuaciones es no singular* si la matriz A que contienen los coeficientes de las ecuaciones es no singular. Recuerde que en la sección 4.3 dijimos que el **rango** de una matriz puede servir para determinar si es no singular. Por tanto, a fin de evitar errores, evalúe el rango de A (usando la función `rank`) para asegurarse de que el sistema sea no singular antes de tratar de calcular su solución. Ahora presentaremos dos métodos para resolver un sistema no singular.

DIVISIÓN DE MATRICES

En MATLAB, podemos resolver un sistema** de ecuaciones simultáneas usando **división de matrices**. La solución de la ecuación de matrices AX = B puede calcularse usando división izquierda de matrices, como en `A\B`; la solución de la ecuación de matrices XA = B puede calcularse usando división derecha de matrices, como en `B/A`. (MATLAB usa una técnica numérica de **eliminación gaussiana** para realizar la división de matrices tanto izquierda como derecha.)

Como ilustración, podemos definir y resolver el sistema de ecuaciones del ejemplo anterior usando la ecuación de matrices AX = B como se muestra en estas instrucciones:

```
A = [3,2,-1;-1,3,2;1,-1,-1];
B = [10,5,-1]';
X = A\B;
```

El vector `x` contiene ahora los siguientes valores: −2, 5, −6. Para confirmar que los valores de `x` sí resuelven las ecuaciones, podemos multiplicar `A` por `x` usando la expresión `A*x`. El resultado es un vector de columna que contiene los valores 10, 5, −1.

También podemos definir y resolver el mismo sistema de ecuaciones usando la ecuación de matrices XA = B como se muestra en las siguientes instrucciones:

```
A = [3,-1,1; 2,3,-1; -1,2,-1];
B = [10,5,-1];
X = B/A;
```

El vector `x` contiene ahora los siguientes valores: −2, 5, −6. Para confirmar que los valores de `x` sí resuelven las ecuaciones, podemos multiplicar `x` por `A` usando la expresión `x*A`. El resultado es un vector de columna que contiene los valores 10, 5, −1.

Si un conjunto de ecuaciones es singular, se exhibe un mensaje de error; el vector de solución puede contener valores de `NaN` o $+\infty$ o $-\infty$, dependiendo de los valores de las matrices `A` y `B`. Un conjunto de ecuaciones también puede definir un sistema que contiene algunas ecuaciones que describen hiperplanos muy cercanos al mismo hiperplano o que casi son hiperplanos paralelos. Estos sistemas se denominan **sistemas mal condicionados**. MATLAB calcula una solución, pero exhibe un mensaje de advertencia para indicar que los resultados podrían ser inexactos.

---

* Aquí debe suponerse que el sistema es cuadrado (*M=N*) y que, por tanto, *A* es cuadrada.
** Nuevamente, aquí el sistema debe ser cuadrado para poder aplicar esta técnica.

INVERSIÓN DE MATRICES

También podemos resolver un sistema de ecuaciones usando la inversa de la matriz A, siempre que exista dicha inversa. Por ejemplo, supongamos que A, X y B son las matrices que definimos antes:

$$A = \begin{bmatrix} 3 & 2 & -1 \\ -1 & 3 & 2 \\ 1 & -1 & -1 \end{bmatrix} \quad X = \begin{bmatrix} x_1 \\ x_2 \\ x_3 \end{bmatrix} \quad B = \begin{bmatrix} 10 \\ 5 \\ -1 \end{bmatrix}$$

Entonces, $AX = B$. Suponga que premultiplicamos ambos miembros de esta ecuación de matrices por A^{-1}, así:

$$A^{-1}AX = A^{-1}B$$

Dado que $A^{-1}A$ es igual a la matriz identidad I, tenemos:

$$IX = A^{-1}B$$

o sea

$$X = A^{-1}B$$

En MATLAB, podemos calcular esta solución usando el siguiente comando:

```
x = inv(A)*B
```

Esta solución se calcula usando una técnica diferente de la resolución que emplea división izquierda de matrices, pero ambas soluciones serán idénticas si el sistema no está mal condicionado.

Este mismo sistema de ecuaciones puede resolverse también usando la inversa de una matriz si el sistema se expresa en la forma $XA = B$, donde:

$$X = [x_1 \quad x_2 \quad x_3] \quad A = \begin{bmatrix} 3 & -1 & 1 \\ 2 & 3 & -1 \\ -1 & 2 & -1 \end{bmatrix} \quad B = [10 \quad 5 \quad -1]$$

Si postmultiplicamos ambos miembros de la ecuación de matrices por A^{-1}, tenemos

$$XAA^{-1} = BA^{-1}$$

Puesto que AA^{-1} es igual a la matriz identidad I, tenemos:

$$XI = BA^{-1}$$

o sea,

$$X = BA^{-1}$$

En MATLAB, podemos calcular esta solución con el siguiente comando:

```
x = B*inv(A)
```

Tenga presente que B debe definirse como vector fila para poder usar esta forma de resolución.*

---

* Existen otras instrucciones, numérica y computacionalmente muy eficaces, para resolver no sólo sistemas cuadrados, sino sistemas $M \propto N$; consulte, por ejemplo, el comando `help rref`.

¡Practique!

Resuelva los siguientes sistemas de ecuaciones usando división de matrices y matrices inversas. Use MATLAB para verificar las soluciones mediante multiplicación de matrices. Para cada sistema que contenga ecuaciones con dos variables, grafique las ecuaciones en los mismos ejes para mostrar la intersección o bien para mostrar que el sistema es singular y no tiene una solución única.

1. $\begin{aligned} -2x_1 + x_2 &= -3 \\ x_1 + x_2 &= 3 \end{aligned}$

2. $\begin{aligned} -2x_1 + x_2 &= -3 \\ -2x_1 + x_2 &= 1 \end{aligned}$

3. $\begin{aligned} -2x_1 + x_2 &= -3 \\ -6x_1 + 3x_2 &= -9 \end{aligned}$

4. $\begin{aligned} -2x_1 + x_2 &= -3 \\ -2x_1 + x_2 &= -3.00001 \end{aligned}$

5. $\begin{aligned} 3x_1 + 2x_2 - x_3 &= 10 \\ -x_1 + 3x_2 + 2x_3 &= 5 \\ x_1 - x_2 - x_3 &= -1 \end{aligned}$

6. $\begin{aligned} 3x_1 + 2x_2 - x_3 &= 1 \\ -x_1 + 3x_2 + 2x_3 &= 1 \\ x_1 - x_2 - x_3 &= 1 \end{aligned}$

7. $\begin{aligned} 10x_1 - 7x_2 + 0x_3 &= 7 \\ -3x_1 + 2x_2 + 6x_3 &= 4 \\ 5x_1 + x_2 + 5x_3 &= 6 \end{aligned}$

8. $\begin{aligned} x_1 + 4x_2 - x_3 + x_4 &= 2 \\ 2x_1 + 7x_2 + x_3 - 2x_4 &= 16 \\ x_1 + 4x_2 - x_3 + 2x_4 &= 1 \\ 3x_1 - 10x_2 - 2x_3 + 5x_4 &= -15 \end{aligned}$

5.3   Resolución aplicada de problemas: Análisis de circuitos eléctricos

El análisis de un circuito eléctrico con frecuencia implica obtener la solución de un conjunto de ecuaciones simultáneas. En muchos casos estas ecuaciones se deducen empleando ecuaciones de corriente que describen las corrientes que entran y salen de un nodo o bien ecuaciones de voltaje que describen los voltajes alrededor de lazos del circuito. Por ejemplo, considere el circuito que se muestra en la figura 5.4. Las tres ecuaciones que describen los voltajes alrededor de los tres lazos son las siguientes:

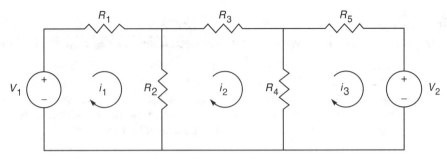

Figura 5.4 *Circuito con dos fuentes de voltaje.*

$$
\begin{aligned}
-V_1 &\quad +R_1 i_1 \quad +R_2(i_1 - i_2) &= 0 \\
R_2(i_2 - i_1) &\quad +R_3 i_2 \quad +R_4(i_2 - i_3) &= 0 \\
R_4(i_3 - i_2) &\quad +R_5 i_3 \quad +V^2 &= 0
\end{aligned}
$$

Si suponemos que se conocen los valores de las resistencias $(R_1, R_2, R_3, R_4, R_5)$ y de las fuentes de voltaje (V_1, V_2), las incógnitas del sistema de ecuaciones son las corrientes de malla (i_1, i_2, i_3). Entonces, podemos reacomodar el sistema de ecuaciones así:

$$
\begin{aligned}
(R_1 + R_2)i_1 &\quad -R_2 i_2 &\quad +0 i_3 &= V_1 \\
-R_2 i_1 &\quad +(R_2 + R_3 + R_4)i_2 &\quad -R_4 i_3 &= 0 \\
0 i_1 &\quad -R_4 i_2 &\quad +(R_4 + R_5)i_3 &= -V_2
\end{aligned}
$$

Escriba un programa MATLAB que permita al usuario introducir los valores de las cinco resistencias y los de las dos fuentes de voltaje. El programa calculará entonces las tres corrientes de malla:

1.   **PLANTEAMIENTO DEL PROBLEMA**

Usando valores de entrada para las resistencias y las fuentes de voltaje, calcule las tres corrientes de malla en el circuito de la figura 5.4.

2.   **DESCRIPCIÓN DE ENTRADAS/SALIDAS**

El siguiente diagrama de E/S muestra los cinco valores de resistencia y los dos valores de voltaje que son las entradas del programa. La salida consiste en las tres corrientes de salida.

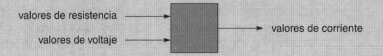

3.   EJEMPLO A MANO

Para el ejemplo a mano usamos los siguientes valores:

$R_1 = R_2 = R_3 = R_4 = R_5 = 1$ ohm
$V_1 = V_2 = 5$ volts

El conjunto de ecuaciones correspondiente es, entonces,

$$
\begin{array}{rrrcr}
2i_1 & -i_2 & +0i_3 & = & 5 \\
-i_1 & +3i_2 & -i_3 & = & 0 \\
0i_1 & -i_2 & +2i_3 & = & -5
\end{array}
$$

Podemos usar MATLAB para calcular la solución usando división de matrices o bien la inversa de una matriz. Para el presente ejemplo, usaremos las siguientes instrucciones:

```
A = [2,-1,0;-1,3,-1;0,-1,2];
B = [5,0,-5]';
X = A\B
ERR = sum(A*X-B)
```

Se exhiben los valores del vector solución, junto con la suma de los valores de A*X-B, que debe ser 0 si el sistema es no singular. Para el presente ejemplo, la salida es la siguiente:

```
X =
        2.5000
        0
       -2.5000
ERR =
        0
```

4.   SOLUCIÓN MATLAB

En la solución MATLAB, pediremos al usuario introducir los parámetros del circuito. Después de resolver el sistema de ecuaciones, exhibiremos las corrientes de malla resultantes, que después podrán usarse para calcular la corriente o el voltaje en cualquier punto del circuito. Aunque usamos la variable i por congruencia con la notación de las ecuaciones, debemos tener presente que no habríamos podido usar i para cálculos con números complejos.

```
%    Este programa lee valores de resistencia y voltaje
%    y calcula las corrientes de malla correspondientes
%    para un circuito eléctrico especificado.
%
R = input('Introduzca los valores de resistencia en ohms, [R1...R5]');
V = input('Introduzca los valores de voltaje en volts, [V1 V2]');
%
```

```
% Inicializar matriz A y vector B usando la forma AX = B.
%
A = [ R(1)+R(2),                 -R(2),                      0 ;
          -R(2),        R(2)+R(3)+R(4),                  -R(4) ;
              0,                 -R(4),             R(4)+R(5) ];
B = [ v(1) ;
         0 ;
      -v(2) ];
%
if rank(A) == 3
    fprintf('Corrientes de malla \n')
    i = A\B
else
    fprintf('No existe una solución única')
end
```

5.   PRUEBA

La siguiente interacción con el programa verifica los datos empleados en el ejemplo a mano:

```
Introduzca los valores de resistencia en ohms, [R1...R5] [1 1 1 1 1]
Introduzca los valores de voltaje en volts, [v1 v2] [5 5]
Corrientes de malla
i =
    2.5000
         0
   -2.5000
```

La siguiente interacción calcula las corrientes de malla usando un conjunto distinto de valores de resistencia y de voltaje.

```
Introduzca los valores de resistencia en ohms, [R1...R5] [2 8 6 6 4]
Introduzca los valores de voltaje en volts, [v1 v2] [40 20]
Corrientes de malla
i =
    5.6000
    2.0000
   -0.8000
```

Verifique esta solución multiplicando la matriz A por el vector i.

RESUMEN DEL CAPÍTULO

Iniciamos este capítulo con una interpretación gráfica de la solución de un conjunto de ecuaciones simultáneas. Presentamos gráficas que ilustran los distintos casos que pueden ocurrir con ecuaciones de dos y tres variables. Luego extendimos el análisis a un conjunto de N ecuaciones con N incógnitas, suponiendo que cada ecuación representa un hiperplano. Se presentaron dos métodos para resolver un sistema no singular de ecuaciones usando operaciones de matrices. Un método utiliza división de matrices; el otro emplea el inverso de una matriz para resolver el sistema de ecuaciones. Las técnicas se ilustraron con un ejemplo que resuelve un sistema de ecuaciones simultáneas para determinar corrientes de malla.

TÉRMINOS CLAVE

ecuaciones simultáneas	rango
hiperplano	singular
inversa	sistema de ecuaciones
mal condicionamiento	sistema sobreespecificado
no singular	sistema subespecificado

RESUMEN DE MATLAB

En este resumen de MATLAB se listan todos los símbolos especiales, comandos y funciones que se definieron en el capítulo. También se incluye una breve descripción de cada uno.

CARACTERES ESPECIALES

\   división izquierda de matrices
/   división derecha de matrices

NOTAS DE *Estilo*

1. Para fines de documentación, use las matrices A y B para guardar los coeficientes de un sistema de ecuaciones. Después, en un comentario, indique si la forma es AX = B o XA = B.

NOTAS DE DEPURACIÓN

1. Use la función `rank` para asegurarse de que un sistema de ecuaciones sea no singular antes de intentar calcular la solución.

PROBLEMAS

Los problemas 1 al 3 tienen que ver con las aplicaciones de ingeniería que se presentaron en el capítulo. Los problemas 4 al 8 se relacionan con nuevas aplicaciones de ingeniería.

Circuito eléctrico. Estos problemas se relacionan con el problema de circuito eléctrico presentado en la sección 5.3.

1. Modifique el programa creado en la sección 5.3 de modo que acepte los valores de resistencia en kiloohms. No olvide modificar el resto del programa de manera acorde.
2. Modifique el programa creado en la sección 5.3 de modo que forzosamente las dos fuentes de voltaje tengan el mismo valor.
3. Modifique el programa creado en la sección 5.3 de modo que las fuentes de voltaje sean de 5 volts cada una. Luego suponga que todos los valores de resistencia son iguales. Calcule las corrientes de malla para valores de resistencia de 100, 200, 300, ..., 1000 ohms.

Circuito eléctrico con una sola fuente de voltaje. Estos problemas presentan un sistema de ecuaciones generado por un circuito eléctrico con una sola fuente de voltaje y cinco resistores.

4. El siguiente conjunto de ecuaciones define las corrientes de malla en el circuito que se muestra en la figura 5.5. Escriba un programa MATLAB que calcule las corrientes de malla usando valores de resistencia y voltaje introducidos por el usuario.

$$
\begin{aligned}
V_1 \quad +R_2(i_1 - i_2) \quad +R_4(i_1 - i_3) &= 0 \\
R_1 i_2 \quad +R_3(i_2 - i_3) \quad +R_2(i_2 - i_1) &= 0 \\
R_3(i_3 - i_2) \quad +R_5 i_3 \quad +R_4(i_3 - i_1) &= 0
\end{aligned}
$$

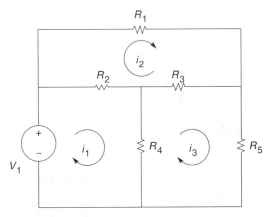

Figura 5.5 *Circuito con una fuente de voltaje.*

5. Modifique el programa del problema 4 de modo que exhiba los coeficientes y constantes del sistema de ecuaciones que se está resolviendo.

Ecuaciones simultáneas. Suponga que un archivo de datos llamado `eqns.dat` contiene los coeficientes de un conjunto de ecuaciones simultáneas. Cada línea del archivo contiene los coeficientes y la constante de una ecuación; el archivo contiene los datos de N ecuaciones con N incógnitas.

6. Escriba un programa que lea el archivo de datos `eqns.dat`. Determine si algunas de las ecuaciones representan hiperplanos paralelos (recuerde que las ecuaciones de dos hiperplanos paralelos tienen los mismos coeficientes lineales o múltiplos de los mismos coeficientes, pero con diferentes constantes). Exhiba los datos de cada grupo de líneas que represente hiperplanos paralelos.

7. Escriba un programa que lea el archivo de datos `eqns.dat`. Determine si cualesquiera de las ecuaciones representan los mismos hiperplanos (recuerde que las ecuaciones para los mismos hiperplanos son iguales o múltiplos unas de otras). Exhiba los datos de cada grupo de líneas que represente el mismo hiperplano.

8. Combine los pasos de los dos problemas anteriores para generar un programa que sólo exhiba los datos de las ecuaciones tomadas del archivo de datos que representen hiperplanos distintos y no paralelos. Indique también el número de ecuaciones que quedan.

Soluciones por matriz inversa. Use la matriz inversa para determinar las soluciones de los siguientes conjuntos de ecuaciones lineales. Describa cada conjunto usando la notación $AX = B$ y la notación $XA = B$; compare las soluciones empleando ambas formas de notación. Use el operador de transposición para convertir las matrices de una forma a la otra.

9. $x + y + z + t = 4$
$2x - y + t = 2$
$3x + y - z - t = 2$
$x - 2y - 3z + t = -3$

10. $2x + 3y + z + t = 1$
$x - y - z + t = 1$
$3x + y + z + 2t = 0$
$-x + z - t = -2$

11. $x - 2y + z + t = 3$
$x + z = t$
$2y - z = t$
$x + 4y + 2z - t = 1$

12. $x + 2y + - w = 0$
$3x + y + 4z + 2w = 3$
$2x - 3y - z + 5w = 1$
$x + 2z + 2w = -1$

Hiperplanos en intersección. Para cada uno de los siguientes puntos, genere dos conjuntos distintos de ecuaciones simultáneas que se intersequen de manera única en el punto dado. Luego resuelva cada conjunto de ecuaciones para verificar que la solución es la esperada.

13. $[3,-5,7]$
14. $[0,-2,1.5,5]$
15. $[1,2,3,-2,-1]$

Cortesía de NASA/Johnson Space Center.

GRAN DESAFÍO:
Funcionamiento de vehículos

La recolección de datos es una parte importante del desarrollo de nuevos principios y teorías científicos. En esta fotografía, un astronauta realiza preparativos para una larga prueba térmica de un traje espacial en la plataforma de carga del Endeavour. También se muestra el sistema manipulador remoto que se usa para sacar objetos del espacio de carga del transbordador y meterlos en él. Los sistemas manipuladores como éste y muchos otros en diversos tipos de robots usan un sistema de control avanzado para guiar el brazo a los lugares deseados. Uno de los requisitos de tales sistemas de control es que el brazo se debe mover de un lugar a otro siguiendo una trayectoria continua, evitando tirones abruptos que pudieran hacer que los objetos se suelten o dañar el objeto o el brazo mismo.

Interpolación
y ajuste de curvas

6.1   Interpolación

6.2   *Resolución aplicada de problemas: Manipuladores de brazo robótico*

6.3   Ajuste de curvas de mínimos cuadrados

Resumen del capítulo, Términos clave, Resumen de MATLAB,
Notas de estilo, Notas de depuración, Problemas

OBJETIVOS

En este capítulo supondremos que tenemos un conjunto de datos que ha sido obtenido de un experimento o por observación de un fenómeno físico. Estos datos generalmente pueden considerarse como coordenadas de puntos de una función $f(x)$. Nos gustaría usar dichos puntos de datos para determinar estimaciones de la función $f(x)$ para valores de x que no formaban parte del conjunto de datos original. Por ejemplo, suponga que tenemos los puntos de datos $(a, f(a))$ y $(c, f(c))$. Si queremos estimar el valor de $f(b)$, donde $a < b < c$, podríamos suponer que $f(a)$ y $f(c)$ están unidos por una línea recta y usar interpolación lineal para obtener el valor de $f(b)$. Si suponemos que los puntos $f(a)$ y $f(c)$ están unidos por un polinomio cúbico (de tercer grado), usaríamos un método de interpolación de *spline* cúbica para obtener el valor de $f(b)$. La mayor parte de los problemas de interpolación se pueden resolver usando uno de estos métodos. Un tipo similar de problema de ingeniería requiere el cálculo de una ecuación para una función que "se ajuste bien" a los puntos de datos. En este tipo de problema, no es necesario que la función pase realmente por todos los puntos dados, pero debe ser la que "mejor se ajuste" a ellos en algún sentido. Los métodos de mínimos cuadrados ofrecen el mejor ajuste en términos de minimizar el cuadrado de las distancias entre los puntos dados y la función. A continuación explicamos con mayor detalle la interpolación y el ajuste de curvas, dando ejemplos.

6.1   Interpolación

En esta sección presentaremos dos tipos de interpolación: interpolación lineal e interpolación con *spline* cúbica. En ambas técnicas, supondremos que tenemos un conjunto de coordenadas *xy*, donde *y* es función de *x*; es decir, $y = f(x)$. Suponemos además que necesitamos estimar un valor $f(b)$ que no es uno de los puntos de datos originales, pero que está entre dos de los valores *x* del conjunto original de puntos de datos. En la figura 6.1 mostramos un conjunto de seis puntos de datos que han sido conectados mediante segmentos de recta y mediante segmentos de un polinomio cúbico (de tercer grado). En esta figura es evidente que los valores determinados para la función entre los puntos de muestreo dependen del tipo de interpolación que escojamos.

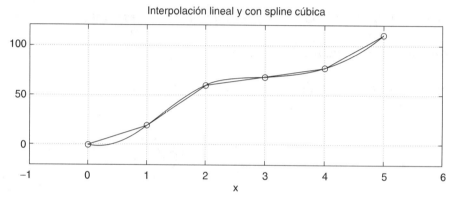

Figura 6.1 *Interpolación lineal y con spline cúbica.*

INTERPOLACIÓN LINEAL

Interpolación lineal

Una de las técnicas más comunes para estimar datos entre dos puntos de datos dados es la **interpolación lineal**. La figura 6.2 muestra una gráfica con dos puntos de datos $f(a)$ y $f(c)$. Si suponemos que la función entre los dos puntos se puede estimar con una línea recta, podremos calcular el valor de la función en cualquier punto entre los dos valores de datos usando una ecuación que se deduce de los triángulos similares. Esta ecuación general es:

$$f(b) = f(a) + \frac{b-a}{c-a} \cdot (f(c) - f(a))$$

Dado un conjunto de puntos de datos, es relativamente fácil interpolar un nuevo punto entre dos de los puntos dados. Sin embargo, la interpolación requiere varios pasos, porque primero debemos encontrar los dos valores de nuestros datos entre los que cae el punto deseado. Cuando hallemos esos dos valores, podremos usar la ecuación de interpolación. La función MATLAB de interpolación `interp1` se encarga de todos estos pasos.

La función `interp1` realiza la interpolación usando vectores con los valores **x** y **y**. La interpolación lineal es la técnica de interpolación por omisión, aunque también

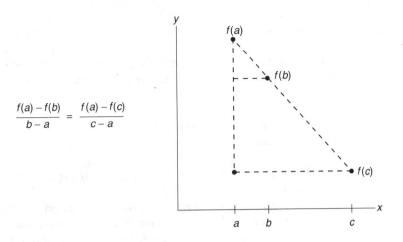

$$\frac{f(a) - f(b)}{b - a} = \frac{f(a) - f(c)}{c - a}$$

Figura 6.2 *Triángulos similares.*

puede especificarse explícitamente en la función. La función supone que los vectores
x y y contienen los valores de datos originales y que otro vector x_new contiene los
nuevos puntos para los cuales deseamos calcular los valores interpolados y_new. Para
que la función opere correctamente, los valores x deben estar en orden ascendente, y
los valores x_new deben estar en orden y dentro del intervalo de los valores x:

interp1(x,y,x_new)   Devuelve un vector del tamaño de
                                  x_new, que contiene los valores y
                                  interpolados que corresponden
                                  a x_new usando interpolación lineal.

interp1(x,y,x_new,'linear')   Devuelve un vector del tamaño de
                                  x_new, que contiene los valores y
                                  interpolados que corresponden
                                  a x_new usando interpolación lineal.

A fin de ilustrar el empleo de esta función, usaremos el siguiente conjunto de
mediciones de temperatura tomadas de la cabeza de cilindros de un motor nuevo
que se está probando con miras a usarse en un auto de carreras:

Tiempo, s	Temperatura, °F
0	0
1	20
2	60
3	68
4	77
5	110

Primero almacenamos esta información en vectores:

```
x = 0:5;
y = [0,20,60,68,77,110];
```

Ahora podemos usar la función `interp1` para interpolar una temperatura que corresponda a cualquier instante entre 0.0 y 5.0 segundos. Por ejemplo, considere los siguientes comandos:

```
y1 = interp1(x,y,2.6);
y2 = interp1(x,y,4.9);
```

Los valores correspondientes de `y1` y `y2`, con precisión de un decimal, son 64.8 y 106.7.

Si el segundo argumento de la función `interp1` es una matriz, la función devuelve un vector de fila con el mismo número de columnas, y cada valor devuelto se interpola a partir de la columna de datos correspondiente. Por ejemplo, suponga que medimos temperaturas en tres puntos de la cabeza de cilindros del motor, no en un solo punto, como en el ejemplo anterior. El conjunto de datos será:

Tiempo, s	Temp1	Temp2	Temp3
0	0	0	0
1	20	25	52
2	60	62	90
3	68	67	91
4	77	82	93
5	110	103	96

Almacenamos esta información en una matriz, con los datos de tiempo en la primera columna:

```
x(:,1) = (0:5)';
y(:,1) = [0,20,60,68,77,110]';
y(:,2) = [0,25,62,67,82,103]';
y(:,3) = [0,52,90,91,93,96]';
```

Si queremos determinar valores de temperatura interpolados en los tres puntos del motor a los 2.6 segundos, usamos el siguiente comando:

```
temps = interp1(x,y,2.6);
```

El valor de `temps` será entonces [64.8, 65.0, 90.6].

INTERPOLACIÓN DE SPLINES CÚBICAS

Spline cúbica   Una ***spline* cúbica** es una curva continua construida de modo que pase por una serie de puntos. La curva entre cada par de puntos es un polinomio de tercer grado, calculado para formar una curva continua entre los dos puntos y una transición suave entre este polinomio de tercer grado y el de los dos puntos anteriores. Refiérase a la *spline* cúbica que se muestra en la figura 6.1 y que conecta seis puntos; se usan en total cinco ecuaciones cúbicas distintas para generar esta función continua que une los seis puntos.

En MATLAB, la *spline* cúbica se calcula con la función `interp1` usando un argumento que especifica interpolación de *spline* cúbica en lugar de la interpolación por omisión, que es la lineal. Esta función supone que los vectores `x` y `y` contienen los valores de datos originales y que otro vector `x_new` contiene los nuevos puntos para los cuales deseamos calcular los valores interpolados `y_new`. Los valores `x` deben estar en orden ascendente, y los valores `x_new` deben estar dentro del intervalo de los valores `x`:

`interp1(x,y,x_new,'spline')` Devuelve un vector de columna que contiene los valores `y` interpolados que corresponden a `x_new` usando interpolación de *spline* cúbica.

Como ilustración, suponga que queremos usar interpolación de *spline* cúbica, en vez de lineal, para calcular la temperatura de la cabeza de cilindros a los 2.6 segundos. Podemos usar las siguientes instrucciones:

```
x = 0:5;
y = [0,20,60,68,77,110];
temp1 = interp1(x,y,2.6,'spline')
```

El valor de `temp1` es 67.3. Si queremos usar interpolación de *spline* cúbica para calcular las temperaturas en dos instantes diferentes, podemos usar esta instrucción:

```
temp2 = interp1(x,y,[2.6,4.9],'spline')
```

El valor de `temp2` es [67.3, 105.2]. (Los valores calculados empleando interpolación lineal fueron [64.8, 106.7].)

Si queremos trazar una curva de spline cúbica en un intervalo de valores, podemos generar un vector `new_x` con la definición que deseamos que tenga la curva y usarlo como tercer parámetro de la función `interp1`. Por ejemplo, las siguientes instrucciones generaron las funciones de la figura 6.1:

```
%   Estas instrucciones comparan la interpolación
%   lineal con la de spline cúbica.
%
x = 0:5;
y = [0,20,60,68,77,110];
new_x = 0:0.1:5,
new_y1 = interp1(x,y,new_x,'linear');
new_y2 = interp1(x,y,new_x,'spline');
subplot(2,1,1),...
    plot(new_x,new_y1,new_x,new_y2,x,y,'o'),...
    title('Interpolación lineal y con spline cúbica'),...
    xlabel('x'),grid,...
    axis([-1,6,20,120])
```

¡Practique!

Suponga que tenemos el siguiente conjunto de puntos de datos:

Tiempo, s	Temperatura, °F
0.0	72.5
0.5	78.1
1.0	86.4
1.5	92.3
2.0	110.6
2.5	111.5
3.0	109.3
3.5	110.2
4.0	110.5
4.5	109.9
5.0	110.2

1. Genere una gráfica que compare la conexión de los puntos de temperatura con líneas rectas y con una *spline* cúbica.
2. Calcule valores de temperatura en los siguientes instantes usando interpolación lineal e interpolación con *spline* cúbica:

   0.3, 1.25, 2.36, 4.48

3. Compare los valores de tiempo que corresponden a estas temperaturas usando interpolación lineal e interpolación con *spline* cúbica.

   81, 96, 100, 106

6.2   Resolución aplicada de problemas: Manipuladores de brazo robótico

La imagen con que inicia el capítulo muestra el sistema manipulador remoto del transbordador sujetando el Observatorio de rayos gamma (GRO) en el momento en que comienza a sacar el GRO del espacio de carga del transbordador. Los sistemas manipuladores como éste y muchos otros en diversos tipos de robots usan un sistema de control avanzado para guiar el brazo manipulador a los lugares deseados. Uno de los requisitos de tales sistemas de control es que el brazo se debe mover de un lugar a otro siguiendo una trayectoria continua, evitando tirones que podrían hacer que el objeto se soltara o que se dañara el objeto o el brazo mismo. Por tanto, la trayectoria del brazo se diseña inicialmente en términos de cierto número de puntos por los que el brazo debe pasar, y luego se emplea interpolación para diseñar una curva continua que contenga a todos los puntos. Consideraremos este problema suponiendo que el brazo manipulador se está moviendo en un plano, aunque tales brazos generalmente se mueven en un espacio tridimensional, no bidimensional.

Una parte importante del desarrollo de un algoritmo o solución para un problema es considerar con cuidado si existen o no casos especiales que deban tenerse en cuenta. En este problema, estamos suponiendo que los puntos por los que el brazo debe pasar están en un archivo de datos, y también que dichos puntos están en el orden necesario para que el brazo se mueva a cierto lugar para sujetar un objeto, se mueva a otro lugar donde soltará el objeto, y regrese a la posición original. También supondremos que se incluyen puntos intermedios en la trayectoria para guiar el brazo de modo que sortee obstáculos o pase cerca de sensores que están recabando información. Por tanto, cada punto tendrá tres coordenadas: las coordenadas x y y relativas a la posición base del brazo manipulador y una tercera coordenada codificada como sigue:

Código	Interpretación
0	posición base
1	posiciones intermedias
2	ubicación del objeto por sujetar
3	lugar donde debe soltarse el objeto

Queremos usar una *spline* cúbica para guiar el brazo manipulador al objeto, luego al punto donde debe soltarlo y por último a la posición original.

1. PLANTEAMIENTO DEL PROBLEMA

Diseñar una curva continua, utilizando interpolación con *spline* cúbica, que pueda servir para guiar un brazo manipulador a un punto donde debe sujetar un objeto, a otro punto donde debe soltar el objeto, y luego de vuelta a la posición original.

2. DESCRIPCIÓN DE ENTRADAS/SALIDAS

El siguiente diagrama indica que la entrada es un archivo que contiene las coordenadas xy de los puntos por los que debe pasar el brazo manipulador. La salida del programa es la curva continua que cubre estos puntos.

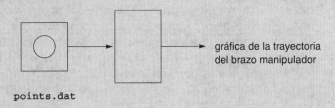

gráfica de la trayectoria
del brazo manipulador

points.dat

3.   EJEMPLO A MANO

Una de las funciones del ejemplo a mano es determinar si hay casos especiales que debamos considerar al desarrollar la solución del problema. Por tanto, como ejemplo pequeño, consideraremos un archivo de datos que contiene la siguiente serie de puntos para guiar el brazo manipulador:

x	y	Código	Interpretación
0	0	0	posición base
2	4	1	posición intermedia
6	4	1	posición intermedia
7	6	2	posición de coger objeto
12	7	1	posición intermedia
15	1	3	posición de soltar objeto
8	−1	1	posición intermedia
4	−2	1	posición intermedia
0	0	0	posición base

Estos puntos se muestran conectados por líneas rectas en la figura 6.3.

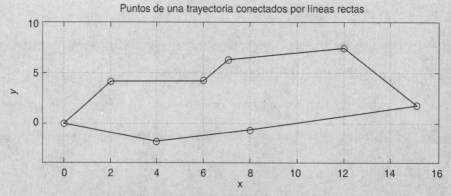

Figura 6.3 *Puntos de una trayectoria conectados por líneas rectas.*

Al considerar los pasos del diseño de la trayectoria de *spline* cúbica usando MATLAB, descompondremos la trayectoria en tres partes: de la posición base a la posición de coger objeto, de la posición de coger objeto a la de soltar objeto, y de la posición de soltar objeto a la posición base. Escogemos estas tres trayectorias por dos razones. Primera, el brazo manipulador debe detenerse al final de cada una de estas tres trayectorias, por lo que realmente son tres trayectorias independientes. Segunda, puesto que la función de *spline* cúbica requiere que las coordenadas x sean crecientes, no podemos usar una sola referencia de *spline* cúbica para calcular una trayectoria que esencialmente describe un círculo. Las coordenadas x de cada trayectoria deben estar en orden ascendente, pero supondremos que un programa preprocesador (como los que veremos en los problemas del final del capítulo) ya verificó esto.

4.   **SOLUCIÓN** Matlab

Los pasos para separar el archivo de datos en las tres trayectorias independientes son sencillos. Sin embargo, no es tan fácil determinar el número de puntos que deben usarse en la interpolación de *spline* cúbica. Puesto que las coordenadas podrían contener valores muy grandes y muy pequeños, determinaremos la distancia x mínima entre puntos de la trayectoria global. Luego calcularemos el incremento x para la *spline* cúbica como esa distancia mínima dividida entre 10. Por tanto, se interpolarán cuando menos 10 puntos a lo largo de la *spline* cúbica entre cada par de puntos, pero en general habrá más puntos entre cada par de puntos de los datos.

```
%      Estas instrucciones leen un archivo de datos que contiene
%      los puntos de una trayectoria para que un brazo manipulador
%      vaya a un lugar y recoja un objeto, luego vaya a otro
%      lugar y suelte el objeto, y por último regrese a
%      la posición inicial.
%
load points.dat;
x = points(:,1);
y = points(:,2);
code = points(:,3);
%
%    Generar las tres trayectorias individuales.
%
grasp = find(code == 2);
release = find(code == 3);
lenx = length(x);
x1 = x(1:grasp);        y1  = y(1:grasp);
x2 = x(grasp:release);  y2  = y(grasp:release);
x3 = x(release:lenx);   y3  = y(release:lenx);
%
%    Calcular el incremento de tiempo y las secuencias de tiempo
%       correspondientes.
%
incr = min(abs(x(2:lenx)-x(1:lenx-1)))/10;
t1 = x(1):incr*sign(x(grasp)-x(1)):x(grasp);
t2 = x(grasp):incr*sign(x(release)-x(grasp)):x(release);
t3 = x(release):incr*sign(x(lenx)-x(release)):x(lenx);
%
%    Calcular las splines.
%
s1 = interp1(x1,y1,t1,'spline');
s2 = interp1(x2,y2,t2,'spline');
s3 = interp1(x3,y3,t3,'spline');
%
%    Graficar la trayectoria de splines.
%
subplot(2,1,1),...
    plot([t1 t2 t3],[s1' s2' s3'],[x1' x2' x3'],...
    [y1' y2' y3'],'o'),...
    title ('Camino del brazo manipulador'),...
    xlabel('x'),ylabel('y'),grid,...
    axis([-1,16,-4,10])
```

5.   PRUEBA

Si probamos esta solución usando el archivo de datos del ejemplo a mano, obtenemos la trayectoria de *splines* cúbicas que se muestra en la figura 6.4.

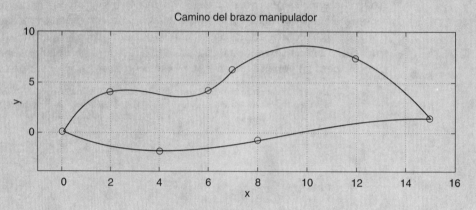

Figura 6.4 *Puntos de una trayectoria conectados por splines cúbicas.*

6.3   Ajuste de curvas de mínimos cuadrados

Suponga que tenemos un conjunto de datos que se obtuvieron de un experimento. Después de graficar esos puntos, vemos que en general caen en una línea recta. Sin embargo, si tratamos de dibujar una línea recta que pase por esos puntos, es probable que sólo un par de ellos queden en la línea. Podríamos usar un método de ajuste de curvas de **mínimos cuadrados** para encontrar la línea recta que más se acerca a los puntos minimizando la distancia entre cada punto y la línea. Aunque esta línea puede considerarse como un "ajuste óptimo" a los puntos de datos, es posible que ninguno de los puntos caiga realmente en la línea (observe que esto es muy diferente de la interpolación, porque las curvas empleadas en la interpolación lineal y con *spline* cúbica sí contienen todos los puntos de datos originales). En esta sección presentaremos primero una descripción del ajuste de una línea recta a un conjunto de puntos de datos y luego veremos la forma de ajustar un polinomio a un conjunto de puntos de datos.

Mínimos cuadrados

Estilo

Dado que la interpolación y el ajuste de curvas son procesos tan diferentes, grafique los datos originales y los nuevos datos calculados usando una de estas técnicas en la misma gráfica para que pueda verificar que la técnica funcionó como deseaba. *Además, asegúrese de que los comentarios de su programa especifiquen la técnica que se está usando. En el caso de la interpolación, indique además si es interpolación lineal o de spline cúbica; en el caso del ajuste de curvas, indique el grado del polinomio que se está usando en la regresión.*

REGRESIÓN LINEAL

Regresión lineal La **regresión lineal** es el proceso que determina cuál ecuación lineal es la que mejor se ajusta a un conjunto de puntos de datos en términos de minimizar la suma de las distancias entre la línea y los puntos de datos elevadas al cuadrado. Para entender este proceso, primero consideraremos el conjunto de valores de temperatura presentados en la sección anterior, tomados de la cabeza de cilindros de un motor nuevo. Si graficamos estos puntos de datos, es evidente que y = 20x es una buena estimación de una línea que pasa por los puntos, como se muestra en la figura 6.5. Se usaron las siguientes instrucciones para generar esta gráfica:

```
%     Estas instrucciones comparan un modelo lineal
%     con un conjunto de puntos de datos.
%
x = 0:5;
y = [0,20,60,68,77,110];
y1 = 20*x;
subplot(2,1,1),...
    plot(x,y1,x,y,'o'),title('Estimación lineal'),...
    xlabel('tiempo, s'),ylabel('Temperatura, grados F'),...
    grid,axis([-1,6,-20,120])
```

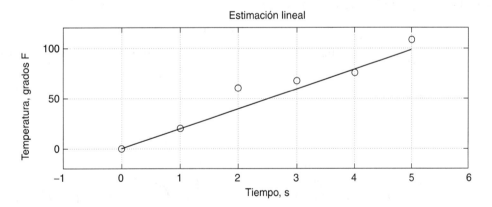

Figura 6.5 *Una estimación lineal.*

Para medir qué tan bien se ajusta esta estimación lineal a los datos, primero determinamos la distancia entre cada punto y la estimación lineal; estas distancias se muestran en la figura 6.6. Los primeros dos puntos caen exactamente en la línea, así que d_1 y d_2 son cero. El valor de d_3 es igual a 60 – 40 = 20; el resto de las distancias se puede calcular de forma similar. Si calculamos la suma de las distancias, algunos de los valores positivos y negativos se cancelarán, dando una suma indebidamente pequeña. A fin de evitar este problema, podríamos sumar valores absolutos o valores elevados al cuadrado; la regresión lineal usa valores elevados al cuadrado. Por tanto,

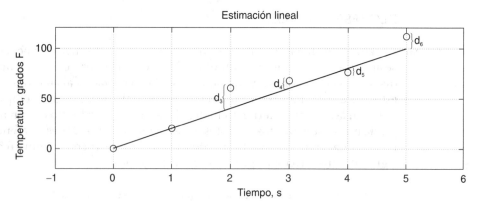

Figura 6.6 *Distancias entre los puntos y las estimaciones lineales.*

la medida de la calidad del ajuste de esta estimación lineal es la suma de las **distancias al cuadrado** entre los puntos y y las estimaciones lineales. Esta suma se puede calcular con MATLAB usando los siguientes comandos, suponiendo que ya se ejecutaron las instrucciones anteriores que definen a x, y y y1.

```
sq_error = sum((y-y1).^2)
```

Error
cuadrático
medio

Para este conjunto de datos, el valor de sum_sq es 573. Se puede calcular un **error cuadrático medio** (MSE) de 95.5 con esta instrucción:

```
mse = sum((y-y1).^2)/length(y);
```

La forma general de la ecuación para calcular el error cuadrático medio es:

$$mse = \frac{\sum_{k=1}^{N} (y_k - y1_k)^2}{N}$$

donde N es el número de puntos de datos.

Si trazáramos otra línea por los puntos, podríamos calcular la suma de cuadrados correspondiente a la nueva línea. De las dos líneas, el mejor ajuste sería el de la línea con la menor suma de las distancias al cuadrado. Para encontrar la línea con la suma más pequeña de distancias al cuadrado, podemos escribir una ecuación que calcule las distancias usando una ecuación lineal general, $y = mx + b$. Así, podemos escribir una ecuación que represente la suma de las distancias al cuadrado; esta ecuación tendrá m y b como sus variables. Usando técnicas de cálculo, podemos obtener las derivadas de la ecuación respecto a m y a b e igualarlas a cero. Los valores de m y b así determinados representan la línea recta que tiene la suma mínima de distancias al cuadrado. En la siguiente sección estudiaremos la función MATLAB que calcula esta ecuación lineal de mejor ajuste. Para los datos presentados en esta sección, el mejor ajuste se muestra en la figura 6.7; el error cuadrado medio correspondiente es de 59.4699.

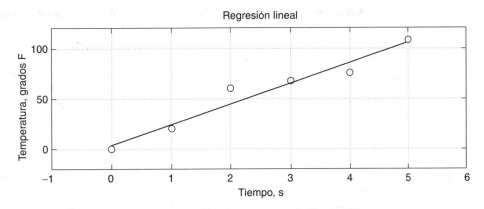

Figura 6.7 *Regresión lineal de mínimos cuadrados.*

REGRESIÓN POLINÓMICA

En la explicación anterior presentamos una técnica para calcular la ecuación lineal que mejor se ajusta a un conjunto de datos. Se puede desarrollar una técnica similar usando un solo polinomio (no un conjunto de polinomios como en la *spline* cúbica) que se ajuste a los datos minimizando la distancia entre el polinomio y los puntos de datos. Primero, recordemos (de la Sec. 3.1) que podemos escribir un polinomio con una variable usando la siguiente fórmula general:

$$f(x) = a_0 x^N + a_1 x^{N-1} + a_2 x^{N-2} + \ldots + a_{N-1} x + a_N$$

Grado

El **grado** de un polinomio es igual al valor más grande empleado como exponente. Por tanto, la fórmula general de un polinomio cúbico es:

$$g(x) = a_0 x^3 + a_1 x^2 + a_2 x + a_3$$

Observe que una ecuación lineal también es un polinomio de grado 1.

En la figura 6.8 graficamos el conjunto original de puntos de datos que usamos en el ejemplo de regresión lineal (y también en la interpolación lineal y la interpolación de *spline* cúbica); también graficamos el mejor ajuste para polinomios de grado 2 hasta grado 5. Observe que al aumentar el grado del polinomio también aumenta el número de puntos que caen en la curva. Si se usa un conjunto de $n + 1$ puntos para determinar un polinomio de grado n, todos los $n + 1$ puntos caerán en la curva del polinomio. El análisis de regresión no puede determinar una solución única si el grado del polinomio es igual o menor que el grado del modelo polinómico. Así, no tiene sentido pedir una regresión lineal (grado 1) para un punto o una regresión cuadrática (grado 2) para uno o dos puntos.

FUNCIÓN `polyfit`

La función MATLAB que calcula el mejor ajuste a un conjunto de datos con un polinomio de cierto grado es la función `polyfit`. Esta función tiene tres argumentos: las coordenadas x y y de los puntos de datos y el grado n del polinomio. La función devuelve los

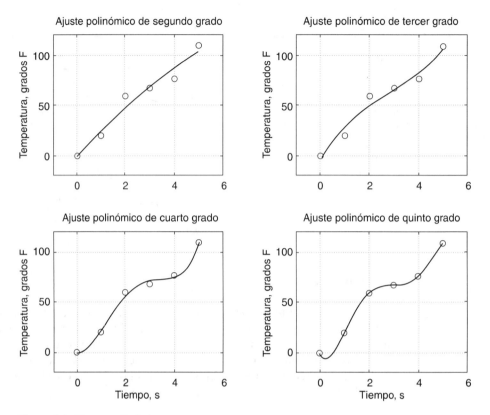

Figura 6.8 *Ajustes polinómicos.*

coeficientes, en potencias descendentes de x, del polinomio de grado n que se ajusta a los vectores x y y. (Observe que hay n+1 coeficientes para un polinomio de grado n). He aquí un resumen de esta función:

`polyfit(x,y,n)`   Devuelve un vector de n+1 coeficientes que representa el polinomio de mejor ajuste de grado n para las coordenadas x y y. El orden de los coeficientes corresponde a potencias decrecientes de x.

El mejor ajuste lineal a los datos de temperatura de la cabeza de cilindros, graficado en la figura 6.7, tiene un error cuadrado medio de 59.4699. La graficación y el cálculo de esta suma de errores se realizaron con las siguientes instrucciones:

```
%    Estas instrucciones calculan un modelo lineal de mejor
%    ajuste a un conjunto de puntos de datos.
%
x = 0:5;
y = [0,20,60,68,77,110];
```

```
%
coef = polyfit(x,y,1);
m = coef(1);
b = coef(2);
ybest = m*x + b;
%
mse = sum((y - ybest).^2)/length(y)
subplot(2,1,1,),...
    plot(x,ybest,x,y,'o'),title('Regresión lineal'),...
    xlabel('Tiempo, s'),ylabel('Temperatura, grados F'),...
    grid,axis([-1,6,-20,120])
```

La función `polyval` (que vimos en la Sec. 3.1) sirve para evaluar un polinomio en un conjunto de puntos de datos. El primer argumento de la función `polyval` es un vector que contiene los coeficientes del polinomio (en un orden que corresponde a potencias decrecientes de `x`), y el segundo, el vector de valores `x` para el que deseamos conocer los valores del polinomio.

En el ejemplo anterior, calculamos los puntos de la regresión lineal usando los valores de los coeficientes; también podríamos haberlos calculado usando la función `polyval` como se muestra aquí:

```
ybest = plyval(coef,x);
```

Usando los mismos datos que para la regresión lineal, ahora podemos ilustrar el cálculo de los polinomios de mejor ajuste desde el grado 2 hasta el 5 que se muestran en la figura 6.8:

```
%   Estas instrucciones calculan modelos polinómicos
%   para un conjunto de puntos de datos.
%
x = 0.5;
y = [0,20,60,68,77,110];
newx = 0:0.05:5;
for n=1:4
    f(:,n)=polyval(polyfit(x,y,n+1),newx)';
end
```

Así, por ejemplo, para graficar el polinomio de segundo grado podríamos usar esta instrucción:

```
plot(newx,f(:,1),x,y,'o')
```

Se requieren instrucciones adicionales para definir la subgráfica, agregar leyendas a cada gráfica y establecer los límites de los ejes. Según lo que explicamos al principio de la sección, es de esperar que los polinomios de grado más bajo no contengan a todos los puntos de datos, pero que el polinomio de quinto grado contenga a los seis puntos de datos; las curvas de la figura 6.8 verifican esas expectativas.

RESUMEN DEL CAPÍTULO

En este capítulo, explicamos la diferencia entre interpolación y ajuste de curvas por mínimos cuadrados. Se presentaron dos tipos de interpolación: lineal y de *spline* cúbica. Después de presentar los comandos MATLAB para realizar estos tipos de interpolaciones, pasamos al ajuste de curvas por mínimos cuadrados usando polinomios. Esta explicación incluyó la determinación del mejor ajuste a un conjunto de datos con un polinomio del grado que se especifica y el empleo posterior del polinomio de mejor ajuste para generar nuevos valores de la función.

TÉRMINOS CLAVE

ajuste de curvas   mejor ajuste
error cuadrático medio   mínimos cuadrados
interpolación   regresión
interpolación de *spline* cúbica   regresión lineal
interpolación lineal

RESUMEN DE MATLAB

En este resumen de MATLAB se listan todos los símbolos especiales, comandos y funciones que se definieron en el capítulo. También se incluye una breve descripción de cada uno.

COMANDOS Y FUNCIONES

`interp1`   calcula una interpolación unidimensional
`polyfit`   calcula un polinomio de mínimos cuadrados

NOTAS DE *Estilo*

1.   Al usar interpolación, asegúrese de que los comentarios de su programa indiquen si es interpolación lineal o de *spline* cúbica. Al usar ajuste de curvas, asegúrese de que los comentarios de su programa indiquen el grado del polinomio que se está usando en la regresión.

NOTAS DE DEPURACIÓN

1. Al usar la función `interp1`, asegúrese de que los valores del vector `x` sean crecientes y que los valores del vector `new_x` estén dentro del intervalo delimitado por el primer y el último valores del vector `x`.
2. Si usa una técnica de interpolación o de ajuste de curvas, grafique siempre los datos originales en la misma gráfica que los nuevos datos interpolados para verificar que la técnica haya funcionado como deseaba.
3. El análisis de regresión no puede determinar una solución única si el número de puntos es igual o menor que el grado del modelo polinómico.

PROBLEMAS

Los problemas 1 al 7 tienen que ver con las aplicaciones de ingeniería que presentamos en este capítulo. Los problemas 8 al 11 se relacionan con nuevas aplicaciones de ingeniería.

Manipulador de brazo robótico. Estos problemas tienen que ver con el problema del manipulador de brazo robótico planteado en la sección 6.2. Como se indicó en el prefacio, hay ejemplos de archivos de coordenadas disponibles que tienen nombres como `msn1.dat`, `msn2.dat`, etc., cada uno para una misión distinta asignada al manipulador.

1. Escriba un programa que realice las pruebas iniciales de los valores de datos de un archivo de misión para asegurarse de que las coordenadas x de cada una de las tres trayectorias estén en orden creciente o decreciente estricto. Si se detectan errores, identifique la trayectoria en que ocurrieron y liste los valores de esa trayectoria.
2. Suponga que el archivo de datos de una misión puede incluir más de tres trayectorias. Por ejemplo, las trayectorias podrían describir el traslado de varios objetos a nuevas posiciones dentro del espacio de carga. Escriba un programa que cuente el número de trayectorias individuales, donde cada trayectoria termina al cogerse un objeto, soltarse un objeto o volver a la posición base.
3. Modifique el programa que escribió para realizar la interpolación de *spline* cúbica de modo que escriba los puntos de datos interpolados para el conjunto completo de trayectorias en un archivo de salida llamado `paths.dat`. Elimine todos los puntos repetidos. Asegúrese de incluir los códigos apropiados junto con los puntos de datos.
4. Escriba un programa que lea el archivo `paths.dat` descrito en el problema 3. Grafique el conjunto completo de trayectorias e inserte círculos en los puntos en los que el brazo robótico se detiene. (El brazo se detiene para coger un objeto, soltar un objeto o volver a la posición base.)
5. Modifique el programa escrito en el problema 1 de modo que suponga que el archivo podría contener múltiples trayectorias tal como se describe en el problema 2.

6.   En vez de suponer que ocurrió un error si los valores x no están en orden creciente o decreciente estricto dentro de una trayectoria, suponga que cuando esto ocurre la trayectoria se debe dividir en subtrayectorias. Por ejemplo, si las coordenadas x de la posición base a la posición de coger son [0,1,3,6,3,7], las subtrayectorias tendrán coordenadas [0,1,3,6], [6,3] y [3,7]. Escriba un programa que lea un archivo de misión y genere un nuevo archivo, points.dat, el cual deberá contener las coordenadas y códigos que acompañarán al nuevo conjunto de trayectorias.

7.   En el problema 6 pudimos dividir una trayectoria con coordenadas x, como [0,1,3,6,3,7], en subtrayectorias. Suponga que la trayectoria que estamos considerando tiene el siguiente conjunto de coordenadas: (0,0), (3,2), (3,6), (6,9). Las coordenadas x de las posiciones son [0,3,3,6]. Dividir esta trayectoria en subtrayectorias, como en el problema 3, no resuelve el problema, porque el movimiento es en dirección vertical. Para resolver este problema necesitamos insertar un punto nuevo entre los puntos que están alineados verticalmente. Suponga que el nuevo punto debe estar a la mitad entre los puntos en cuestión con una coordenada x que sea 5% mayor que la coordenada x de los puntos alineados verticalmente. Escriba un programa que lea un archivo points.dat y use este método para convertirlo en subtrayectorias cuando sea necesario, almacenando el nuevo conjunto completo de trayectorias en un archivo llamado final.dat.

Producción de pozos petroleros. Suponga que estamos tratando de determinar la relación entre la producción de un pozo petrolero en operación y la temperatura. Para ello, hemos recabado un conjunto de datos que contiene la producción media del pozo petrolero en barriles de petróleo por día, junto con la temperatura media del día. Este conjunto de datos se almacena en un archivo ASCII llamado oil.dat.

8.   Puesto que los datos no están ordenados por producción de petróleo ni por temperatura, tendrán que reordenarse. Escriba un programa que lea los datos y genere dos nuevos archivos de datos. El archivo oiltmp.dat deberá contener los datos con los valores de producción de petróleo en orden creciente, junto con sus temperaturas correspondientes. El archivo tmpoil.dat deberá contener los datos con las temperaturas en orden ascendente, junto con sus producciones de petróleo correspondientes. Si hay puntos que tengan el mismo valor como primera coordenada, el archivo de salida deberá contener sólo un punto con esa primera coordenada; la segunda coordenada correspondiente deberá ser el promedio de las dos segundas coordenadas que tienen el mismo primer valor.

9.   Escriba un programa para graficar los datos del archivo tmpoil.dat, junto con aproximaciones de polinomio de segundo y tercer grado para los datos. Exhiba los modelos polinómicos y los errores de mínimos cuadrados.

10. Escriba un programa que grafique los datos del archivo `oiltmp.dat`, junto con aproximaciones de polinomio de segundo y tercer grado para los datos. Exhiba los modelos polinómicos y los errores de mínimos cuadrados.

11. Suponga que se va a usar una aproximación de polinomio de tercer grado para modelar la producción del pozo petrolero en términos de la temperatura. Escriba un programa que permita al usuario introducir una temperatura; el programa exhibirá la producción predicha en barriles por día.

Cortesía de Alaska Division of Tourism.

7

GRAN DESAFÍO:
Recuperación mejorada de petróleo y gas

El diseño y construcción del oleoducto de Alaska presentó numerosos desafíos de
ingeniería. Uno de los problemas más importantes fue proteger el permafrost (el subsuelo
perennemente congelado de las regiones árticas o subárticas) contra el calor del oleoducto
mismo. El petróleo que fluye dentro de la tubería es calentado por las estaciones de
bombeo y por la fricción con las paredes del tubo, lo suficiente para que los soportes de la
tubería tengan que aislarse o incluso enfriarse con el fin de evitar que fundan el
permafrost en sus bases. Además, los componentes del oleoducto tuvieron que ser muy
confiables en vista de la inaccesibilidad de algunos lugares. Lo que es más importante, la
falla de componentes podría causar daños a las personas, animales y el medio ambiente
cercano al oleoducto.

Integración
y derivación numéricas

OBJETIVOS

La integración y la derivación son los conceptos clave que se presentan en los cursos de cálculo. Estos conceptos son fundamentales para resolver un gran número de problemas de ingeniería y ciencias. Aunque muchos de estos problemas se pueden resolver analíticamente usando integración y derivación, hay muchos que no están en este caso; estos problemas requieren técnicas de integración numérica o derivación numérica. En este capítulo estudiaremos soluciones numéricas para problemas de integración y derivación y luego presentaremos las funciones MATLAB que calculan esas soluciones.

7.1   Integración numérica

Integral

La **integral** de una función $f(x)$ en el intervalo $[a,b]$ se define como el área bajo la curva de $f(x)$ entre a y b, como se muestra en la figura 7.1. Si el valor de esta integral es K, la notación para representarlo es:

$$K = \int_a^b f(x)dx$$

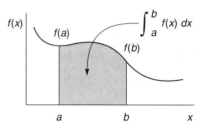

Figura 7.1 *Integral de f(x) de a a b.*

En el caso de muchas funciones, esta integral puede calcularse analíticamente. Sin embargo, para muchas otras el cálculo analítico es muy difícil*, por lo que se requiere una técnica numérica para estimar su valor. La evaluación numérica de una integral se denomina **cuadratura**, nombre que proviene de un antiguo problema de geometría.

Cuadratura

Las técnicas de integración numérica estiman la función $f(x)$ mediante otra función $g(x)$, la cual se escoge de modo que sea fácil calcular el área bajo $g(x)$. Así, cuanto mejor sea la estimación de $f(x)$ con $g(x)$, mejor será la estimación de la integral de $f(x)$. Dos de las técnicas de integración numérica más comunes estiman $f(x)$ con una serie de funciones seccionalmente lineales o de funciones seccionalmente parabólicas. Si estimamos la función con funciones seccionalmente lineales, podremos calcular el área de los trapecios que constituyen el área bajo las funciones lineales fragmentarias; esta técnica se llama regla de los trapecios. Si estimamos la función con funciones seccionalmente cuadráticas, podremos calcular y sumar las áreas de los componentes; esta técnica se denomina regla de Simpson.

REGLA DE LOS TRAPECIOS Y REGLA DE SIMPSON

Regla de los trapecios

Si el área bajo una curva se representa con trapecios y si el intervalo $[a,b]$ se divide en n secciones iguales, el área puede aproximarse con la siguiente fórmula (**regla de los trapecios**):

$$K_T = \frac{b-a}{2n}\ (f(x_0) + 2f(x_1) + 2f(x_2) + \ldots + 2f(x_{n-1}) + f(x_n))$$

donde los valores x_i representan los extremos de las bases de los trapecios, y donde $x_0 = a$ y $x_n = b$.

*Por ejemplo, la integral indefinida $\int_0^1 e^{-x^2}dx$ *no se puede resolver analíticamente.*

Regla de
Simpson

Si representamos el área bajo una curva con áreas bajo secciones cuadráticas de una curva, y si dividimos el intervalo $[a,b]$ en $2n$ secciones iguales, el área podrá aproximarse con la siguiente fórmula (**regla de Simpson**):

$$K_S = \frac{h}{3}\,(f(x_0) + 4f(x_1) + 2f(x_2) + 4f(x_3) +\ldots+ 2f(x_{2n-2})$$
$$+ 4f(x_{2n-1}) + f(x_{2n}))$$

donde los valores x_i representan los extremos de las secciones, y donde $x_0 = a$, $x_{2n} = b$ y $h = (b - a)/(2n)$.

Si los componentes seccionales de la función de aproximación son funciones de más alto orden (la regla trapezoidal usa funciones de primer orden y la regla de Simpson usa funciones de segundo orden), las técnicas de integración se denominan técnicas de integración de Newton-Cotes.

Singularidad

La estimación de una integral mejora si usamos más componentes (digamos, trapecios) para aproximar el área bajo una curva. Si intentamos integrar una función que tiene una **singularidad** (un punto en el que la función o sus derivadas son infinito o no están definidas), tal vez no logremos obtener una respuesta satisfactoria con una técnica de integración numérica.

FUNCIONES DE CUADRATURA

MATLAB cuenta con dos funciones de cuadratura para realizar integración numérica de funciones. La función `quad` utiliza una forma adaptativa de la regla de Simpson, y `quad8` usa una regla de Newton Cotes adaptativa de ocho paneles. La función `quad8` es mejor para manejar funciones con ciertos tipos de singularidades, como $\int_0^1 \sqrt{x}\,dx$. Ambas funciones exhiben un mensaje de advertencia si detectan una singularidad, pero de todos modos devuelven una estimación de la integral.

Las formas más sencillas de las funciones `quad` y `quad8` requieren tres argumentos. El primero es el nombre (entre apóstrofos) de la función MATLAB que devuelve un vector de valores de $f(x)$ cuando se le proporciona un vector de valores de entrada. El nombre de función puede ser el nombre de otra función MATLAB, como `sin`, o puede ser el de una función MATLAB escrita por el usuario. El segundo y tercer argumentos son los límites de integración `a` y `b`. He aquí un resumen de estas funciones:

`quad('nombre_func',a,b)`	Devuelve el área bajo la función entre `a` y `b` usando una forma de la regla de Simpson.
`quad8('nombre_func',a,b)`	Devuelve el área bajo la función entre `a` y `b` usando una regla de Newton-Cotes adaptativa de 8 paneles. Esta función es mejor que `quad` para manejar algunas funciones que tienen singularidades.

Para ilustrar estas funciones, suponga que queremos determinar la integral de la función de raíz cuadrada para valores no negativos de a y b:

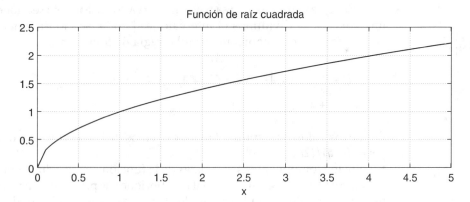

Figura 7.2 *Función de raíz cuadrada.*

$$K = \int_a^b \sqrt{x}\, dx$$

La función de raíz cuadrada $f(x) = \sqrt{x}$ se grafica en la figura 7.2 para el intervalo [0,5]; los valores de la función son complejos para $x < 0$. Esta función puede integrarse analíticamente con el siguiente resultado para valores no negativos de a y b:

$$K = \frac{2}{3}\left(b^{3/2} - a^{3/2}\right)$$

A fin de comparar los resultados de las funciones de cuadratura con los resultados analíticos para un intervalo especificado por el usuario, usamos el siguiente programa:

```
%    Estas instrucciones comparan las funciones de cuadratura
%    con los resultados analíticos para la integración
%    de la raíz cuadrada de x dentro del intervalo [a,b],
%    donde a y b son no negativos.
%
a = input('Indique el extremo izquierdo (no negativo): ' );
b = input('Indique el extremo derecho (no negativo): ' );
k = 2/3*(b^(1.5) - a^(1.5));
kq = quad('sqrt',a,b);
kq8 = quad8('sqrt',a,b);
fprintf('Analítico: %f \n Numérico: %f %f \n',k,kq,kq8)
```

Este programa se probó usando varios intervalos, dando los siguientes resultados:

Intervalo [0.5,0.6]

```
Analítico: 0.074136
 Numérico:  0.074136 0.074136
```

Intervalo [0,0.5]

```
Analítico: 0.235702
 Numérico:  0.235701 0.235702
```

Intervalo [0,1]:

```
Analítico:  0.666667
Numérico:   0.666663  0.666667
```

Las funciones `quad` y `quad8` pueden incluir un cuarto argumento, que representa una tolerancia. La función de integración continuará refinando su estimación hasta que el error relativo sea menor que la tolerancia:

$$\frac{\text{estimación anterior } - \text{ estimación actual}}{\text{estimación anterior}} < \text{tolerancia}$$

Si se omite la tolerancia, se supone un valor predeterminado de 0.001. Si un quinto argumento opcional es distinto de cero, se preparará una gráfica de puntos de los valores de la función empleados en los cálculos de integración.

Estas técnicas de integración pueden manejar algunas singularidades que ocurren en uno u otro de los extremos del intervalo, pero no las que ocurren dentro del intervalo. Para estos casos, puede ser aconsejable dividir el intervalo en subintervalos y proporcionar estimaciones de las singularidades usando otros resultados, como la regla de l'Hôpital.

¡Practique!

Dibuje la función $f(x) = |x|$ e indique las áreas especificadas por las siguientes integrales. Luego calcule las integrales a mano y compare sus resultados con los generados por la función `quad`.

1. $\displaystyle\int_{0.5}^{0.6} |x|\ dx$ 	2. $\displaystyle\int_{0}^{1} |x|\ dx$

3. $\displaystyle\int_{-1}^{-0.5} |x|\ dx$ 	4. $\displaystyle\int_{-0.5}^{0.5} |x|\ dx$

7.2   Resolución aplicada de problemas: Análisis de flujo en tuberías

En esta aplicación nos ocupamos del flujo de petróleo en un oleoducto, pero el análisis del flujo de un líquido en un tubo circular se aplica a muchos sistemas distintos, como son las venas y arterias del cuerpo humano, el sistema de suministro de agua de una ciudad, el sistema de irrigación de una granja, el sistema de tuberías que transporta fluidos en una fábrica, las líneas hidráulicas de un avión y el chorro de tinta de una impresora para computadora.

La fricción en una tubería circular origina un perfil de velocidades en el petróleo al fluir. El petróleo que está en contacto con las paredes del tubo no se está moviendo, mientras que el petróleo que está en el centro del flujo se está moviendo con

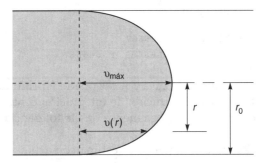

Figura 7.3 *Perfil de velocidad en un oleoducto.*

velocidad máxima. El diagrama de la figura 7.3 muestra cómo varía la velocidad del petróleo a lo ancho del diámetro de la tubería y define las variables empleadas en este análisis. La siguiente ecuación describe este perfil de velocidad:

$$v(r) = v_{máx}\left(1 - \frac{r}{r_0}\right)^{1/n}$$

La variable n es un entero entre 5 y 10 que define la forma del flujo de petróleo hacia adelante. La velocidad de flujo media en el tubo es la integral de área del perfil de velocidad, la cual podemos demostrar que es:

$$v_{med} = \frac{\displaystyle\int_0^{r_0} v(r)2\pi r \, dr}{\pi r_0^2}$$

$$= \frac{2v_{máx}}{r_0^2}\int_0^{r_0} r\left(1 - \frac{r}{r_0}\right)^{1/n} dr$$

Los valores de $v_{máx}$ y n se pueden medir experimentalmente, y el valor de r_0 es el radio del tubo. Escriba un programa MATLAB que integre el perfil de velocidad para determinar la velocidad de flujo media en el tubo.

1.   PLANTEAMIENTO DEL PROBLEMA

Calcule la velocidad de flujo media en una tubería.

2.   DESCRIPCIÓN DE ENTRADAS/SALIDAS

El siguiente diagrama muestra que la salida del programa es el valor de la velocidad de flujo media en la tubería. Los valores de la velocidad máxima $v_{máx}$, el radio de la tubería r_0 y el valor de n se especifican como constantes en el programa.

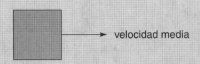
velocidad media

3. EJEMPLO A MANO

Si suponemos que el valor de r_0 es 0.5 m y que el valor de n es 8, podemos graficar la función $r(1 - r/r_0)^{1/n}$, como se muestra en la figura 7.4. También podemos obtener una estimación de la integral de esta función sumando las áreas del triángulo y el rectángulo de la figura 7.5. Esta estimación del área es:

$$\text{área} = 0.5(0.4)(0.35) + (0.1)(0.35)$$
$$= 0.105$$

A continuación multiplicamos esta área por el factor $2v_{máx}/r_0^2$ para obtener la velocidad de flujo media en la tubería. Si suponemos que $v_{máx}$ es 1.5 m/s, la velocidad de flujo media es de aproximadamente 1.260 m/s.

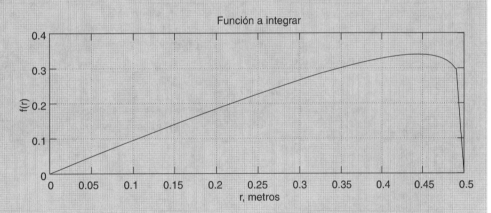

Figura 7.4 *Función relacionada con la velocidad de flujo media.*

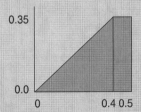

Figura 7.5 *Aproximación de integral.*

4.   SOLUCIÓN MATLAB

En la solución MATLAB, usamos la función quad para evaluar la integral. Uno de los parámetros de la función quad es el nombre de la función que calcula los valores de la función que se desea integrar numéricamente, así que también debemos escribir un archivo M que calcule valores de la función dentro de la integral. Especificaremos los valores de $v_{máx}$, r_0 y n como constantes tanto en el programa como en la función. En la siguiente función exhibimos el valor de la integral para poder compararlo con el valor determinado en el cálculo a mano.

```
%     Estas instrucciones calculan el valor de la
%     velocidad de flujo media para una tubería
%     usando integración numérica.
%
vmáx = 1.5;
r0 = 0.5;
%
integral = quad('velocity',0,0.5)
%
ave_velocity = (2*vmáx/(r0^2))*integral
```

El archivo M que define la función que se integrará para calcular la velocidad media es la siguiente:

```
function v = velocity(r)
%     VELOCITY   Esta función se relaciona con la
%                velocidad de flujo media en el tubo.
%
r0 = 0.5;
n = 8;
%
v = r.*(1-r/r0).^(1/n);
```

5.   PRUEBA

La salida del programa es la siguiente:
```
integral =
    0.1046
ave_velocity=
    1.2548
```

El valor estimado en el ejemplo a mano para la integral fue de 0.105, y el valor correspondiente estimado para la velocidad media fue de 1.260.

7.3   Derivación numérica

Derivada

La **derivada** de una función $f(x)$ se define como una función $f'(x)$ que es igual a la rapidez de cambio de $f(x)$ respecto a x. La derivada puede expresarse como un cociente, con el cambio de $f(x)$ indicado por $df(x)$ y el cambio de x indicado por dx, dando:

$$f'(x) = \frac{df(x)}{dx}$$

Hay muchos procesos físicos en los que nos interesa medir la rapidez de cambio de una variable. Por ejemplo, la velocidad es la rapidez de cambio de la posición (en metros por segundo, por ejemplo), y la aceleración es la rapidez de cambio de la velocidad (en metros por segundo al cuadrado, por ejemplo). También puede demostrarse que la integral de la aceleración es la velocidad y que la integral de la velocidad es la posición. Por tanto, la integración y la derivación tienen una relación especial en cuanto a que pueden considerarse inversas una de la otra: la integral de una derivada devuelve la función original, y la derivada de una integral devuelve la función original a, más o menos, un valor constante.

La derivada $f'(x)$ puede describirse gráficamente como la pendiente de la función $f(x)$, donde dicha pendiente se define como la pendiente de la línea tangente a la función en el punto especificado. Así, el valor de $f'(x)$ en el punto a es $f'(a)$, y es igual a la pendiente de la línea tangente en el punto a, como se muestra en la figura 7.6.

Puesto que la derivada de una función en un punto es la pendiente de la línea tangente en ese punto, un valor de cero para la derivada de una función en el punto x_k indica que la línea está horizontal en ese punto. Los puntos con derivada igual a cero se denominan **puntos críticos** y pueden representar una región horizontal de la función o un **punto extremo** (un máximo local o un mínimo local de la función). El punto también puede ser el máximo global o el mínimo global, como se muestra en la figura 7.7, pero se requiere un análisis más a fondo de toda la función para determinar esto. Si evaluamos la derivada de una función en varios puntos de un intervalo y observamos que el signo de la derivada cambia, sabremos que ocurre un máximo local o un mínimo local en el intervalo. Podemos usar la segunda derivada (la derivada de $f'(x)$) para determinar si los puntos críticos representan o no máximos locales o mínimos locales. En términos más específicos, si la segunda derivada en un punto extremo es positiva, el valor de la función en dicho punto es un mínimo local; si la segunda derivada en un punto extremo es negativa, el valor de la función en el punto extremo es un máximo local.

Puntos críticos

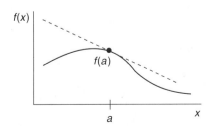

Figura 7.6 *Derivada de f(x) en x = a.*

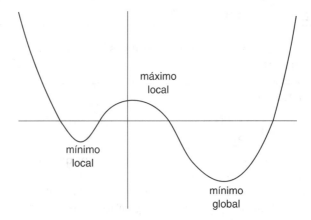

Figura 7.7 *Ejemplo de función con puntos críticos.*

EXPRESIONES DE DIFERENCIA

Las técnicas de derivación numérica estiman la derivada de una función en un punto x_k aproximando la pendiente de la línea tangente en x_k usando valores de la función en puntos cercanos a x_k. La aproximación a la pendiente de la línea tangente puede hacerse de varias formas, como se muestra en la figura 7.8. En la figura 7.8(a) se supone que la derivada en x_k se estima calculando la pendiente de la línea entre $f(x_{k-1})$ y $f(x_k)$, así:

$$f'(x_k) = \frac{f(x_k) - f(x_{k-1})}{x_k - x_{k-1}}$$

Diferencia
hacia atrás

Este tipo de aproximación a la derivada se denomina aproximación por **diferencia hacia atrás**.

En la figura 7.8(b) se supone que la derivada en x_k se estima calculando la pendiente de la línea entre $f(x_k)$ y $f(x_k+1)$, así:

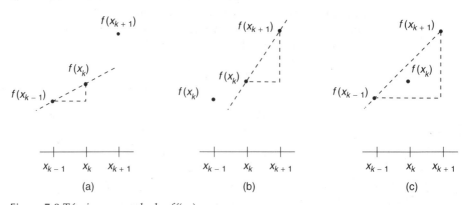

Figura 7.8 *Técnicas para calcular $f'(x_k)$.*

$$f'(x_k) = \frac{f(x_{k+1}) - f(x_k)}{x_{k+1} - x_k}$$

Diferencia hacia adelante Este tipo de aproximación a la derivada se denomina aproximación por **diferencia hacia adelante**.

En la figura 7.8(c) se supone que la derivada en x_k se estima calculando la pendiente de la línea entre $f(x_{k-1})$ y $f(x_{k+1})$, así:

$$f'(x_k) = \frac{f(x_{k+1}) - f(x_{k-1})}{x_{k+1} - x_{k-1}}$$

Diferencia central Este tipo de aproximación a la derivada se denomina aproximación por **diferencia central**. Por lo regular suponemos que x_k está a la mitad del camino entre x_{k-1} y x_{k+1}.

La calidad de estos tres tipos de cálculos de derivadas depende de la distancia entre los puntos empleados para estimar la derivada; la estimación de la derivada mejora al disminuir la distancia entre los dos puntos.

La segunda derivada de una función $f(x)$ es la derivada de la primera derivada de la función:

$$f''(x) = \frac{df'(x)}{dx}$$

Esta función puede evaluarse usando pendientes de la primera derivada. Así pues, si usamos diferencias hacia atrás, tenemos:

$$f''(x_k) = \frac{f'(x_k) - f'(x_{k-1})}{x_k - x_{k-1}}$$

Se pueden deducir expresiones similares para calcular estimaciones de derivadas más altas.

FUNCIÓN diff

La función diff calcula diferencias entre valores adyacentes en un vector, generando un nuevo vector con un valor menos. Si la función diff se aplica a una matriz, opera sobre las columnas de la matriz como si cada una fuera un vector. Por tanto, la matriz devuelta tiene el mismo número de columnas, pero una fila menos. He aquí un resumen de la función:

diff(x)	Devuelve un nuevo vector que contiene las diferencias entre valores adyacentes del vector x. Si x es una matriz, la función devuelve una matriz que contiene las diferencias entre valores adyacentes en las columnas de x.

Como ilustración, supongamos que el vector x contiene los valores [0,1,2,3,4,5] y que el vector y contiene los valores [2,3,1,5,8,10]. Entonces, el vector generado por diff(x) es [1,1,1,1,1], y el generado por diff(y), [1,–2,4,3,2]. La derivada dy se calcula con diff(y)./diff(x). Cabe señalar que estos valores de dy son correctos tanto para la ecuación de diferencia hacia adelante como para la de diferencia hacia atrás. La distinción entre los dos métodos para calcular la derivada está determinada por

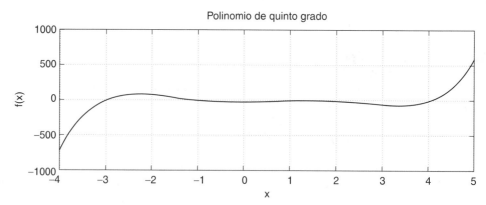

Figura 7.9 *Gráfica de un polinomio.*

los valores de xd que corresponden a la derivada dy. Si los valores correspondientes de xd son [1,2,3,4,5], dy calcula una diferencia hacia atrás; si los valores correspondientes de xd son [0,1,2,3,4], dy calcula una diferencia hacia adelante. *No olvide especificar el tipo de ecuación de diferencia (hacia adelante, hacia atrás, central) en los comentarios de un programa que calcule una derivada numérica.*

Suponga que tenemos una función dada por el siguiente polinomio:

$$f(x) = x^5 - 3x^4 - 11x^3 + 27x^2 + 10x - 24$$

En la figura 7.9 se muestra una gráfica de esta función. Suponga que nos interesa calcular la derivada de esta función dentro del intervalo [−4,5] usando una ecuación

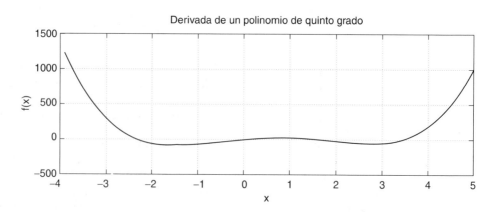

Figura 7.10 *Gráfica de la derivada de un polinomio.*

de diferencia hacia atrás. Podemos realizar esta operación usando la función `diff` como se muestra en estas ecuaciones, donde `df` representa a $f'(x)$ y `xd` representa los valores de `x` que corresponden a la derivada:

```
%    Evaluar f(x) y f'(x) usando diferencias hacia atrás.
%
x = -4:0.1:5;
f = x.^5 - 3*x.^4 - 11*x.^3 + 27*x.^2 + 10*x - 24;
df = diff(f)./diff(x);
xd = x(2:length(x));
```

La figura 7.10 es una gráfica de esta derivada. Observe que los ceros de la derivada incluyen los puntos de mínimos y máximos locales de la función; esta función no tiene un mínimo global ni un máximo global porque va de $-\infty$ a $+\infty$. Podemos exhibir las posiciones de los puntos críticos (que ocurren en -2.3, -0.2, 1.5 y 3.4, con precisión de un decimal) de esta función con las siguientes instrucciones:

```
%    Encontrar los puntos críticos de f'(x).
%
product = df(1:length(df)-1).*df(2:length(df));
critical = xd(find(product < 0))
```

La función `find` determina los índices de los elementos de `product` que son negativos, ya que estos puntos indican un cambio de signo de la derivada. Luego se usan esos índices con el vector `xd` para exhibir la aproximación a la posición de los puntos críticos.

Si queremos calcular una derivada de diferencias centrales usando los vectores `x` y `f`, podemos usar las siguientes instrucciones:

```
%    Evaluar f'(x) usando diferencias centrales.
%
numerator = f(3:length(f)) - f(1:length(f)-2);
denominator = x(3:length(x)) - x(1:length(x)-2);
dy = numerator./denominator;
xd = x(2:length(x)-1);
```

En el ejemplo que manejamos en esta sección supusimos que teníamos la ecuación de la función por diferenciar; esto nos permitió generar puntos de la función. En muchos problemas de ingeniería los datos por diferenciar se obtienen de experimentos. Por ello, no podemos escoger que los puntos estén cercanos entre sí para obtener una estimación más exacta de la derivada. En estos casos, podría ser conveniente usar las técnicas del capítulo 6 que nos permiten determinar una ecuación que se ajuste a un conjunto de datos, y luego calcular puntos de esa ecuación para usarlos en el cálculo de valores de la derivada.

¡Practique!

Para cada una de las siguientes funciones, grafique la función, su primera derivada y su segunda derivada en el intervalo [−10,10]. Luego use comandos de MATLAB
para exhibir las posiciones de los mínimos locales, seguidos en una línea aparte de
las posiciones de los máximos locales.

1. $g_1(x) = x^3 − 5x^2 + 2x + 8$
2. $g_2(x) = x^2 + 4x + 4$
3. $g_3(x) = x^2 − 2x + 2$
4. $g_4(x) = 10x − 24$
5. $g_5(x) = x^5 − 4x^4 − 9x^3 + 32x^2 + 28x − 48$

RESUMEN DEL CAPÍTULO

En este capítulo se presentaron técnicas de integración y derivación numérica. Las
técnicas de integración numérica aproximan el área bajo una curva, y las de derivación numérica aproximan la pendiente de una curva. Las funciones MATLAB de integración son `quad` y `quad8`, que realizan una forma iterativa de la regla de Simpson y
una técnica de Newton-Cotes iterativa, respectivamente. Ambas funciones requieren
que la función por integrar sea una función MATLAB, ya sea estándar o escrita por el
usuario. La función MATLAB que puede usarse para calcular la derivada de una función es `diff`, que calcula las diferencias entre elementos adyacentes de un vector.
Para calcular la derivada de una función f respecto a x, se requieren dos referencias a
la función `diff`, como en `diff(f)./diff(x)`.

TÉRMINOS CLAVE

cuadratura
diferencia central
diferencia hacia adelante
diferencia hacia atrás
derivación numérica
integración numérica

punto crítico
punto extremo
regla de los trapecios
regla de Simpson
singularidad

RESUMEN DE MATLAB

En este resumen de MATLAB se listan todos los comandos y funciones que se definieron en el capítulo. También se incluye una breve descripción de cada uno.

COMANDOS Y FUNCIONES

`diff`	calcula las diferencias entre valores adyacentes
`quad`	calcula la integral bajo una curva (Simpson)
`quad8`	calcula la integral bajo una curva (Newton-Cotes)

NOTAS DE *Estilo*

1. No olvide especificar el tipo de ecuación de diferencias (hacia adelante, hacia atrás, central) en los comentarios de un programa que calcula una derivada numérica.

NOTAS DE DEPURACIÓN

1. Si una función contiene una singularidad en el intervalo de interés, divídalo en subintervalos de modo que la singularidad quede en los extremos. Evalúe la singularidad usando otras técnicas, como la regla de l'Hôpital.

PROBLEMAS

Los problemas 1 al 4 se relacionan con la aplicación de ingeniería que presentamos en este capítulo. Los problemas 5 al 11 tienen que ver con nuevas aplicaciones.

Análisis de flujo en tuberías. Estos problemas se relacionan con el análisis de flujo en un oleoducto presentado en la sección 7.2.

1. Modifique la función `velocity` de modo que r_0 y n también sean argumentos de la función.
2. Genere una tabla que muestre la velocidad de flujo media para una tubería usando los valores enteros de n desde 5 hasta 10. Use la función del problema 1.
3. Genere una tabla que muestre la velocidad de flujo media para tuberías con radios de 0.5, 1.0, 1.5 y 2.0 m. Suponga que los demás parámetros no cambian respecto a los valores especificados en el problema original. Use la función del problema 1.
4. Modifique el programa creado en la sección 7.2 de modo que el usuario pueda introducir el valor de $v_{máx}$.

Trayectoria de cohete sonda. Los siguientes datos representan valores de tiempo y altura para un cohete sonda que está realizando investigaciones atmosféricas en la ionosfera.

Tiempo, s	Altura, m
0	60
10	2,926
20	10,170
30	21,486
40	33,835
50	45,251
60	55,634
70	65,038
80	73,461
90	80,905
100	87,368
110	92,852
120	97,355
130	100,878
140	103,422
150	104,986
160	106,193
170	110,246
180	119,626
190	136,106
200	162,095
210	199,506
220	238,775
230	277,065
240	314,375
250	350,705

5. La función de velocidad es la derivada de la función de altura. Usando derivación numérica, calcule los valores de velocidad a partir de estos datos, usando una diferencia hacia atrás. Grafique los datos de altura y velocidad en dos gráficas distintas (cabe señalar que se trata de un cohete de dos etapas).

6. La función de aceleración es la derivada de la función de velocidad. Usando los datos de velocidad obtenidos en el problema 5, calcule los datos de aceleración, usando una diferencia hacia atrás. Grafique los datos de velocidad y aceleración en dos gráficas distintas.

7. Grafique los datos de velocidad en la misma gráfica usando las tres ecuaciones de diferencias.

8. Parta de los datos de aceleración para este cohete que se calcularon en el problema 6. Integre los datos para obtener valores de velocidad (no podrá usar las funciones quad porque sólo tiene puntos de datos; use la regla de los trapecios o

la regla de Simpson). Grafique los datos de velocidad calculados en el problema 5 y los calculados en este problema en la misma gráfica.

9. Parta de los datos de velocidad para este cohete que se calcularon en el problema 5. Integre los datos para obtener valores de altura (no podrá usar las funciones quad porque sólo tiene puntos de datos; use la regla de los trapecios o la regla de Simpson). Grafique los datos de altura dados en el enunciado del problema y los calculados en este problema en la misma gráfica.

Análisis de funciones. Los siguientes problemas están relacionados con la integración numérica y la derivación numérica.

10. La función f está definida por la siguiente ecuación:

$$f(x) = 4e^{-x}$$

Grafique la función en el intervalo [0,1]. Use técnicas de integración numérica para estimar la integral de $f(x)$ en los intervalos [0,0.5] y [0,1].

11. Escriba un programa para identificar los puntos de inflexión de una función en un intervalo dado. (Un punto de inflexión es un punto crítico que no es un punto extremo.)

8

Cortesía de NASA Lewis Research Center.

GRAN DESAFÍO:
Funcionamiento de vehículos

Una de las nuevas tecnologías de propulsión más prometedoras que se están desarrollando para los aviones de transporte del futuro es un motor turbohélice avanzado llamado abanico sin ductos (UDF, *unducted fan*). El motor UDF incorpora avances significativos en la tecnología de hélices. Los nuevos materiales, nuevas formas de aspas y velocidades de rotación más altas permiten a los aviones con motores UDF volar casi con tanta rapidez como los de abanico a reacción y con mayor eficiencia en el gasto de combustible. El UDF utiliza juegos de aspas que giran en direcciones opuestas, como se muestra en esta fotografía. Observe la diferencia entre la forma de las aspas UDF y las de las hélices convencionales.

Ecuaciones diferenciales ordinarias

OBJETIVOS

En esta sección presentamos un grupo de ecuaciones diferenciales de primer orden y sus soluciones analíticas. Después de describir los métodos de Runge-Kutta para integrar ecuaciones diferenciales de primer orden, comparamos las soluciones numéricas del grupo de ecuaciones diferenciales de primer orden con las soluciones analíticas. A continuación examinamos y resolvemos un problema de aplicación que requiere la resolución de una ecuación diferencial; para ello usamos una función MATLAB que implementa métodos de Runge-Kutta de segundo y tercer orden. El capítulo termina con una explicación de la conversión de ecuaciones diferenciales de orden superior en ecuaciones diferenciales de primer orden para poder resolverlas usando las técnicas estudiadas en el capítulo.

8.1   Ecuaciones diferenciales ordinarias de primer orden

Una **ecuación diferencial ordinaria** (EDO) **de primer orden** es una ecuación que se puede escribir en esta forma:

$$y' = \frac{dy}{dx} = g(x,y)$$

donde x es la variable independiente y y es una función de x. Las siguientes ecuaciones son ejemplos de EDO de primer orden:

Ecuación 1: $y' = g_1(x,y) = 3x^2$
Ecuación 2: $y' = g_2(x,y) = -0.131y$
Ecuación 3: $y' = g_3(x,y) = 3.4444\text{E-05} - 0.0015y$
Ecuación 4: $y' = g_4(x,y) = 2 \cdot x \cdot \cos^2(y)$
Ecuación 5: $y' = g_5(x,y) = 3y + e^{2x}$

Observe que y' se da como función de x en la Ecuación 1; y' es función de y en las Ecuaciones 2 y 3, y es función tanto de x como de y en las Ecuaciones 4 y 5.

Una solución a una EDO de primer orden es una función $y = f(x)$ tal que $f'(x) = g(x,y)$. Calcular la solución de una ecuación diferencial implica integrar para obtener y a partir de y'; por tanto, las técnicas para resolver ecuaciones diferenciales también se conocen como técnicas para integrar ecuaciones diferenciales. La solución de una ecuación diferencial generalmente es una familia de funciones. Por lo regular se necesita una **condición inicial** o **condición de frontera** para especificar una solución única. Las soluciones analíticas de las EDO que presentamos al principio de esta sección se determinaron usando ciertas condiciones iniciales, y son:

Condición
inicial

Solución de la Ecuación 1: $y = x^3 - 7.5$
Solución de la Ecuación 2: $y = 4e^{-0.131x}$
Solución de la Ecuación 3: $y = 0.022963 - 0.020763e^{-0.0015x}$
Solución de la Ecuación 4: $y = \tan^{-1}(x^2 + 1)$
Solución de la Ecuación 5: $y = 4e^{3x} - e^{2x}$

Los detalles para calcular estas soluciones analíticas rebasan el alcance de este texto, pero pueden encontrarse en un texto de ecuaciones diferenciales.

Aunque es preferible resolver analíticamente una ecuación diferencial, muchas ecuaciones diferenciales tienen soluciones analíticas complicadas o simplemente no las tienen. En estos casos se requiere una técnica numérica para resolver la ecuación diferencial. Las técnicas numéricas más comunes para resolver ecuaciones diferenciales ordinarias son el método de Euler y los métodos de Runge-Kutta.

Tanto el método de Euler como los métodos de Runge-Kutta aproximan una función usando su expansión de serie de Taylor. Recuerde que una **serie de Taylor** es una expansión que puede servir para aproximar una función cuyas derivadas existen en un intervalo que contiene a a y a b. La expansión de serie de Taylor de $f(b)$ es

Serie de
Taylor

$$f(b) = f(a) + (b-a)f'(a) + \frac{(b-a)^2}{2!}f''(a) + \ldots + \frac{(b-a)^n}{n!}nf^{(n)}(a) + \ldots$$

Una **aproximación de serie de Taylor de primer orden** usa los términos en los que interviene la función y su primera derivada:

$$f(b) \approx f(a) + (b-a)f'(a)$$

Una **aproximación de segundo orden** usa los términos en los que interviene la función, su primera derivada y su segunda derivada:

$$f(b) \approx f(a) + (b-a)f'(a) + \frac{(b-a)^2}{2!}f''(a)$$

Cuantos más términos de la serie de Taylor se usen para aproximar una función, más exacta será la aproximación. Las dos funciones MATLAB que veremos en la siguiente sección usan aproximaciones de orden 2, 3, 4 y 5 para aproximar el valor de la función $f(b)$.

8.2 Métodos de Runge-Kutta

Método de
Runge-Kutta

Los métodos más utilizados para integrar una ecuación diferencial de primer orden son los **métodos de Runge-Kutta**. Estos métodos se basan en aproximar una función usando su expansión de serie de Taylor; así, un método de Runge-Kutta de primer orden usa una expansión de serie de Taylor de primer orden, un método de Runge-Kutta de segundo orden usa una expansión de serie de Taylor de segundo orden, etc. (El **método de Euler** es equivalente a un método de Runge-Kutta de primer orden.) Las funciones MATLAB que presentaremos más adelante en esta sección usan aproximaciones de orden 2, 3, 4 y 5 para estimar valores de una función desconocida f usando una ecuación diferencial.

La serie de Taylor para evaluar $f(b)$ está dada por la siguiente expansión:

$$f(b) = f(a) + (b-a)f'(a) + \frac{(b-a)^2}{2!}f''(a) + \ldots + \frac{(b-a)^n}{n!}f^{(n)}(a) + \ldots$$

Si suponemos que el término $(b-a)$ representa un tamaño de paso h, podemos reescribir la serie de Taylor en esta forma:

$$f(b) = f(a) + hf'(a) + \frac{h^2}{2!}f''(a) + \ldots + \frac{h^n}{n!}f^{(n)}(a) + \ldots$$

Puesto que $y = f(x)$, podemos simplificar la notación aún más si suponemos que $y_b = f(b)$, $y_a = f(a)$, $y_a' = f'(a)$, y así:

$$y_b = y_a + h\,y_a' + \frac{h^2}{2!}y_a'' + \ldots + \frac{h^n}{n!}y_a^{(n)} + \ldots$$

APROXIMACIÓN DE PRIMER ORDEN (MÉTODO DE EULER)

Una ecuación de integración Runge-Kutta de primer orden es la siguiente:

$$y_b = y_a + hy_a'$$

Esta ecuación estima el valor de la función y_b usando una línea recta que es tangente a la función en y_a, como se muestra en la fig. 8.1. Para calcular el valor de y_b (que se supone está en la línea tangente) usamos un tamaño de paso h (igual a $b-a$) y un

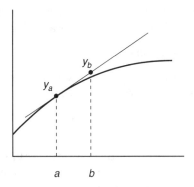

Figura 8.1 *Cálculo de y_b usando un método Runge-Kutta de primer orden.*

punto de partida y_a; se usa la ecuación diferencial para calcular el valor de y_a'. Una vez determinado el valor de y_b, podemos estimar el siguiente valor de la función $f(c)$ usando lo siguiente:

$$y_c = y_b + hy_b'$$

Esta ecuación usa la línea tangente en y_b para estimar y_c, como se muestra en la figura 8.2. Puesto que se necesita un valor inicial o de frontera para iniciar el proceso de estimación de otros puntos de la función $f(x)$, los métodos de Runge-Kutta (y el de Euler) también se denominan **soluciones de valor inicial** o **soluciones de valor de frontera**.

La ecuación de integración Runge-Kutta de primer orden es sencilla de aplicar, pero dado que aproxima la función con una serie de segmentos de recta cortos, podría no ser muy exacta si el tamaño de paso es grande o si la pendiente de la función cambia con rapidez. Es por ello que con frecuencia se usan ecuaciones de integración Runge-Kutta de orden superior para aproximar la función desconocida. Estas técnicas de orden superior promedian varias aproximaciones de tangente a la función, obteniendo así resultados más exactos. Por ejemplo, una ecuación de integración Runge-Kutta de cuarto orden usa términos de la expansión de serie de Taylor que incluyen la primera, segunda, tercera y cuarta derivadas, y calcula la estimación de la función usando cuatro estimaciones de tangente.

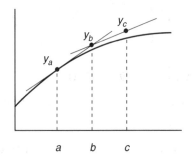

Figura 8.2 *Cálculo de y_c usando un método Runge-Kutta de primer orden.*

FUNCIONES ode

Matlab contiene dos funciones para calcular soluciones numéricas de ecuaciones diferenciales ordinarias: `ode23` y `ode45`. A continuación describimos los argumentos; luego presentamos algunos ejemplos.

```
[x,y] = ode23('nombre_func',a,b,inicial)
```

> Devuelve un conjunto de coordenadas x y y que representan la función $y = f(x)$ y se calculan usando métodos de Runge-Kutta de segundo y tercer orden. El `'nombre_func'` define una función f que devuelve valores de la ecuación diferencial $y' = g(x,y)$ cuando recibe valores de x y y. Los valores a y b especifican los extremos del intervalo en el cual deseamos evaluar la función $y = f(x)$. El valor de `inicial` especifica el valor de la función en el extremo izquierdo del intervalo `[a,b]`.*

```
[x,y] = ode45('nombre_func',a,b,inicial)
```

> Devuelve un conjunto de coordenadas x y y que representan la función $y = f(x)$ y se calculan usando métodos de Runge-Kutta de cuarto y quinto orden. El `'nombre_func'` define una función f que devuelve valores de la ecuación diferencial $y' = g(x,y)$ cuando recibe valores de x y y. Los valores a y b especifican los extremos del intervalo en el cual deseamos evaluar la función $y = f(x)$. El valor de `inicial` especifica el valor de la función en el extremo izquierdo del intervalo `[a,b]`.

Las funciones `ode23` y `ode45` también pueden llevar dos parámetros adicionales. Se puede usar un quinto parámetro para especificar una **tolerancia** relacionada con el tamaño de paso; las tolerancias por omisión son 0.001 para `ode23` y 0.000001 para `ode45`. Se puede usar un sexto parámetro para solicitar que la función exhiba resultados intermedios (es decir, que realice un **rastreo**); el valor por omisión de 0 indica *Estilo* que no se deben rastrear los resultados. *Si usa técnicas numéricas con argumentos opcionales, no olvide incluir comentarios en el programa que definan dichos argumentos opcionales y su propósito en caso de usarse.*

Como ilustración de la función `ode23`, presentamos los pasos para calcular las soluciones numéricas de las ecuaciones diferenciales dadas en la sección 8.1. Puesto que conocemos las soluciones analíticas de estas EDO, también calcularemos y graficaremos la solución analítica como una serie de puntos; la solución numérica se graficará con una curva. Las siguientes instrucciones Matlab definen las funciones requeridas para evaluar las ecuaciones diferenciales, suponiendo entradas escalares para x y y:**

```
function dy = g1(x,y)
% G1    Esta función evalúa una
%       EDO de primer grado.
%
dy = 3*x.^2;
```

---

* `inicial` $= y_a = f(a)$. (*Nota del R. T.*)

** Recuerde que las funciones g_1 a g_5 deben escribirse en el editor correspondiente y salvarse con el mismo nombre de la función y con extensión *.m*. (*Nota del R. T.*)

```
function dy = g2(x,y)
%    G2    Esta función evalúa una
%          EDO de primer grado.
%
dy = -0.131*y;

function dy = g3(x,y)
%    G3    Esta función evalúa una
%          EDO de primer grado.
%
dy = 3.4444E-05 - 0.0015*y;

function dy = g4(x,y)
%    G4    Esta función evalúa una
%          EDO de primer grado.
%
dy = 2*x.*cos(y).^2;

function dy = g5(x,y)
%    G5    Esta función evalúa una
%          EDO de primer grado.
%
dy = 3*y + exp(2*x);
```

Ahora presentamos los comandos para calcular las soluciones numéricas de las ecuaciones diferenciales usando las condiciones iniciales dadas. La solución numérica (x, num_y) se grafica junto con los puntos de la solución analítica (x, y) para demostrar la exactitud de las soluciones numéricas.

Ecuación 1. Las siguientes instrucciones resuelven $g_1(x,y)$ dentro del intervalo [2,4], suponiendo que la condición inicial $y = f(2)$ es igual a 0.5.

```
%    Determinar la solución de la EDO 1.
%
[x,num_y] = ode23('g1',2,4,0.5);
y = x.^3 - 7.5;
subplot(2,1,1),plot(x,num_y,x,y,'o'),...
    title('Solución de la Ecuación 1'),...
    xlabel('x'),ylabel('y=f(x)'),grid
```

La figura 8.3 muestra la comparación entre la solución numérica y la analítica en el intervalo [2,4].

Ecuación 2. Las siguientes instrucciones resuelven $g_2(x,y)$ dentro del intervalo [0,5], suponiendo que la condición inicial $y = f(0)$ es igual a 4.

```
%    Determinar la solución de la EDO 2.
%
[x,num_y] = ode23('g2',0,5,4);
y = 4*exp(-0.131*x);
subplot(2,1,1),plot(x,num_y,x,y,'o'),...
    title ('Solución de la Ecuación 2'),...
    xlabel('x'),ylabel('y=f(x)'),grid
```

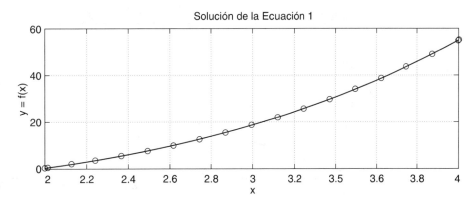

Figura 8.3 *Soluciones numérica y analítica de la Ecuación 1.*

La figura 8.4 muestra la comparación entre la solución numérica y la analítica en el intervalo [0,5].

Ecuación 3. Las siguientes instrucciones resuelven $g_3(x,y)$ dentro del intervalo [0,120], suponiendo que la condición inicial $y = f(0)$ es igual a 0.0022.

```
%   Determinar la solución de la EDO 3.
%
[x,num_y] = ode23('g3',0,120,0.0022);
y = 0.022963 - 0.20763*exp(-0.0015*x);
subplot(2,1,1),plot(x,num_y,x,y,'o'),...
    title ('Solución de la Ecuación 3'),...
    xlabel('x'),ylabel('y=f(x)'),grid
```

La figura 8.5 muestra la comparación entre la solución numérica y la analítica en el intervalo [0,120].

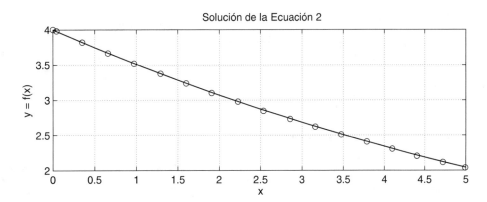

Figura 8.4 *Soluciones numérica y analítica de la Ecuación 2.*

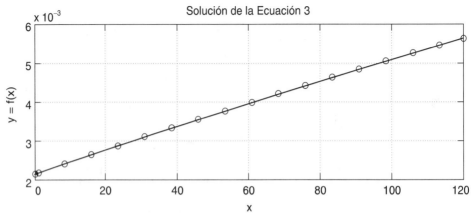

Figura 8.5 *Soluciones numérica y analítica de la Ecuación 3.*

Ecuación 4. Las siguientes instrucciones resuelven $g_4(x,y)$ dentro del intervalo [0,2], suponiendo que la condición inicial $y = f(0)$ es igual a $\pi/4$.

```
%    Determinar la solución de la EDO 4.
%
[x,num_y] = ode23('g4',0,2,pi/4);
y = atan(x.*x+1);
subplot(2,1,1),plot(x,num_y,x,y,'o'),...
    title ('Solución de la Ecuación 4'),...
    xlabel('x'),ylabel('y=f(x)'),grid
```

La figura 8.6 muestra la comparación entre la solución numérica y la analítica en el intervalo [0,2].

Ecuación 5. Las siguientes instrucciones resuelven $g_5(x,y)$ dentro del intervalo [0,3], suponiendo que la condición inicial $y = f(0)$ es igual a 3.

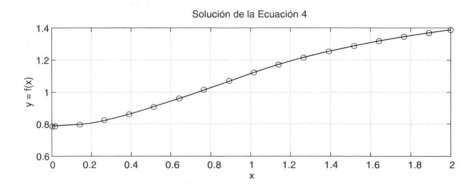

Figura 8.6 *Soluciones numérica y analítica de la Ecuación 4.*

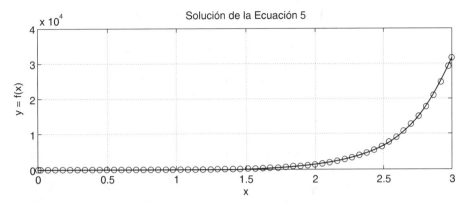

Figura 8.7 *Soluciones numérica y analítica de la Ecuación 5.*

```
%    Determinar la solución de la EDO 5.
%
[x,num_y] = ode23('g5',0,3,3);
y = 4*exp(3*x) - exp(2*x);
subplot(2,1,1),plot(x,num_y,x,y,'o'),...
    title ('Solución de la Ecuación 5'),...
    xlabel('x'),ylabel('y=f(x)'),grid
```

La figura 8.7 muestra la comparación entre la solución numérica y la analítica en el intervalo [0,3].

El número de puntos calculados para la función $y = f(x)$ por las funciones `ode23` y `ode45` está determinado por las funciones MATLAB y no es un parámetro de entrada. Si queremos calcular más puntos de la función $f(x)$, podemos usar un método de interpolación con los puntos devueltos por `ode23` y `ode45`. Por ejemplo, la técnica de interpolación con spline cúbica que presentamos en el capítulo 6 sería una buena candidata para obtener una curva más continua de la función $f(x)$.

Un ejercicio interesante consiste en volver a ejecutar los cinco ejemplos que presentamos usando la función `ode45` junto con la `ode23` y graficar los valores de y devueltos por las dos funciones, a fin de compararlos. En general, la función `ode23` da muy buenos resultados, pero es mejor usar la función `ode45` en problemas que requieran la máxima exactitud posible.

¡Practique!

He aquí dos ecuaciones diferenciales ordinarias:

$$y' = g_a(x,y) = -y$$

$$y' = g_b(x,y) = \frac{-x - e^x}{3y^2}$$

1. Escriba funciones MATLAB para evaluar estas ecuaciones diferenciales, dados valores para x y y.
2. Suponga que se da una condición inicial de $f(0) = -3.0$ para la primera ecuación diferencial. Use MATLAB para resolver esta ecuación en el intervalo [0,2]. Grafique los valores de y correspondientes.
3. La solución analítica de la primera ecuación diferencial es:

    $y = -3e^{-x}$

    Vuelva a graficar su solución al problema 2 y agregue puntos representados por esta solución analítica a fin de comparar la solución numérica con la analítica.
4. Suponga que se da una condición inicial de $f(0) = 3.0$ para la segunda ecuación diferencial. Use MATLAB para resolver esta ecuación en el intervalo [0,2]. Grafique los valores de y correspondientes.
5. La solución analítica de la segunda ecuación diferencial es:

    $y = \sqrt[3]{28 - 0.5x^2 - e^x}$

    Vuelva a graficar su solución al problema 4 y agregue puntos representados por esta solución analítica a fin de comparar la solución numérica con la analítica.

8.3   Resolución aplicada de problemas: Aceleración de aviones impulsados por UDF

Un motor turbohélice avanzado llamado **abanico sin ductos** (UDF, *unducted fan*) es una de las nuevas y prometedoras tecnologías de propulsión que se están desarrollando para los aviones de transporte del futuro. Los motores de turbohélice, que se han usado ya durante décadas, combinan la potencia y confiabilidad de los motores a reacción con la eficiencia de las hélices, y representan una mejora significativa respecto a los anteriores motores de hélice impulsados por pistones. No obstante, su aplicación se ha limitado a aviones pequeños para cubrir rutas cortas porque no son tan rápidos ni tan potentes como los motores de abanico a reacción que se emplean en los aviones de pasajeros de mayor tamaño. El motor UDF aprovecha avances significativos en la tecnología de hélices que han angostado la brecha de rendimiento entre los motores turbohélice y los de abanico a reacción. Nuevos materiales, formas de aspas y mayores velocidades de rotación permiten a los aviones con motores UDF volar casi con la misma rapidez que los provistos de motores de abanico a reacción, con mayor eficiencia de combustible. Además, el UDF es considerablemente más silencioso que el motor turbohélice convencional.

Durante un vuelo de prueba de un avión con motor UDF, el piloto de prueba ajustó el nivel de potencia del motor a 40,000 newtons, lo que hace que el avión de 20,000 kg alcance una velocidad de crucero de 180 m/s (metros por segundo). A continuación, las gargantas del motor se ajustan a un nivel de potencia de 60,000 newtons y el avión comienza a acelerar. Al aumentar la velocidad del avión, el arrastre aerodinámico aumenta en proporción con el cuadrado de la velocidad respecto al aire. Después de cierto tiempo, el avión alcanza una nueva velocidad de crucero en la que el empuje de los motores UDF es equilibrado por el arrastre. La ecuación diferencial que determina la aceleración del avión es:

$$a = \frac{T}{m} - 0.000062v^2$$

donde,

$$a = \frac{dv}{dt}$$

T = nivel de empuje en newtons
m = masa en kg
v = velocidad en m/s

Escriba un programa MATLAB para determinar la nueva velocidad de crucero después del cambio en el nivel de potencia de los motores, graficando la solución de la ecuación diferencial.

1. PLANTEAMIENTO DEL PROBLEMA

Calcular la nueva velocidad de crucero del avión después de un cambio en el nivel de potencia.

2. DESCRIPCIÓN DE ENTRADAS/SALIDAS

El siguiente diagrama de E/S muestra que la salida del programa es una gráfica de la cual puede obtenerse la nueva velocidad de crucero.

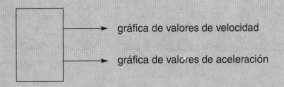

gráfica de valores de velocidad

gráfica de valores de aceleración

3. EJEMPLO A MANO

La ecuación diferencial que se va a resolver es la siguiente:

$$\frac{dv}{dt} = g(t,v) = \frac{T}{m} - 0.000062v^2$$

Por tanto, para la masa de avión y empuje especificados la ecuación diferencial es:

$$v' = 3.0 - 0.000062v^2$$

donde $v = f(t)$. La velocidad en el momento en que se aumentó el empuje era de 180 m/s; esta velocidad representa la condición inicial $v = f(0)$. Podemos usar la función ode23 para determinar la velocidad dentro de un periodo especificado, que comienza con la aplicación del empuje mayor. Esperamos que la velocidad aumentará inicialmente y luego se estabilizará en una velocidad de crucero más alta. Dado que la aceleración es igual a v', podemos usar los valores de velocidad calculados por la función ode23 para determinar la aceleración dentro del lapso especificado. Esperamos que la aceleración disminuya después del nuevo empuje inicial y vuelva a un valor de cero al hacerse constante la velocidad (velocidad de crucero).

4.   SOLUCIÓN Matlab

En la solución Matlab usamos la función ode23 para evaluar la ecuación diferencial. La solución de esta ecuación nos dará valores de velocidad, que pueden servir para determinar valores de aceleración. Luego graficaremos tanto la velocidad como la aceleración dentro de un intervalo de 4 minutos para observar cómo cambian. La velocidad deberá aumentar y después estabilizarse en una nueva velocidad de crucero; la aceleración deberá disminuir hasta cero.

```
%    Estas instrucciones calculan la velocidad y aceleración
%    de un avión después de aplicarse un nuevo empuje.
%
initial_vel = 180;
seconds = 240;
%
[t,num_v] = ode23('g',0,seconds,initial_vel);
acc = 3 - 0.000062*num_v.^2;
%
subplot(2,1,1),plot(t,num_v),title('Velocidad'),...
    ylabel('m/s'),grid,...
subplot(2,1,2),plot(t,acc),title('Aceleración'),...
    xlabel('Tiempo, s'),ylabel('m/s^2'),grid
```

El archivo M que define la función que se usará para calcular valores de la ecuación diferencial es el siguiente:

```
function dv = g(t,v)
%    G    Esta función calcula valores
%         dados valores de velocidad.
%
dv = 3 - 0.000062*v.^2;
```

5.   PRUEBA

Las gráficas generadas por este programa se muestran en la figura 8.8. La nueva velocidad de crucero del avión es de aproximadamente 220 m / s. Como se esperaba, la aceleración se acerca a cero al alcanzarse la nueva velocidad de crucero.

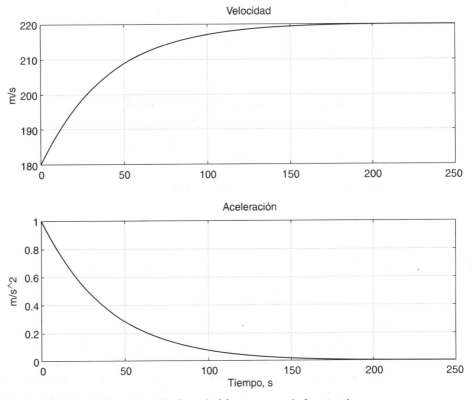

Figura 8.8 *Velocidad y aceleración después del nuevo empuje de potencia.*

8.4   Ecuaciones diferenciales de orden superior

Una ecuación diferencial de orden superior puede escribirse como un sistema de ecuaciones diferenciales de primer orden acopladas usando un cambio de variables. Por ejemplo, considere la siguiente ecuación diferencial de orden n:

$$y(n) = g(x,y,y',y'',\ldots,y^{(n-1)})$$

Primero, definimos n funciones nuevas desconocidas con estas ecuaciones:

$$
\begin{aligned}
u_1(x) &= y^{(n-1)}\\
u_2(x) &= y^{(n-2)}\\
&\cdots\\
u_{n-2}(x) &= y''\\
u_{n-1}(x) &= y'\\
u_n(x) &= y
\end{aligned}
$$

Entonces, el siguiente sistema de n ecuaciones de primer orden equivale a la ecuación diferencial de orden n anterior:

$$u_1' = y^{(n)} \qquad = g(x, u_n, u_{n-1}, \ldots, u_1)$$
$$u_2' = u_1$$
$$\ldots$$
$$u_{n-2}' = u_{n-3}$$
$$u_{n-1}' = u_{n-2}$$

Para demostrar este proceso, considere la siguiente ecuación diferencial lineal de segundo orden:

$$y'' = g(x, y, y') = y'(1 - y^2) - y$$

Primero definimos dos nuevas funciones:

$$u_1(x) = y'$$
$$u_2(x) = y$$

Luego obtenemos este sistema de ecuaciones diferenciales de primer orden acopladas:

$$u_1' = y'' = g(x, u_2, u_1) = u_1(1 - u_2^2) - u_2$$
$$u_2' = u_1$$

Podemos resolver un sistema de ecuaciones diferenciales de primer orden usando las funciones ode de MATLAB. Sin embargo, la función que se use para evaluar la ecuación diferencial deberá calcular los valores de las ecuaciones diferenciales de primer orden acopladas en un vector. La condición inicial también deberá ser un vector que contenga una condición inicial para $y^{(n-1)}$, $y^{(n-2)}$, ..., y', y. Las funciones ode de MATLAB devuelven soluciones para cada una de las ecuaciones diferenciales de primer orden, que a su vez representan a $y^{(n-1)}$, $y^{(n-2)}$, ..., y', y.

Para resolver el conjunto de dos ecuaciones acopladas que planteamos en el ejemplo anterior, primero definimos una función que calcule valores de las ecuaciones diferenciales de primer orden:

```
function u_pirme = eqns2(x,u)
%    EQNS2   Esta función calcula valores
%            para dos ecuaciones acopladas.
%
u_prime(1) = u(1)*(1-u(2)^2)-u(2);
u_prime(2) = u(1);
```

Entonces, para resolver el sistema de ecuaciones diferenciales de primer orden en el intervalo [0,20] usando las condiciones iniciales $y'(0) = 0.0$ y $y(0) = 0.25$, utilizamos estas instrucciones MATLAB:

```
%    Estas instrucciones resuelven una EDO de 2o. orden.
%
initial = [0 0.25];
[x,num_y] = ode23('eqns2',0,20,initial);
```

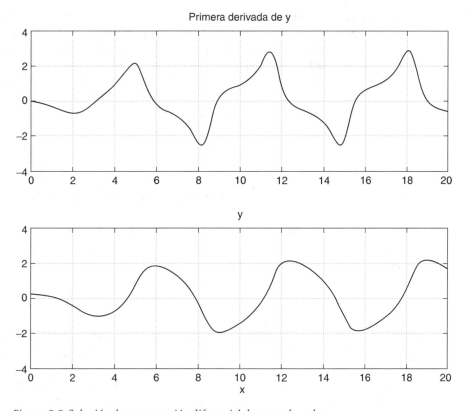

Figura 8.9 *Solución de una ecuación diferencial de segundo orden.*

```
%
subplot(2,1,1),plot(x,num_y(:,1)),...
    title ('Primera derivada de y'),grid,...
subplot(2,1,2),plot(x,num_y(:,2)),...
    title ('y'),xlabel('x'),grid
```

Las gráficas generadas por estas instrucciones se muestran en la figura 8.9.

RESUMEN DEL CAPÍTULO

En este capítulo describimos los métodos de Runge-Kutta para integrar ecuaciones diferenciales de primer orden. Los métodos de Runge-Kutta aproximan la función deseada usando su expansión de serie de Taylor: un método de Runge-Kutta de primer orden usa una aproximación de serie de Taylor de primer orden, un método de

Runge-Kutta de segundo orden usa una aproximación de serie de Taylor de segundo orden, etc. MATLAB contiene dos funciones para integrar ecuaciones diferenciales de primer orden. La función ode23 implementa técnicas de Runge-Kutta de segundo y tercer orden, y la función ode45 implementa técnicas de Runge-Kutta de cuarto y quinto orden. Las ecuaciones diferenciales de orden superior pueden escribirse como un sistema de ecuaciones diferenciales de primer orden acopladas, que pueden resolverse usando las funciones ode23 y ode45.

TÉRMINOS CLAVE

condición de frontera
condición inicial
ecuación diferencial ordinaria

método de Euler
métodos de Runge-Kutta

RESUMEN DE MATLAB

En este resumen de MATLAB se listan todos los comandos y funciones que se definieron en el capítulo. También se incluye una breve descripción de cada uno.

COMANDOS Y FUNCIONES

ode23   solución Runge-Kutta de segundo y tercer orden
ode45   solución Runge-Kutta de cuarto y quinto orden

NOTAS DE *Estilo*

1. Al usar técnicas numéricas con argumentos opcionales, asegúrese de incluir comentarios en el programa que definan los argumentos opcionales y para qué sirven cuando se usan.

NOTAS DE DEPURACIÓN

1. Use la función ode45 en soluciones de problemas que requieran la mayor exactitud posible.

PROBLEMAS

Los problemas 1 al 4 se relacionan con la aplicación de ingeniería que presentamos en este capítulo. Los problemas 5 al 17 tienen que ver con aplicaciones nuevas.

Aceleración de aviones con motores UDF. Estos problemas se relacionan con el problema de aceleración de un avión presentado en la sección 8.3.

1. Modifique el programa de modo que exhiba la nueva velocidad de crucero. Suponga que esta velocidad se alcanza cuando tres valores velocidad seguidos son esencialmente iguales.
2. Modifique el programa del problema 1 para que también exhiba el tiempo (relativo al empuje de potencia) en el que se alcanzó la nueva velocidad de crucero.
3. Modifique el programa del problema 1 de modo que se suponga que se alcanzó la nueva velocidad de crucero cuando tres valores de aceleración seguidos sean esencialmente cero.
4. Modifique el programa de modo que las gráficas estén en unidades de mi/h y ft/s^2.

Problemas de mezclado. Los siguientes problemas usan ecuaciones diferenciales que se determinan a partir del estudio de entrada y salida de materiales en una disolución conocida.

5. La siguiente ecuación diferencial describe las relaciones entre el volumen de contaminantes $x(t)$ en un lago y el tiempo t (en años), usando flujos de entrada y de salida iguales, y suponiendo una concentración de contaminante inicial:

    $$x' = 0.0175 - 0.3821x$$

    Usando un volumen de contaminación inicial en $t = 0$ de 0.2290, determine y grafique el volumen de contaminantes en un periodo de cinco años.
6. Use los datos obtenidos en el problema 5 para determinar cuándo el volumen de contaminación del lago se reducirá a 0.1.
7. La solución analítica de la ecuación diferencial presentada en el problema 5 es:

    $$x(t) = 0.0458 + 0.1832e^{-0.3821t}$$

    Compare la solución analítica con la numérica determinada en el problema 5 graficando ambas soluciones en los mismos ejes.
8. Usando la solución analítica presentada en el problema 7, determine un valor analítico para la respuesta del problema 6.
9. Un tanque de 120 galones contiene 90 libras de sal disueltas en 90 galones de agua. Una salmuera que contiene 2 libras de sal por galón está fluyendo hacia el tanque a razón de 4 gal/min. La mezcla sale del tanque a razón de 3 gal/min.

La ecuación diferencial que especifica la cantidad de sal $x(t)$ en libras en el tanque en el instante t en minutos es:

$$x' = 8 - \frac{3}{90 + t}$$

El tanque se llena después de 30 min. Determine y grafique la cantidad de sal en el tanque desde $t = 0$ hasta que el tanque está lleno.

10.   Usando los datos del problema 9, determine el tiempo necesario para que el tanque contenga 150 lb de sal.

11.   La solución analítica de la ecuación diferencial dada en el problema 9 es:

$$x(t) = 2(90 + t) - \frac{90^4}{(90 + t)^3}$$

Compare la solución numérica con la analítica graficando ambas soluciones en los mismos ejes.

12.   Use la solución analítica dada en el problema 9 para calcular el tiempo necesario para que el tanque contenga 150 lb de sal. Compare esta respuesta con la que obtuvo en el problema 10.

Salto con _bungee_. Un saltador de _bungee_ se prepara para lanzarse desde un globo de aire caliente usando una cuerda _bungee_ de 150 m. Él quiere estimar su aceleración, velocidad y distancia de caída máximas para estar seguro de que la fuerza de detención del _bungee_ no será excesiva y que el globo está a suficiente altura para que el saltador no choque con el suelo. La ecuación que usa para su análisis es la segunda ley de Newton,

$$F = ma$$

donde F es la suma de las fuerzas gravitatoria, de arrastre aerodinámico y elástica del _bungee_ que actúan sobre el saltador, m es su masa (que es de 70 kg) y a es su aceleración. Él comienza por definir la distancia que cae como la variable x (que es función del tiempo, $x(t)$). Así, su velocidad y aceleración están representadas por x' y x'', respectivamente. El saltador reacomoda entonces la ecuación de Newton para despejar la aceleración:

$$x'' = F / m$$

Después, él determina las fuerzas que componen F. La fuerza gravitatoria será su peso, que es:

$$\begin{aligned} W &= m \cdot g \\ &= (70 \text{ kg}) \cdot (9.8 \text{ m/s}^2) \\ &= 686 \ N \end{aligned}$$

El saltador sabe que el arrastre aerodinámico, D, es proporcional al cuadrado de su velocidad, $D = c(x')^2$, pero no conoce c, la constante de proporcionalidad. Sin embargo, sí sabe por su experiencia como paracaidista que su velocidad terminal en caída libre es de unos 55 m/s. A esa velocidad, el arrastre aerodinámico es igual a su peso, así que determina c usando:

$$c \;\; = D/(x')^2$$
$$= (686 \text{ N})/(55 \text{ m/s})^2$$
$$= 0.227 \text{ kg/m}$$

Por último, después de haber caído 150 m, la cuerda *bungee* comenzará a tensarse y a ejercer una fuerza de detención, B, de 10 N por cada metro que se estira más allá de los 150 m. Por tanto, habrá dos regiones para calcular la aceleración. La primera se usará cuando la distancia x sea menor o igual que 150 m:

$$x'' = F/m$$
$$= (W - D)/m$$
$$= (686 - 0.227(x')^2)/70 \qquad\qquad (8.1)$$
$$= 9.8 - 0.00324(x')^2 \text{ m/s}^2$$

Se usará una segunda ecuación cuando x sea mayor que 150 m:

$$x'' = F/m$$
$$= (W - D - B)/m$$
$$= (686 - 0.227(x')^2 - 10(x - 150))/70 \qquad\qquad (8.2)$$
$$= (31.23 - 0.00324(x')^2 - 0.143x \text{ m/s}^2$$

El siguiente conjunto de problemas se refiere a este salto con *bungee*:

13. Integre (8.1) para el intervalo que comienza a los 0 segundos para obtener la aceleración, velocidad y distancia en función del tiempo desde el principio del salto (que se supone ocurre en $t = 0.0$). A partir de los resultados, determine la velocidad y el tiempo cuando $\mathbf{x} = 150$. (Éste es el punto en el que el *bungee* deja de estar flojo.) Tal vez sea necesario experimentar con el intervalo de tiempo a fin de escoger uno que proporcione la velocidad y el tiempo deseados.

14. Integre (8.2) en un intervalo que inicie en el instante en que $x = 150$ para calcular la aceleración, velocidad y distancia después de que el *bungee* se tensa. (Los resultados obtenidos en el problema 13 en $x = 150$ son las condiciones iniciales para esta región.) Determine los valores máximos de aceleración, velocidad y distancia. El saltador no quiere que la aceleración máxima exceda $2g$ ($g = 9.8 \text{ m/s}^2$). ¿La estimación de la aceleración máxima es mayor o menor? ¿Qué tan cerca llega él de la velocidad terminal estimada de 55 m/s? ¿Qué distancia cae antes de comenzar a subir otra vez? ¿Cuántos segundos cae? ¿A qué altura debe estar el globo para asegurar un factor de seguridad de 4?

15. Suponga que el *bungee* también tiene una fuerza de fricción viscosa, R, una vez que comienza a estirarse, la cual está dada por:

$$R = -1.5x'$$

Modifique la ecuación usada en el problema 14 a modo de incluir esta fuerza, y determine los nuevos resultados. ¿Cuántos segundos tarda el saltador en estar casi en reposo (cuando las oscilaciones casi cesan)? ¿Qué longitud final estirada tiene el *bungee*? ¿Es lógica la respuesta?

16. Para el problema 15, determine la longitud del *bungee* que hará que la aceleración máxima hacia arriba sea cercana a 2 *g*.

17. Para el problema 15, determine la fuerza de detención por metro que causará una aceleración máxima de aproximadamente 5 *g*.

18. Por su experiencia como paracaidista, el saltador de *bungee* sabe que si se lanza verticalmente hacia abajo presentando un perfil aerodinámico al viento, puede alcanzar una rapidez de unos 120 m/s. Determine el nuevo valor para la constante de proporcionalidad del arrastre aerodinámico *c* que corresponda a esta situación, y vuelva a calcular los resultados del problema 15. Después, suponga que el *bungee* tiene 300 m de longitud, y determine la velocidad pico del saltador, el nivel de *g* máximo y la distancia bajo el globo que el saltador cae si se lanza presentando un perfil aerodinámico al viento. ¿Alcanza el límite de 2 *g*? Grafique la fuerza neta que actúa sobre el saltador en función del tiempo. ¿Puede explicar la forma de la gráfica?

PARTE III

Temas especiales

Los capítulos de la parte III contienen funciones MATLAB para resolver tipos especiales de problemas. En el capítulo 9 presentaremos las funciones MATLAB para matemáticas simbólicas. Estas funciones nos permiten realizar operaciones simbólicas y crear expresiones de forma cerrada para las soluciones de ecuaciones (incluidas ecuaciones diferenciales ordinarias) y sistemas de ecuaciones. Las matemáticas simbólicas también pueden servir para determinar expresiones analíticas de la derivada y la integral de una expresión. En el capítulo 10 presentamos varias funciones MATLAB que se emplean en el procesamiento de señales. Éstas incluyen una función FTT que sirve para analizar el contenido de frecuencias de una señal, y funciones para analizar, diseñar e implementar filtros digitales que sirven para extraer información específica de una señal digital. El capítulo 11 presenta varias funciones para convertir un modelo de sistema de una forma estándar a otra. Además, se describen varias funciones para generar gráficas como gráficas de Bode, gráficas de Nyquist y gráficas de lugares geométricos de raíces que permiten visualizar las características de un sistema.

9

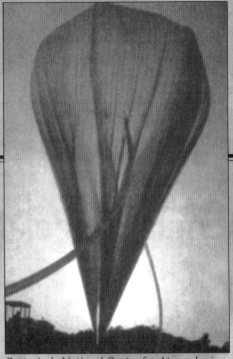

Cortesía de National Center for Atmospheric Research.

GRAN DESAFÍO:
Predicción del clima

Los globos meteorológicos obtienen datos de la atmósfera superior que se usan en el desarrollo de modelos del clima. Estos globos se llenan con helio y suben hasta un punto de equilibrio, donde la diferencia entre la densidad del helio dentro del globo y la del aire exterior es apenas suficiente para sostener el peso del globo. Durante el día, el Sol calienta el globo, haciendo que suba a un nuevo punto de equilibrio; en la noche, el globo se enfría y desciende a menor altura. El globo puede servir para medir la temperatura, presión, humedad, concentraciones químicas y otras propiedades del aire. Un globo meteorológico puede permanecer en las alturas unas cuantas horas o varios años, recabando datos ambientales. El globo cae a tierra cuando el helio se pierde por fugas o se libera.

Matemáticas simbólicas

OBJETIVOS

En los capítulos anteriores se demostraron las capacidades de MATLAB para los cálculos numéricos. En este capítulo presentaremos algunas de sus capacidades para manipulaciones simbólicas. Después de mostrar cómo se define una expresión simbólica, describiremos las funciones para simplificar expresiones matemáticas y realizar operaciones con expresiones matemáticas. Además, presentaremos secciones sobre la resolución de ecuaciones empleando matemáticas simbólicas y la derivación e integración usando expresiones simbólicas.

9.1   Álgebra simbólica

Toolbox de
Matemáticas
Simbólicas

En los capítulos anteriores usamos MATLAB para realizar cálculos con números; en este capítulo lo usaremos para calcular con símbolos. Esta capacidad para manipular expresiones matemáticas sin usar números puede ser muy útil para resolver ciertos tipos de problemas de ingeniería. Las funciones simbólicas de MATLAB se basan en el **paquete de software Maple V**, producido por Waterloo Maple Software, Inc., de Canadá. Un conjunto completo de estas funciones simbólicas viene incluido en el **Symbolic Math Toolbox**, que forma parte de la Versión Profesional de MATLAB; la versión 4 de la Edición para Estudiantes de MATLAB contiene un subconjunto de las funciones simbólicas.

En este capítulo nos concentraremos en el **álgebra simbólica**, que se usa para factorizar y simplificar expresiones matemáticas, determinar soluciones de ecuaciones, e integrar y derivar expresiones matemáticas. Entre las capacidades adicionales que no veremos en este capítulo están las funciones simbólicas de álgebra lineal para calcular inversas, determinantes, valores propios y formas canónicas de matrices simbólicas; aritmética de precisión variable para evaluar numéricamente expresiones matemáticas con la exactitud deseada; y funciones matemáticas especiales que evalúan funciones como las transformadas de Fourier. Si desea detalles sobre estas capacidades simbólicas adicionales, consulte la documentación del Symbolic Math Toolkit.

Estilo

Dado que las matemáticas simbólicas no suelen formar parte de los lenguajes de computadora y las herramientas de software, se requieren comentarios adicionales para documentar su uso.

EXPRESIONES SIMBÓLICAS

Una expresión simbólica se almacena en MATLAB como una **cadena de caracteres**. Por tanto, se usan apóstrofos para definir las expresiones simbólicas, como se ilustra con los siguientes ejemplos:

```
'tan(y/x)'              'x^3 - 2*x^2 + 3'
'1/(cos(angle) + 2)'    '3*a*b - 6'
```

Variable
independiente

En expresiones con más de una variable, muchas veces es importante conocer, o especificar, la **variable independiente**. En muchas funciones, la variable independiente se puede especificar como argumento de función adicional. Si no se especifica una variable independiente, MATLAB la escoge. Si hay más de una variable, MATLAB seleccionará la que sea una sola letra minúscula distinta de i y j que esté más cercana a x alfabéticamente; si hay un empate, se escogerá la letra más adelante en el alfabeto. Si no hay tal carácter, se escogerá x como variable independiente.

La función `symvar` devuelve la variable independiente:

`symvar(S)`   Devuelve la variable independiente de la expresión simbólica s.

Los siguientes ejemplos ilustran el uso de estas reglas para determinar la variable independiente en las expresiones simbólicas:

expresión S	symvar (S)
`'tan(y/x)'`	x
`'x^3 - 2*x^2 + 3'`	x
`'1/(cos(angle) + 2)'`	x
`'3*a*b - 6'`	b

MATLAB incluye una función llamada `ezplot` que genera una gráfica de una expresión simbólica de una variable. La variable independiente generalmente adopta valores dentro del intervalo $[-2\pi, 2\pi]$, a menos que este intervalo contenga una **singularidad** (un punto en el que la expresión no está definida). He aquí un resumen de las formas de esta función:

`ezplot(S)`	Genera una gráfica de s, donde se supone que s es una función de una variable; la variable independiente suele variar entre -2π y 2π.
`ezplot(S,[xmin,xmax])`	Genera una gráfica de s, donde se supone que s es una función de una variable; la variable independiente varía entre `xmin` y `xmax`.

SIMPLIFICACIÓN DE EXPRESIONES MATEMÁTICAS

Se cuenta con varias funciones para simplificar expresiones matemáticas reuniendo coeficientes, expandiendo términos, factorizando expresiones o solamente simplificando la expresión. He aquí un resumen de estas funciones:

`collect(S)`	Agrupa términos semejantes de s.
`collect(S,'v')`	Agrupa términos semejantes de s respecto a la variable independiente `'v'`.
`expand(S)`	Realiza una expansión de s.
`factor(S)`	Intenta factorizar s.
`simple(S)`	Simplifica la forma de s a una forma más corta, si es posible.
`simplify(S)`	Simplifica s usando las reglas de simplificación de Maple.

Para ilustrar estas funciones, suponga que se han definido las siguientes expresiones simbólicas:

```
S1 = 'x^3-1';
S2 = '(x-3)^2+(y-4)^2';
S3 = 'sqrt(a^4*b^7)';
S4 = '14*x^2/(22*x*y)';
```

La siguiente lista muestra algunas referencias de función y sus valores correspondientes:

referencia	valor de la función
`factor(S1)`	`(x-1)*(x^2+x+1)`
`expand(S2)`	`x^2-6*x+25+y^2-8*y`

referencia	valor de la función
collect(S2)	x^2-6*x+9+(y-4)^2
collect(S2,'y')	y^2-8*y+(x-3)^2+16
simplify(S3)	a^2*b^(7/2)
simple(S4)	7/11*x/y

OPERACIONES CON EXPRESIONES SIMBÓLICAS

Las operaciones aritméticas estándar pueden aplicarse a expresiones simbólicas usando funciones simbólicas. Se pueden usar funciones simbólicas adicionales para convertir una expresión simbólica de una forma a otra. A continuación resumimos dichas funciones:

horner(S)	Cambia s a su representación **Horner**, o anidada.
numden(S)	Devuelve dos expresiones simbólicas que representan, respectivamente, la expresión del numerador y la expresión del denominador para la representación racional de s
numeric(S)	Convierte s a una forma numérica. (s no debe contener variables simbólicas.)
poly2sym(c)	Convierte un vector c de coeficientes de polinomio en un polinomio simbólico.
pretty(S)	Exhibe s en una forma de salida que semeja la tipografía empleada en matemáticas.
sym2poly(S)	Convierte s en un vector de coeficientes de polinomio.*
symadd(A,B)	Realiza una suma simbólica, A+B.
symdiv(A,B)	Realiza una división simbólica, A/B.
symmul(A,B)	Realiza una multiplicación simbólica, A*B.
sympow(S,p)	Realiza una elevación a potencia simbólica, s^p.
symsub(A,B)	Realiza una resta simbólica, A-B.**

Para ilustrar el empleo de algunas de estas funciones, suponga que se definieron las siguientes expresiones simbólicas:

```
p1 = '1/(y-3)';
p2 = '3*y/(y+2)';
p3 = '(y+4)+(y-3)*y';
```

---

*   Si tiene instalado en su computadora el potente procesador de textos LaTex, la instrucción latex (s) dará una salida en el código LaTex con el que usted podrá procesarla para su edición con la calidad equivalente a las mejores tipografías de textos matemáticos. (*Nota del R. T.*)
** Algunas versiones viejas de la Edición para Estudiantes contenían un error en el archivo M para esta función. Para corregir el error, es preciso modificar la última línea de sym2poly.m en la caja de herramientas simbólicas: inserte ans := entre el primer apóstrofo y el segundo corchete.

La siguiente lista muestra referencias de función y sus valores correspondientes:

referencia	valor de la función
`symul(p1,p3)`	`(y+4)*y`
`sympow(p2,3)`	`27*y^3/(y+2)^3`
`symadd(p1,p2)`	`1/(y-3)+3*y/(y+2)`
`[num,den]=numden(symadd(p1,p2))`	`[-8*y+2+3*y^2,(y-3)*(y+2)]`
`horner(symadd(p3,'1'))`	`1+(-12+(1+y)*y)*y`

¡Practique!

Use MATLAB para efectuar las siguientes operaciones simbólicas. Suponga que se han definido estas expresiones simbólicas:

```
S1 = '1/(x+4)';
S2 = 'x^2+8*x+16';
S3 = '(x+4)*(x-2)';
```

1. `S1/S2`   2. `S2/(S1²)`
3. `(S3)(S1)/S2`   4. `S2²`

9.2   Resolución de ecuaciones

Las funciones matemáticas simbólicas pueden servir para resolver una sola ecuación, un sistema de ecuaciones y ecuaciones diferenciales. La primera explicación se refiere a la resolución de una sola ecuación o de un sistema de ecuaciones; la segunda aborda la resolución de una ecuación diferencial ordinaria.

SOLUCIONES DE ECUACIONES

A continuación describimos brevemente las funciones para resolver una sola ecuación o un sistema de ecuaciones:

`solve(f)`   Resuelve una ecuación simbólica f despejando su variable simbólica. Si f es una expresión simbólica, esta función resuelve la ecuación f=0 despejando su variable simbólica.

`solve(f1,...fn)`   Resuelve el sistema de ecuaciones representado por f1, . . ., fn.

A fin de ilustrar la función `solve`, suponga que se han definido las siguientes ecuaciones:

```
eq1 = 'x-3=4';
eq2 = 'x^2-x-6=0';
eq3 = 'x^2+2*x+4=0';
eq4 = '3*x+2*y-z=10';
eq5 = '-x+3*y+2*z=5';
eq6 = 'x-y-z=-1';
```

La siguiente lista muestra los valores producidos por la función `solve`:

referencia	valor de la función
`solve(eq1)`	`7`
`solve(eq2)`	`[[3],[-2]]'`
`solve(eq3)`	`[[-1+i*3^(1/2)],[-1-i*3^(1/2)]]'`
`solve(eq4,eq5,eq6)`	`x = -2, y = 5, z = -6`

¡Practique!

Resuelva los siguientes sistemas de ecuaciones usando matemáticas simbólicas. Compare sus respuestas con las calculadas empleando los métodos de matrices del capítulo 8. (Recuerde usar variables de una sola letra.)

1.
$$-2x_1 + x_2 = -3$$
$$x_1 + x_2 = 3$$

2.
$$-2x_1 + x_2 = -3$$
$$-2x_1 + x_2 = 1$$

3.
$$-2x_1 + x_2 = -3$$
$$-6x_1 + 3x_2 = -9$$

4.
$$-2x_1 + x_2 = -3$$
$$-2x_1 + x_2 = -3.00001$$

5.
$$3x_1 + 2x_2 - x_3 = 10$$
$$-x_1 + 3x_2 + 2x_3 = 5$$
$$x_1 - x_2 - x_3 = -1$$

6.
$$3x_1 + 2x_2 - x_3 = 1$$
$$-x_1 + 3x_2 + 2x_3 = 1$$
$$x_1 - x_2 - x_3 = 1$$

7.
$$10x_1 - 7x_2 + 0x_3 = 7$$
$$-3x_1 + 2x_2 + 6x_3 = 4$$
$$5x_1 + x_2 + 5x_3 = 6$$

8.
$$x_1 + 4x_2 - x_3 + x_4 = 2$$
$$2x_1 + 7x_2 + x_3 - 2x_4 = 16$$
$$x_1 + 4x_2 - x_3 + 2x_4 = 1$$
$$3x_1 - 10x_2 - 2x_3 + 5x_4 = -15$$

SOLUCIONES DE ECUACIONES DIFERENCIALES

Ecuación
diferencial
ordinaria de
primer orden

Una **ecuación diferencial ordinaria** (EDO) **de primer orden** es una ecuación que puede escribirse en la siguiente forma:

$$y' = \frac{dy}{dx} = g(x,y)$$

donde x es la variable independiente y y es una función de x. Una solución a una EDO de primer orden es una función $y = f(x)$ tal que $f'(x) = g(x,y)$. Calcular la solución de una ecuación diferencial implica integrar para obtener y a partir de y'; por tanto, las técnicas para resolver ecuaciones diferenciales también se conocen como técnicas para integrar ecuaciones diferenciales. La solución de una ecuación diferencial generalmente es una familia de funciones. Por lo regular se necesita una **condición inicial** o **condición de frontera** para especificar una solución única.

En el capítulo 8 presentamos las funciones de MATLAB para calcular la solución numérica de una ecuación diferencial. Sin embargo, si existe una solución analítica de la ecuación diferencial, generalmente es preferible usarla. La función simbólica para resolver ecuaciones diferenciales ordinarias es `dsolve`:

> `dsolve('ecuacion','condicion')` Resuelve simbólicamente la ecuación diferencial ordinaria especificada por `'ecuacion'`. El argumento opcional `'condicion'` especifica una condición de frontera o inicial.

La ecuación simbólica usa la letra D para denotar derivación respecto a la variable independiente. Una D seguida por un dígito denota derivación repetida. Así, Dy representa dy/dx, y D2y representa d^2y/dx^2.

Para ilustrar el uso de la función `dsolve`, usaremos tres EDO que también se usaron en el capítulo 8 como ejemplos para determinar soluciones numéricas de ecuaciones diferenciales ordinarias:

Ejemplo 1:
    EDO: $y' = 3x^2$
    condición inicial: $y'(2) = 0.5$
Ejemplo 2:
    EDO: $y' = 2 \cdot x \cdot \cos^2(y)$
    condición inicial: $y(0) = \pi/4$
Ejemplo 3:
    EDO: $y' = 3y + e^2x$
    condición inicial: $y(0) = 3$

Las instrucciones MATLAB que determinan soluciones simbólicas para estas ecuaciones diferenciales son:

```
soln_1 = dsolve('Dy = 3*x^2','y(2) = 0.5')
soln_2 = dsolve('Dy = 2*x*cos(y)^2','y(0) = pi/4')
soln_3 = dsolve('Dy = 3*y + exp(2*x)','y(0) = 3')
```

Después de ejecutarse estas instrucciones, se genera la siguiente salida:

```
soln_1 =
x^3-7.500000000000000
soln_2 =
atan(x^2+1)
soln_3 =
-exp(2*x)+4*exp(3*x)
```

Estas soluciones coinciden con las soluciones analíticas presentadas en el capítulo 8. Para graficar la primera solución, podríamos usar la función `ezplot` en el intervalo [2,4]:

```
ezplot(soln_1,[2,4])
```

9.3   Derivación e integración

Las operaciones de derivación e integración se usan mucho para resolver problemas de ingeniería. En el capítulo 7 estudiamos técnicas para realizar derivación numérica e integración numérica usando valores de datos; en esta sección veremos la derivación e integración de expresiones simbólicas.

DERIVACIÓN

Usamos la función `diff` para determinar la derivada simbólica de una expresión simbólica. Hay cuatro formas de usar la función `diff` para realizar una derivación simbólica:

`diff(f)`	Devuelve la derivada de la expresión `f` respecto a la variable independiente por omisión.
`diff(f,'t')`	Devuelve la derivada de la expresión `f` respecto a la variable `t`.
`diff(f,n)`	Devuelve la n-ésima derivada de la expresión `f` respecto a la variable independiente por omisión.
`diff(f,'t',n)`	Devuelve la n-ésima derivada de la expresión `f` respecto a la variable `t`.

Puesto que la función `diff` también se usa para la derivación numérica, usted podría preguntarse cómo sabe la función si debe calcular diferencias numéricas o realizar derivación simbólica. La función puede determinar qué es lo que se desea analizando los argumentos de entrada: si el argumento es un vector, calcula diferencias numéricas; si el argumento es una expresión simbólica, realiza derivación simbólica.

Ahora presentamos varios ejemplos del uso de la función `diff` para derivar simbólicamente. Suponga que se han definido las siguientes expresiones:

```
S1 = '6*x^3-4*x^2+b*x-5';
S2 = 'sin(a)';
S3 = '(1 - t^3)/(1 + t^4)';
```

La siguiente lista muestra referencias de función y sus valores correspondientes:

referencia	valor de la función
diff(S1)	18*x^2-8*x+b
diff(S1,2)	36*x-8
diff(S1,'b')	x
diff(S2)	cos(a)
diff(S3)	-3*t^2/(1+t^4)-4*(1-t^3)/(1+t^4)^2*t^3
simplify(diff(S3))	t^2*(-3+t^4-4*t)/(1+t^4)^2

¡Practique!

Determine la primera y segunda derivadas de las siguientes funciones empleando las funciones simbólicas de MATLAB:

1. $g_1(x) = x^3 - 5x^2 + 2x + 8$
2. $g_2(x) = (x^2 + 4x + 4)^*(x - 1)$
3. $g_3(x) = (3x - 1)/x$
4. $g_4(x) = (x^5 - 4x^4 - 9x^3 + 32)^2$

INTEGRACIÓN

Usamos la función int para integrar una expresión simbólica f. Esta función intenta encontrar la expresión simbólica F tal que diff(F) = f. Es posible que la integral (o **antiderivada**) no exista en forma cerrada o que MATLAB no pueda obtener la integral. En estos casos, la función devolverá la expresión sin evaluarla. La función int puede usarse en las siguientes formas:

int(f)	Devuelve la integral de la expresión f respecto a la variable independiente por omisión.
int(f,'t')	Devuelve la integral de la expresión f respecto a la variable t.
int(f,a,b)	Devuelve la integral de la expresión f respecto a la variable independiente por omisión evaluada en el intervalo [a,b], donde a y b son expresiones numéricas.
int(f,'t',a,b)	Devuelve la integral de la expresión f respecto a la variable t evaluada en el intervalo [a,b], donde a y b son expresiones numéricas.
int(f,'m','n')	Devuelve la integral de la expresión f respecto a la variable independiente por omisión evaluada en el intervalo [m,n], donde m y n son expresiones simbólicas.

Para evitar posibles problemas, es recomendable especificar la variable independiente en la derivación simbólica y en la integración simbólica.

Ahora presentamos varios ejemplos del uso de la función `int` para la integración simbólica. Suponga que se han definido las siguientes expresiones:

```
S1 = '6*x^3-4*x^2+b*x-5';
S2 = 'sin(a)';
S3 = 'sqrt(x)';
```

La siguiente lista muestra referencias de función y sus valores correspondientes:

referencia	valor de la función
`int(S1)`	`3/2*x^4-4/3*x^3+1/2*b*x^2-5*x`
`int(S2)`	`-cos(a)`
`int(S3)`	`2/3*x^(3/2)`
`int(S3,'a','b')`	`2/3*b^(3/2) - 2/3*a^(3/2)`
`int(S3,0.5,0.6)`	`2/25*15^(1/2)-1/6*2^(1/2)`
`numeric(int(S3,0.5,0.6))`	`0.0741`

¡Practique!

Use las funciones simbólicas de MATLAB para determinar los valores de las siguientes integrales. Compare sus respuestas con las calculadas mediante integración numérica en el capítulo 7.

1. $\displaystyle\int_{0.5}^{06} |x|\, dx$

2. $\displaystyle\int_{0}^{1} |x|\, dx$

3. $\displaystyle\int_{-1}^{-0.5} |x|\, dx$

4. $\displaystyle\int_{-0.5}^{0.5} |x|\, dx$

9.4   Resolución aplicada de problemas: Globos meteorológicos

Se usan globos meteorológicos para obtener datos de temperatura y presión a diferentes alturas en la atmósfera. El globo se eleva porque la densidad del helio en su interior es menor que la del aire que rodea al globo. Al subir el globo, el aire circundante se vuelve menos denso, y el ascenso se va frenando hasta que el globo alcanza un punto de equilibrio. Durante el día, la luz del Sol calienta el helio atrapado dentro del globo; el helio se expande y se vuelve menos denso, y el globo sube más. Durante la noche, en cambio, el helio del globo se enfría y se vuelve más denso, y el globo desciende a una altura menor. El día siguiente, el Sol calienta el helio otra vez, y el globo sube. Este proceso genera una serie de mediciones de altura con el transcurso del tiempo que se pueden aproximar con una ecuación polinómica.

Suponga que el siguiente polinomio representa la altura en metros durante las primeras 48 horas después del lanzamiento de un globo meteorológico:

$$h(t) = -0.12t^4 + 12t^3 - 380t^2 + 4100t + 220$$

donde las unidades de t son horas. Genere curvas para la altura, velocidad y aceleración de este globo usando unidades de metros, m/s y m/s². Además, determine y exhiba la altura máxima y su hora correspondiente.

1.   PLANTEAMIENTO DEL PROBLEMA

Usando el polinomio dado, determine la velocidad y aceleración que corresponden a la información de altura. Grafique la altura, velocidad y aceleración. Además, calcule la altura máxima y su hora correspondiente.

2.   DESCRIPCIÓN DE ENTRADAS/SALIDAS

El siguiente diagrama de E/S muestra que el programa no tiene entradas externas. La salida consiste en las curvas y la altura máxima con su correspondiente tiempo.

gráfica de valores de altura

gráfica de valores de velocidad

gráfica de valores de aceleración

3.   EJEMPLO A MANO

No se necesita un ejemplo a mano, porque el programa usará matemáticas simbólicas para determinar las ecuaciones de la velocidad y la aceleración. Los datos se graficarán y se determinará el valor máximo. No obstante, es importante señalar que, al ser horas las unidades de x, necesitaremos convertir m/h en m/s sustituyendo el tiempo en horas por el tiempo en segundos.

4.   SOLUCIÓN Matlab

En la solución Matlab usamos la función `polyval` para generar los valores de los datos que vamos a graficar. Luego usamos la función `max` para determinar la altura máxima y su hora correspondiente.

```
%    Estas instrucciones generan curvas de velocidad
%    y aceleración usando un modelo polinómico para la
%    altura de un globo meteorológico.
%
altitude = '-0.12*t^4 + 12*t^3 - 380*t^2 + 4100*t + 220';
velocity = diff(altitude,'t');
acceleration = diff(velocity, 't');
%
t = 0:0.1:48;
alt_coef = sym2poly(altitude);
vel_coef = sym2poly(velocity);
acc_coef = sym2poly(acceleration);
%
subplot(2,1,1),plot(t,polyval(alt_coef,t)),...
    title('Altura del globo'),...
    xlabel('t, horas'),ylabel('metros'),grid,pause
subplot(2,1,1),plot(t,polyval(vel_coef,t)/3600),...
    title('Velocidad del globo'),...
    ylabel('metros/seg'),grid,...
subplot(2,1,2),plot(t,polyval(acc_coef,t)/(3600*60)),...
    title('Aceleración del globo'),xlabel('t, horas'),...
    ylabel('metros/seg^2'),grid,pause
%
[max_alt,k] = max(polyval(alt_coef,t));
max_time = t(k);
fprintf('Altura máxima: %8.2f Tiempo: %6.2f \n',...
    max_alt(1), max_time(1))
```

5.   PRUEBA

Las curvas de altura, velocidad y aceleración, y la salida del programa, son:

Altura máxima: 17778.57 Tiempo: 42.40

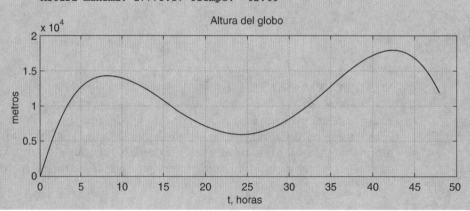

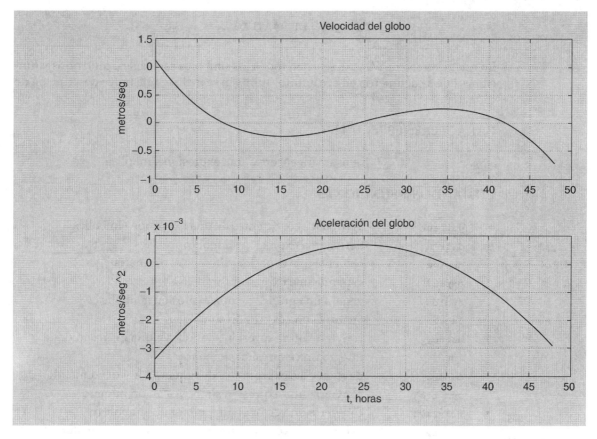

RESUMEN DEL CAPÍTULO

En este capítulo presentamos las funciones MATLAB para realizar matemáticas simbólicas. Dimos ejemplos para ilustrar la simplificación de expresiones, operaciones con expresiones simbólicas y la obtención de soluciones simbólicas de ecuaciones. Además, presentamos las funciones MATLAB para determinar las derivadas e integrales simbólicas de expresiones.

TÉRMINOS CLAVE

álgebra simbólica   símbolo
cadena de caracteres   variable independiente
expresión simbólica

RESUMEN DE MATLAB

En este resumen de MATLAB se listan todos los símbolos especiales, comandos y funciones que se definieron en el capítulo. También se incluye una breve descripción de cada uno.

CARACTERES ESPECIALES

'   se usa para encerrar una expresión simbólica

COMANDOS Y FUNCIONES

`collect`	agrupa los coeficientes de una expresión simbólica
`diff`	deriva una expresión simbólica
`dsolve`	resuelve una ecuación diferencial ordinaria
`expand`	expande una expresión simbólica
`ezplot`	genera una gráfica de una expresión simbólica
`factor`	factoriza una expresión simbólica
`horner`	convierte una expresión simbólica a una forma anidada
`int`	integra una expresión simbólica
`numden`	devuelve las expresiones de numerador y denominador
`numeric`	convierte una expresión simbólica en un número
`poly2sym`	convierte un vector en un polinomio simbólico
`pretty`	exhibe una expresión simbólica con tipografía matemática
`simple`	reduce una expresión simbólica
`simplify`	simplifica una expresión simbólica
`solve`	resuelve una ecuación o un sistema de ecuaciones
`sym2poly`	convierte una expresión simbólica en un vector de coeficientes
`symadd`	suma dos expresiones simbólicas
`symdiv`	divide dos expresiones simbólicas
`symmul`	multiplica dos expresiones simbólicas
`sympow`	eleva una expresión simbólica a una potencia
`symsub`	resta dos expresiones simbólicas
`symvar`	devuelve la variable independiente

NOTAS DE *Estilo*

1.   Dado que las matemáticas simbólicas no se incluyen comúnmente en los lenguajes de computadora y herramientas de software, se requieren comentarios extra para documentar su uso.

NOTAS DE DEPURACIÓN

1. Para evitar problemas potenciales, es conveniente especificar la variable independiente en la derivación e integración simbólicas.

PROBLEMAS

Flujo de agua. Suponga que se bombea agua a un tanque que inicialmente está vacío. Se sabe que la tasa de flujo de agua hacia el tanque en el instante t (en segundos) es de $50 - t$ litros por segundo. Puede demostrarse que la cantidad de agua Q que fluye hacia el tanque durante los primeros x segundos es igual a la integral de la expresión $50 - t$ evaluada de 0 a x segundos.

1. Determine una ecuación simbólica que represente la cantidad de agua en el tanque después de x segundos.
2. Determine la cantidad de agua en el tanque después de 30 segundos.
3. Determine la cantidad de agua que fluyó al tanque entre los 10 y los 15 segundos después de iniciarse el flujo.

Resorte elástico. Considere un resorte con el extremo izquierdo fijo y el derecho libre para moverse en el eje x. Suponemos que el extremo derecho está en el origen $x = 0$ cuando el resorte está en reposo. Si el resorte se estira, su extremo derecho está en algún nuevo valor de x mayor que 0; cuando el resorte se comprime, su extremo derecho está en algún valor de x menor que 0. Suponga que el resorte tiene una longitud natural de 1 ft y que se requiere una fuerza de 10 lb para comprimir el resorte a una longitud de 0.5 ft. Entonces, puede demostrarse que el trabajo (en ft/lb) realizado para estirar este resorte desde su longitud natural hasta una longitud total de n ft es igual a la integral de $20x$ en el intervalo de 0 a $n - 1$.

4. Use MATLAB para determinar una expresión simbólica que represente el trabajo necesario para estirar el resorte a una longitud total de n ft.
5. Calcule el trabajo realizado al estirar este resorte a una longitud de 2 ft.
6. Si la cantidad de trabajo ejercido es de 25 ft/lb, ¿qué longitud tiene el resorte estirado?

10

Cortesía de Texas Instruments.

GRAN DESAFÍO:
Comprensión computarizada del habla

Los algoritmos de computadora para el reconocimiento de palabras son complejos y funcionan mejor cuando las señales de voz están "limpias". Sin embargo, cuando las señales de voz son captadas por micrófonos, también se capta el ruido de fondo. Por tanto, es común incluir pasos de preprocesamiento para eliminar parte del ruido de fondo antes de tratar de identificar las palabras de las señales de voz. Estos pasos de preprocesamiento pueden requerir varias operaciones que pertenecen al área de procesamiento de señales, como analizar las características de una señal, descomponer una señal en sumas de otras señales, codificar una señal en una forma que se pueda transmitir fácilmente por un canal de comunicación y extraer información de una señal. El procesamiento de señales puede efectuarse con computadoras como las que usted usa en su trabajo o en la escuela; también se efectúa en muchos casos usando *chips* microprocesadores llamados procesadores digitales de señales (DSP). El microprocesador que se muestra en esta fotografía es el procesador digital de señales TMS320C80, de Texas Instruments.

Procesamiento de señales

OBJETIVOS

La Edición para Estudiantes de MATLAB contiene varias funciones seleccionadas de la Signal Processing Toolbox (caja de herramientas para procesamiento de señales) y la Control Systems Toolbox (caja de herramientas para sistemas de control), que son juegos de herramientas opcionales que se pueden adquirir con la versión profesional de MATLAB. Estas funciones selectas se han combinado en una Signal and Systems Toolbox (caja de herramientas para señales y sistemas). En este capítulo veremos varias de estas funciones que están relacionadas con el procesamiento de señales; en el siguiente estudiaremos algunas de las funciones restantes relacionadas con los sistemas de control. Las funciones que veremos en este capítulo se han dividido en cuatro categorías: análisis del dominio de frecuencias, análisis de filtros, implementación de filtros y diseño de filtros. En estas secciones suponemos que el lector ya está familiarizado con los conceptos de procesamiento de señales de dominio de tiempo, dominio de frecuencia, funciones de transferencia y filtros. Puesto que la notación varía en la literatura sobre procesamiento de señales, definiremos la notación que se usará en la explicación de las funciones de procesamiento de señales.

10.1   Análisis del dominio de frecuencias

Procesamiento
digital
de señales

Aunque en este capítulo tratamos el procesamiento tanto analógico como digital de señales, nos centramos principalmente en el **procesamiento digital de señales**, o DSP. Una **señal analógica** es una función continua (usualmente del tiempo, como en $f(t)$) que representa información, tal como una señal de voz, de presión arterial o sísmica. A fin de procesar esta información con la computadora, la señal analógica puede muestrearse cada T segundos, generando así una **señal digital** que es una sucesión de valores tomados de la señal analógica original. Representamos una señal digital que ha sido muestreada de una señal continua $x(t)$ usando la siguiente notación:

$$x_k = x(kT)$$

La señal digital es la sucesión de muestras x_k.

Por lo regular, se toma como tiempo cero el instante en que se comienza a obtener la señal digital; así, la primera muestra de una señal digital usualmente se designa con x_0. Por tanto, si una señal digital se muestrea a 10 Hz (10 ciclos por segundo o, lo que es equivalente, 10 veces por segundo), los primeros tres valores de la señal digital corresponden a los siguientes valores de la señal analógica:

$$x_0 = x(0T) = x(0.0)$$
$$x_1 = x(1T) = x(0.1)$$
$$x_2 = x(2T) = x(0.2)$$

En la figura 10.1 se compara una señal analógica con su señal digital correspondiente. En esta figura, mostramos la señal digital como una sucesión de puntos o muestras, pero en general las señales digitales se grafican con los puntos conectados mediante segmentos de línea. El eje y se rotula $x(k)$ o $x(kT)$ para indicar que se trata de una señal digital.

Recuerde que los subíndices de un vector MATLAB siempre comienzan con 1, como en `x(1)`, `x(2)`, etc. Los subíndices de una señal por lo regular comienzan con 0, como en g_0, g_1, etc. No obstante, los subíndices de una señal podrían comenzar con cualquier valor, incluso uno negativo, como en h_{-2}, h_{-1}, h_0, etc. Dado que muchas de las ecuaciones relacionadas con el procesamiento de señales contienen estos diversos subíndices posibles, nos gustaría poder usar las ecuaciones sin reescribirlas para ajustarlas a los subíndices. En muchos casos esto puede lograrse asociando dos vectores a una señal. Un vector contiene los valores de la señal, y el otro, los subíndices asociados a esos valores. Así, si las señales g y h mencionadas al principio de este párrafo contienen 10 valores, los vectores `g` y `h` correspondientes también contienen 10 valores. Después podemos usar dos vectores adicionales, digamos `kg` y `kh`, para representar los subíndices que corresponden a los 10 valores de `g` y `h`. Así, el vector `kg` contendría valores del 0 al 9; el vector `kh` contendría valores de −2 a 7. Aunque las ventajas de usar este vector extra para representar los subíndices se verán con mayor claridad cuando presentemos ejemplos del empleo de MATLAB con señales, la ventaja principal será que podremos usar las ecuaciones de procesamiento de señales sin tener que ajustar los subíndices, lo cual podría introducir errores.

En el procesamiento de señales, es común analizar una señal en dos dominios, el dominio del tiempo y el dominio de la frecuencia. La señal en el **dominio del tiempo** se representa con los valores de datos x_k; la señal en el **dominio de la frecuencia** se puede representar con un conjunto de valores complejos X_k, que representan

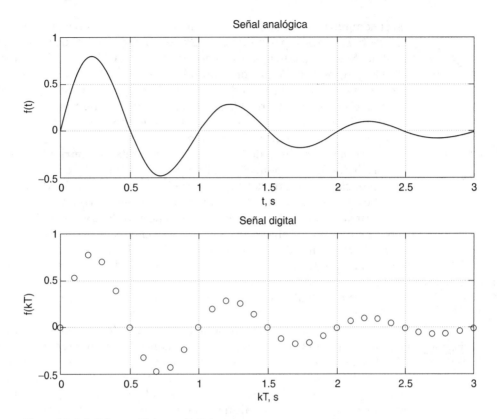

Figura 10.1 *Señales analógicas y digitales.*

Senoide

los senoides con los cuales se puede representar la señal. Un **senoide** es una función coseno con una **amplitud** A, una **frecuencia** ω y un **desfasamiento** ϕ:

$$x(t) = A \cos(\omega t + \phi)$$
$$x_k = A \cos(\omega kT + \phi)$$

Observe que una función seno o coseno es una función de un ángulo (en radianes), pero un senoide es una función del tiempo. El índice k del valor complejo X_k puede servir para determinar la frecuencia del senoide, la magnitud de X_k representa una versión a escala de la amplitud del senoide y la fase de X_k especifica el desfasamiento del senoide. Puesto que la frecuencia angular ω tiene unidades de radianes por segundo, también podemos escribir el senoide usando una frecuencia angular f, que tiene unidades de **ciclos por segundo**, o **hertz** (Hz), en esta forma:

Hertz

$$x(t) = A \cos(2\pi f t + \phi)$$
$$x_k = A \cos(2\pi f kT + \phi)$$

Use MATLAB para generar y graficar senoides. Experimente con diferentes frecuencias, amplitudes y desfasamientos; asegúrese de que las gráficas tengan las características esperadas.

Algunos tipos de información se pueden percibir más claramente de la representación de la señal en el dominio del tiempo. Por ejemplo, si examinamos una curva en el dominio del tiempo por lo regular podemos determinar si la señal es periódica o aleatoria. Además, a partir de los valores en el dominio del tiempo podemos calcular fácilmente valores adicionales como media, desviación estándar, varianza y potencia. Otros tipos de información, como el contenido de frecuencias de la señal, normalmente no son evidentes en el dominio del tiempo. Por ejemplo, podríamos necesitar calcular el contenido de frecuencias de la señal para determinar si está limitada a una banda o si contiene ciertas frecuencias. El contenido de frecuencias de una señal también se denomina **espectro de frecuencia**.

Espectro de frecuencia

Se usa el algoritmo de **transformada discreta de Fourier** (DFT) para convertir una señal digital en el dominio del tiempo en un conjunto de puntos en el dominio de la frecuencia. La entrada del algoritmo DFT es un conjunto de N valores de tiempo x_k; con ellos, el algoritmo calcula un conjunto de N valores complejos X_k que representan la información en el dominio de la frecuencia, o descomposición sinusoidal, de la señal de tiempo. El algoritmo DFT es, en general, intensivo en cómputo y puede requerir un tiempo de computadora considerable si N es grande. No obstante, si el número de puntos es una potencia de dos ($N = 2^M$), se puede utilizar un algoritmo especial llamado **transformada rápida de Fourier** (FFT) que reduce significativamente el número de cálculos necesarios para convertir la señal de tiempo al dominio de la frecuencia.

Transformada rápida de Fourier

Puesto que la señal se muestrea cada T segundos, se obtienen $1/T$ muestras por segundo; así, la tasa de muestreo o **frecuencia de muestreo** es $1/T$ muestras/s, o $1/T$ Hz. Se debe tener mucho cuidado al escoger la tasa de muestreo para generar una señal digital, a fin de evitar un tipo de interferencia llamado **aliasing** que se presenta cuando la tasa de muestreo es demasiado lenta. Puede demostrarse que se evita el aliasing si se muestrea una señal con una frecuencia mayor que dos veces la frecuencia de cualquier senoide de la señal. Así pues, si estamos muestreando una señal compuesta por la suma de dos senoides, una con una frecuencia de 10 Hz y otra de 35 Hz, la frecuencia de muestreo de la señal debe ser mayor que 70 Hz para evitar el aliasing. La **frecuencia de Nyquist** es igual a la mitad de la frecuencia de muestreo y representa el límite superior de las frecuencias que pueden estar contenidas en la señal digital.

Frecuencia de muestreo

Frecuencia de Nyquist

La función MATLAB para calcular el contenido de frecuencias de una señal es la función `fft`:

`fft(x)`	Calcula el contenido de frecuencias de la señal `x` y devuelve los valores en un vector del mismo tamaño que `x`.
`fft(x,N)`	Calcula el contenido de frecuencias de la señal `x` y devuelve los valores en un vector con `N` valores.

Si el número de valores de `x` es una potencia de 2, o si `N` es una potencia de 2, esta función usa un algoritmo FFT para calcular los valores de salida; en caso contrario, se usa un algoritmo DFT. Si se utilizan dos argumentos de entrada y el número de valores en `x` es menor que `N`, se anexarán ceros al final de la señal de tiempo antes de calcular los valores en el dominio de la frecuencia. Si el número de valores es mayor que `N`, se usarán los primeros `N` valores de la señal de tiempo para calcular los valores correspondientes en el dominio de la frecuencia.

Los valores del dominio de frecuencia calculados por la función `fft` corresponden a frecuencias separadas por $1/(NT)$ Hz. Así, la k-ésima salida del FFT corresponde a una frecuencia de $k/(NT)$ Hz. Para ilustrar esto con un caso específico, si tenemos 32 muestras de una señal de tiempo que se muestreó a 1000 Hz, los valores de frecuencia calculados por el algoritmo `fft` corresponden a 0 Hz, $1/0.032$ Hz, $2/0.032$ Hz, etc. Estos valores también son iguales a 0 Hz, 31.25 Hz, 62.5 Hz, etc. La frecuencia de Nyquist es igual a $1/(2T)$, y corresponderá a F_{16}. *Generalmente no exhibimos la información que corresponde a valores en la frecuencia de Nyquist y más allá porque estos valores se deben a la periodicidad del DFT y el FFT, y no a componentes de más alta frecuencia de la señal.*

Estilo

Considere el siguiente grupo de instrucciones MATLAB que generan una señal de tiempo que contiene 64 muestras:

```
%    Generar un senoide de 20 Hz muestreado a 128 Hz.
N = 64;
T = 1/128;
k = 0:N-1;
x = sin(2*pi*20*k*T);
```

La señal **x** representa valores de un senoide de 20 Hz muestreado cada $1/128$ segundos, lo que equivale a una tasa de muestreo de 128 Hz (el senoide tiene una frecuencia de 20 Hz, así que debe muestrearse con una frecuencia mayor que 40 Hz. La tasa de muestreo especificada es 128 Hz, así que tenemos la seguridad de que no ocurrirá aliasing.) La figura 10.2 muestra una gráfica de la señal digital **x** (observe que el vector **k** da los subíndices que corresponden a la señal **x**).

Puesto que la señal **x** es un senoide único, esperamos que el contenido de frecuencias sea 0 en todos los puntos excepto en el punto del dominio de la frecuencia que corresponde a 20 Hz. Para determinar el X_k que corresponde a 20 Hz, necesitamos calcular el incremento en Hz entre puntos del dominio de la frecuencia, que es

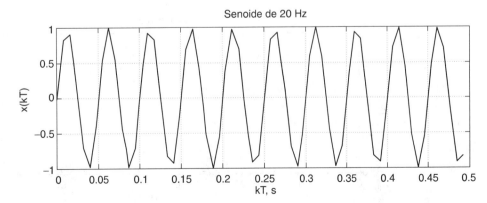

Figura 10.2 *Señal digital sinusoidal, x_k.*

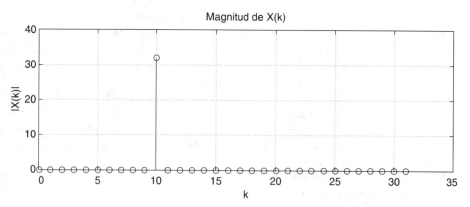

Figura 10.3 *Magnitud de X_k.*

$1/NT = 2$ Hz. Por tanto, una componente de 20 Hz deberá aparecer como $\mathbf{x}_{10}$, como puede verse en la figura 10.3, que se generó con estas instrucciones adicionales:

```
%    Calcular y graficar el contenido de frecuencias.
X = fft(x);
magX = abs(X);
subplot(2,1,1),stem(k(1:N/2),magX(1:N/2)),...
   title('Magnitud de X(k)'),...
   xlabel('k'),ylabel('|X(k)|'),grid
```

Observe el empleo de una nueva función de graficación llamada stem que genera una gráfica de puntos con líneas, o tallos, que conectan los puntos con el eje x. En esta gráfica, puede verse que la componente de 20 Hz aparece como $\mathbf{x}_{10}$, tal como se esperaba. En muchos casos es deseable graficar la magnitud de X_k usando una escala x en Hz en lugar del índice k. En tal caso, la gráfica de la magnitud de X_k, que se muestra en la figura 10.4, se calcula con las siguientes instrucciones:

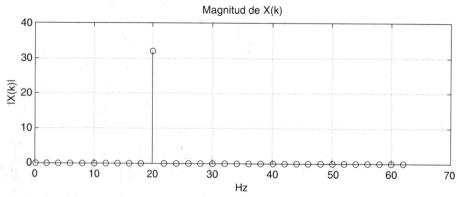

Figura 10.4 *Magnitud de X_k en Hz.*

```
%    Graficar el contenido de frecuencias en función de Hz.
hertz = k*(1/(N*T));
subplot(2,1,1),stem(hertz(1:N/2),magX(1:N/2)),...
    title('Magnitud de X(k)'),...
    xlabel('Hz'),ylabel('|X(k)|'),grid
```

Suponga que la frecuencia del senoide empleado en este ejemplo hubiera sido de 19 Hz en lugar de 20 Hz. Dado que el incremento en Hz entre valores de X_k para este ejemplo es de 2 Hz, este senoide debería aparecer en X_k donde $k = 9.5$. Sin embargo, los valores de k son enteros, así que no existe el valor $X_{9.5}$. En esta situación, el senoide aparece en los valores de X más cercanos al índice calculado. Para este ejemplo, el senoide aparece en los valores X_9 y X_{10} que corresponden a 18 y 20 Hz, como se muestra en la figura 10.5, que se generó con las siguientes instrucciones:

```
%    Generar señal de tiempo y graficar espectro.
N = 64
T = 1/128;
k = 0:N-1;
x = sin(2*pi*19*k*T);
%
magX = abs(fft(x));
hertz = k*(1/N*T));
subplot(2,1,1),stem(hertz(1:N/2),magX(1:N/2)),...
    title('Magnitud de X(k)'),...
    xlabel('Hz'),ylabel('|X(k)|'),grid
```

Ambas figuras 10.4 y 10.5 contienen el espectro de frecuencia de un solo senoide, pero un senoide cae exactamente en un punto que corresponde a un punto de salida del algoritmo FFT, y el otro no. Éste es un ejemplo de **fugas**, que ocurren cuando una componente sinusoidal no cae exactamente en uno de los puntos de la salida FFT.

Fugas

La función `ifft` usa una **transformada de Fourier inversa** para calcular la señal en el dominio del tiempo x_k a partir de los valores complejos X_k del dominio de la frecuencia:

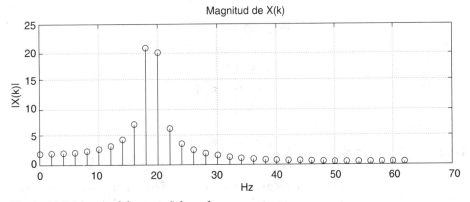

Figura 10.5 *Magnitud de una señal con fugas.*

ifft(X)   Calcula la señal de tiempo x a partir de sus valores de frecuencia
x y devuelve los valores en un vector del mismo tamaño que x.

ifft(X,N)   Calcula la señal de tiempo x a partir de sus valores de frecuencia
x y devuelve los valores en un vector con N valores.

Se usa un algoritmo rápido si el número de puntos de los cálculos es una potencia de
2. Si se usan dos argumentos de entrada y el número de valores en x es menor que N,
se anexarán ceros al final de la señal de frecuencia antes de calcularse los valores en
el dominio del tiempo. Si el número de valores es mayor que N, se usarán los primeros N valores de la señal de frecuencia para calcular los valores correspondientes del
dominio del tiempo.

El siguiente ejemplo calcula los valores de X_k y luego usa ifft para calcular los
valores de x_k a partir de X_k. El cálculo final determina la suma de las diferencias entre
la señal original y la calculada por la función ifft:

```
%    Calcular la diferencia entre x e ifft(fft(x)).
N = 64;
T = 1/128;
k = 0:N-1;
x = sin(2*pi*19*k*T);
sum(x - ifft(fft(x)))
```

El valor que se exhibe es –5.5511e – 017, que prácticamente es 0.

El algoritmo FFT es una herramienta de análisis muy potente para trabajar con
señales digitales. Nuestra explicación se ha concentrado en la magnitud del valor F_k,
pero también se obtiene información muy importante de la fase de F_k.

¡Practique!

Genere y grafique 128 puntos de las siguientes señales usando una tasa de muestreo
de 1 kHz. Luego, usando el algoritmo FFT, genere y grafique los primeros 64 puntos de la salida de la función fft. Use una escala de Hz en el eje x. Verifique que los
picos ocurran en el lugar esperado.

1. $f_k = 2 \operatorname{sen}(2\pi 50kT)$
2. $g_k = \cos(250\pi kT) - \operatorname{sen}(200\pi kT)$
3. $h_k = 5 - \cos(1000kT)$
4. $m_k = 4 \operatorname{sen}(250\pi kT - \pi/4)$

10.2   Análisis de filtros

Función
de transferencia

La **función de transferencia** de un sistema analógico puede representarse con una
función compleja $H(s)$, y la de un sistema digital se representa mediante una función

compleja $H(z)$. Estas funciones de transferencia describen el efecto del sistema sobre una señal de entrada y también el efecto de filtración del sistema. Tanto $H(s)$ como $H(z)$ son funciones continuas de la frecuencia, donde $s = j\omega$ y $z = e^{j\omega T}$ (recuerde que ω representa la frecuencia en radianes por segundo). Así, para una frecuencia dada ω_0, suponga que la magnitud de la función de transferencia es B y su fase es ϕ. Entonces, si la entrada del filtro contiene un senoide con frecuencia ω_0, la magnitud del senoide se multiplicará por B, y la fase se incrementará en ϕ. Los efectos de estos cambios se muestran en la figura 10.6 para filtros tanto analógicos como digitales.

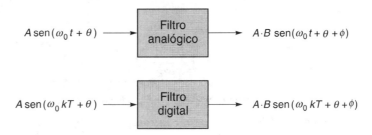

Figura 10.6 *Efecto de los filtros sobre los senoides.*

Aunque la función de transferencia de un filtro define el efecto del filtro en términos de frecuencias, en muchos casos puede describirse en términos de la banda de frecuencias que deja pasar. Por ejemplo, un filtro **pasabajas** deja pasar frecuencias por debajo de una frecuencia de corte y elimina las mayores que la frecuencia de corte. Un filtro **pasaaltas** deja pasar las frecuencias mayores que una frecuencia de corte y elimina las menores. Un filtro **pasabanda** deja pasar las frecuencias dentro de una banda especificada y elimina las demás. Un filtro **parabanda** elimina las frecuencias dentro de una banda especificada y deja pasar todas las demás. La figura 10.7 muestra ejemplos de funciones de transferencia para estos cuatro tipos generales de filtros.

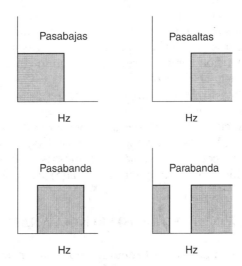

Figura 10.7 *Funciones de transferencia ideales.*

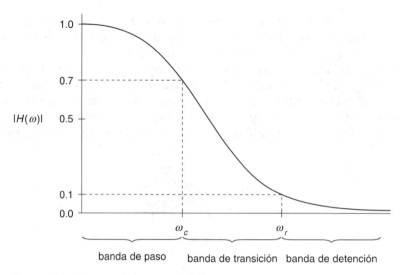

Figura 10.8 *Filtro pasabajas representativo.*

Las funciones de transferencia de la figura 10.7 son filtros ideales, en los que una frecuencia pasa o bien es eliminada. Veremos que no es posible diseñar filtros con las características exactas de estos filtros ideales.

La figura 10.8 muestra un ejemplo de la magnitud de un filtro pasabajas representativo que ilustra las características de la mayor parte de los filtros de este tipo. En vez de que cada frecuencia pase o sea rechazada, hay tres regiones: una **banda de paso**, una **banda de transición** y una **banda de detención**. Estas regiones están definidas por una **frecuencia de corte** ω_c y una **frecuencia de rechazo** ω_r. Si no se indica otra cosa, supondremos que la frecuencia que corresponde a una magnitud de 0.7 es la de corte, y la que corresponde a una magnitud de 0.1, la de rechazo. Con estas definiciones, podemos describir de forma más específica la banda de paso, la de transición y la de detención. La banda de paso contiene frecuencias con magnitudes mayores que la de la frecuencia de corte; la banda de transición contiene frecuencias con magnitudes entre las magnitudes de las frecuencias de corte y de rechazo; la banda de detención contiene frecuencias con magnitudes menores que la magnitud de la frecuencia de rechazo.

Puesto que una función de transferencia es compleja, el análisis del filtro correspondiente suele incluir curvas de la magnitud y fase de la función de transferencia. Las funciones MATLAB `abs`, `angle` y `unwrap` pueden servir para determinar la magnitud y fase de las funciones complejas $H(s)$ y $H(z)$ (veremos la función `unwrap` en la siguiente sección). Además, podemos usar las funciones `freqs` y `freqz` para calcular los valores de las funciones $H(s)$ y $H(z)$, como veremos a continuación.

FUNCIONES DE TRANSFERENCIA ANALÓGICAS

Filtro analógico   Un **filtro analógico** está definido por una función de transferencia $H(s)$, donde $s = j\omega$. La forma general de $H(s)$ es:

$$H(s) = \frac{B(s)}{A(s)}$$
$$= \frac{b_0 s^n + b_1 s^{n-1} + b_2 s^{n-2} + \ldots + b_n}{a_0 s^n + a_1 s^{n-1} + a_2 s^{n-2} + \ldots + a_n} \qquad (10.1)$$

Esta función corresponde a un filtro analógico de n-ésimo orden. He aquí algunos ejemplos de funciones de transferencia específicas:

$$H_1(s) = \frac{0.5279}{s^2 + 1.0275s + 0.5279}$$

$$H_2(s) = \frac{s^2}{s^2 + 0.1117s + 0.0062}$$

$$H_3(s) = \frac{1.05s}{s^2 + 1.05s + 0.447}$$

$$H_4(s) = \frac{s^2 + 2.2359}{s^2 + 2.3511s + 2.2359}$$

Para determinar las características de los sistemas que tienen las funciones de transferencia anteriores, necesitamos graficar la magnitud y la fase de dichas funciones. La función MATLAB `freqs` calcula valores de la función compleja $H(s)$:

`freqs(B,A,w)`   Calcula valores de la función de transferencia $H(s) = B(s)/A(s)$, donde B es el vector de coeficientes de $B(s)$ y A es el vector de coeficientes de $A(s)$. El vector w contiene los valores de frecuencia en radianes por segundo para los que queremos evaluar $H(s)$. El vector de valores complejos de $H(s)$ tiene el mismo tamaño que w.

Pueden ser necesarios varios ensayos para encontrar una gama de valores apropiada para el vector de frecuencias. En general, queremos que la gama de frecuencias comience en 0 e incluya toda la información crítica del filtro. Por tanto, nos interesará determinar el tipo de filtro (pasabajas, pasaaltas, pasabanda, parabanda) y las frecuencias críticas (de corte y de rechazo).

Las siguientes instrucciones determinan y grafican las magnitudes de las cuatro funciones de transferencia del ejemplo.

```
%    Estas instrucciones determinan y grafican las
%    magnitudes de cuatro filtros analógicos.
%
w1 = 0:0.05:5;
B1 = [0.5279];
A1 = [1,1.0275,0.5279];
H1s = freqs(B1,A1,w1);
%
w2 = 0:0.001:0.3;
B2 = [1,0,0];
A2 = [1,0.1117,0.0062];
H2s = freqs(B2,A2,w2);
```

```
%
w3 = 0:0.01:10;
B3 = [1.05,0];
A3 = [1,1.05,0.447];
H3s = freqs(B3,A3,w3);
%
w4 = 0:0.005:5;
B4 = [1,0,2.2359];
A4 = [1,2.3511,2.2359];
H4s = freqs(B4,A4,w4);
%
subplot(2,2,1),plot(w1,abs(H1s)),...
    title('Filtro H1(s)'),xlabel('w, rps'),...
    ylabel('Magnitud'),grid,...
subplot(2,2,2),plot(w2,abs(H2s)),...
    title('Filtro H2(s)'),xlabel('w, rps'),...
    ylabel('Magnitud'),grid,...
subplot(2,2,3),plot(w3,abs(H3s)),...
    title('Filtro H3(s)'),xlabel('w, rps'),...
    ylabel('Magnitud'),grid,...
subplot(2,2,4),plot(w4,abs(H4s)),...
    title('Filtro H4(s)'),xlabel('w, rps'),...
    ylabel('Magnitud'),grid
```

La figura 10.9 muestra las gráficas de magnitud de estos filtros.

La fase de un filtro puede determinarse usando la función angle, que calcula la fase de un número complejo. Dado que la fase de un número complejo es un ángulo en radianes, el ángulo sólo es único dentro de un intervalo de 2π. La función angle devolverá valores entre $-\pi$ y π. La función unwrap detecta discontinuidades en 2π en un vector de valores y sustituye los ángulos por valores equivalentes que no tengan las discontinuidades.

angle(X)	Calcula la fase de los valores complejos de x. Todos los ángulos se convierten en valores equivalentes entre $-\pi$ y π.
unwrap(X)	Elimina discontinuidades en 2π de un vector x. Esta función suele usarse con la función angle, como en unwrap(angle(X)).

FUNCIONES DE TRANSFERENCIA DIGITALES

Filtro digital   Un **filtro digital** está definido por una función de transferencia $H(z)$, donde $z = e^{j\omega T}$. La variable z puede escribirse como función de la frecuencia (ω) o de la frecuencia normalizada (ωT). En el primer caso, $H(z)$ también es una función de la frecuencia. Puesto que $H(z)$ se aplica a las señales de entrada con un tiempo de muestreo de T, la gama de frecuencias apropiada es de 0 a la frecuencia de Nyquist, que es π/T rps o $1/(2T)$ Hz. Si suponemos que z se usa como función de la frecuencia normalizada, entonces $H(z)$ tiene un intervalo de frecuencias correspondiente de 0 a π.

Se puede escribir una forma general de la función de transferencia $H(z)$ en la siguiente forma:

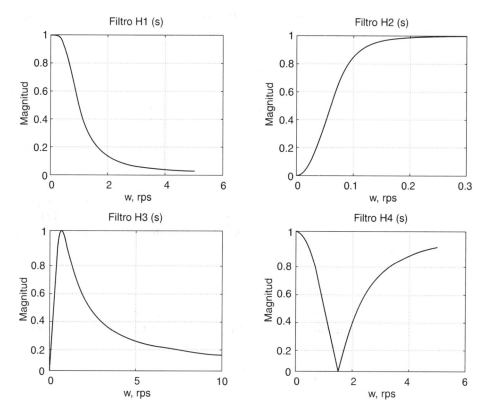

Figura 10.9 *Ejemplos de filtros analógicos.*

$$H(z) = \frac{B(z)}{A(z)} \tag{10.2}$$
$$= \frac{b_0 + b_1 z^{-1} + b_2 z^{-2} + \ldots + b_n z^{-n}}{a_0 + a_1 z^{-1} + a_2 z^{-2} + \ldots + a_n z^{-n}}$$

Esta función de transferencia corresponde a un filtro digital de orden n. He aquí algunos ejemplos de funciones de transferencia específicas:

$$H_1(z) = \frac{0.2066 + 0.4131 z^{-1} + 0.2066 z^{-2}}{1 - 0.3695 z^{-1} + 0.1958 z^{-2}}$$

$$H_2(z) = \frac{0.894 - 1.789 z^{-1} + 0.894 z^{-2}}{1 - 1.778 z^{-1} + 0.799 z^{-2}}$$

$$H_3(z) = \frac{0.42 - 0.42 z^{-2}}{1 - 0.0443 z^{-1} + 0.159 z^{-2}}$$

$$H_4(z) = \frac{0.5792 + 0.4425 z^{-1} + 0.5792 z^{-2}}{1 + 0.4425 z^{-1} + 0.1584 z^{-2}}$$

(Una función de transferencia también puede incluir términos en el numerador con potencias positivas de z. Veremos este caso más adelante.)

Ecuación
de diferencia
estándar

También puede especificarse un filtro usando una **ecuación de diferencia estándar**, SDE, que tiene la forma general:

$$y_n = \sum_{k=N_1}^{N_2} b_k x_{n-k} - \sum_{k=1}^{N_3} a_k y_{n-k} \tag{10.3}$$

Hay una relación directa entre la ecuación de diferencia y la de transferencia, si suponemos que N_1 en la ecuación (10.3) es igual a 0:

$$y_n = \sum_{k=0}^{N_2} b_k x_{n-k} - \sum_{k=1}^{N_3} a_k y_{n-k} \tag{10.4}$$

En esta forma, los coeficientes b_k y a_k de la ecuación (10.4) son precisamente los mismos coeficientes b_k y a_k de la ecuación (10.2), con $a_0 = 1$. Así, la ecuación de diferencia que corresponde a las funciones de transferencia del primer ejemplo dado después de la ecuación (10.2) es la siguiente:

$$y_n = 0.2066x_n + 0.4131x_{n-1} + 0.2066x_{n-2}$$
$$+ 0.3695y_{n-1} - 0.1958y_{n-2}$$

Si todos los coeficientes a_k son iguales a 0, con la excepción de a_0 que es igual a 1, la función de transferencia correspondiente tendrá un polinomio de denominador igual a 1, como se muestra en el siguiente ejemplo:

$$y_n = 0.5x_n - 1.2x_{n-1} + 0.25x_{n-3}$$
$$H(z) = 0.5 - 1.2z^{-1} + 0.25z^{-3}$$

Si el denominador de la función de transferencia es igual a 1, el filtro es del tipo **FIR** (respuesta de impulso finito); si el denominador no es igual a una constante, el filtro es del tipo **IIR** (respuesta de impulso infinito). Ambos tipos se usan comúnmente en el procesamiento digital de señales.

Para determinar las características de un sistema con una función de transferencia dada, necesitamos graficar la magnitud y la fase de la función de transferencia. La función MATLAB `freqz` calcula valores de la función compleja $H(z)$:

`[H,wT] = freqz(B,A,n)`   Calcula valores de la función de transferencia $H(z) = B(z) / A(z)$, donde `B` es el vector de coeficientes de $B(z)$ y `A` es el vector de coeficientes de $A(z)$. El entero `n` especifica el número de puntos para los que queremos evaluar $H(z)$. Los `n` valores de $H(z)$ se evalúan en puntos equiespaciados de frecuencia normalizada en el intervalo $[0,\pi]$.

Los vectores de coeficientes provienen directamente de la función de transferencia. El número de puntos empleados para calcular la función de transferencia determina la definición. La definición debe ser lo bastante fina como para determinar el tipo de filtro (pasabajas, pasaltas, pasabanda y parabanda) y las frecuencias críticas (de corte y de rechazo).

El siguiente grupo de instrucciones determina y grafica las magnitudes de las cuatro funciones de transferencia de ejemplo dadas al principio de esta explicación.

```
%   Estas instrucciones determinan y grafican las
%   magnitudes de cuatro filtros digitales.
%
B1 = [0.2066,0.4131,0.2066];
A1 = [1,-0.3695,0.1958];
[H1z,w1T] = freqz(B1,A1,100);
%
B2 = [0.894,-1.789,0.894];
A2 = [1,-1.778,0.799];
[H2z,w2T] = freqz(B2,A2,100);
%
B3 = [0.42,0,-0.42];
A3 = [1,-0.443,0.159];
[H3z,w3T] = freqz(B3,A3,100);
%
B4 = [0.5792,0.4425,0.5792];
A4 = [1,0.4425,0.1584];
[H4z,w4T] = freqz(B4,A4,100);
%
Subplot(2,2,1),plot(w1T,abs(H1z)),...
    title('Filtro H1(z)'),...
    ylabel('Magnitud'),grid,...
subplot(2,2,2),plot(w2T,abs(H2z)),...
    title('Filtro H2(z)'),...
    ylabel('Magnitud'),grid,...
subplot(2,2,3),plot(w3T,abs(H3z)),...
    title('Filtro H3(z)'),...
    xlabel('Frecuencia normalizada'),
    ylabel('Magnitud'),grid,...
subplot(2,2,4),plot(w4T,abs(H4z)),...
    title('Filtro H4(z)'),...
    xlabel('Frecuencia normalizada'),
    ylabel('Magnitud'),grid,pause
```

La figura 10.10 muestra las curvas de estas magnitudes de filtro. Una vez más, puede verse que estos cuatro filtros representan un filtro pasabajas, uno pasaaltas, uno pasabanda y uno parabanda.

La fase de un filtro digital puede graficarse usando la función `angle` o la función `unwrap`. Además, MATLAB incluye una función `grpdelay` que sirve para determinar el retardo de grupo de un filtro digital. El **retardo de grupo** es una medida del retardo medio del filtro en función de la frecuencia, y se define como la primera derivada negativa de la respuesta de fase del filtro. Si $\theta(\omega)$ representa la respuesta de fase del filtro $H(z)$, el retardo de grupo es:

$$\tau(\omega) = -\frac{d\theta(\omega)}{d\omega}$$

La función `grpdelay` tiene tres argumentos de entrada:

`grpdelay(B,A,n)` Determina el retardo de grupo para un filtro digital $H(z)$ definido por los coeficientes de numerador B y los coeficientes de denominador A. El entero n especifica el número de valores de retardo de grupo que se desea determinar dentro del intervalo de frecuencias normalizadas de 0 a π.

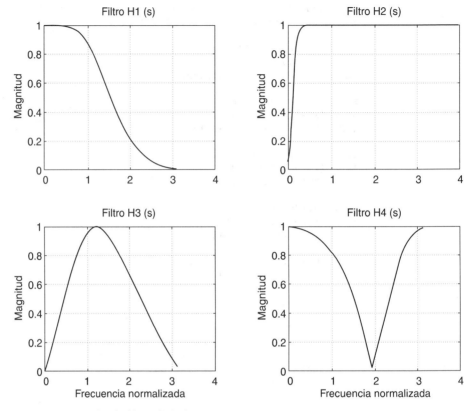

Figura 10.10 *Ejemplos de filtros digitales.*

Puesto que esta función utiliza la función `fft`, es aconsejable seleccionar un valor para `n` que sea una potencia de 2.

EXPANSIONES DE FRACCIONES PARCIALES

Expansión
de fracciones
parciales

Al analizar filtros tanto analógicos como digitales, muchas veces necesitaremos realizar una **expansión de fracciones parciales** de la función de transferencia $H(s)$ o $H(z)$. Esta expansión puede servir para expresar el filtro en una estructura en cascada o en una estructura paralela de subfiltros. También puede usarse una expansión de fracciones parciales para realizar una transformación inversa de una función en el dominio de la frecuencia a fin de obtener la función en el dominio del tiempo correspondiente. MATLAB incluye la función `residue` que realiza una expansión de fracciones parciales (también llamada cálculo de residuo) del cociente de dos polinomios B y A. Por tanto, esta función puede usarse ya sea con $H(s)$ o con $H(z)$, pues ambas funciones se pueden representar como un cociente de dos polinomios. Ahora necesitamos una definición precisa de una expansión de fracciones parciales a fin de representar el caso más general.

Sea G el cociente de dos polinomios de la variable v. Puesto que G podría representar una **fracción impropia**, también podemos expresar G como una fracción mixta, como se muestra en seguida:

$$G(v) = \frac{B(v)}{A(v)} \tag{10.5}$$

$$= \sum_{n=0}^{N} k_n v^n + \frac{N(v)}{D(v)} \tag{10.6}$$

Si ahora consideramos la fracción propia $N(v)/D(v)$, podemos escribirla como un cociente de dos polinomios en v. El polinomio del denominador se puede escribir como un producto de factores lineales con raíces p_1, p_2, etc. (Las raíces del numerador también se llaman **ceros** de la función, y las raíces del denominador también se llaman **polos** de la función.) Cada raíz del denominador puede representar una raíz única o una raíz múltiple, como en este caso:

$$\frac{N(v)}{D(v)} = \frac{b_1 v^{n-1} + b_2 v^{n-2} + \ldots + b_{n-1}v + b_n}{(v - p_1)^{m1} (v - p_2)^{m2} \ldots (v - p_r)^{mr}}$$

Esta **fracción propia** se puede escribir como una suma de fracciones parciales. Las raíces únicas corresponderán a un término de la fracción parcial; una raíz con multiplicidad k corresponderá a k términos de la expansión de fracciones parciales. La expansión puede entonces escribirse así:

$$\frac{N(v)}{D(v)} = \frac{C_{11}}{v - p_1} + \frac{C_{12}}{(v - p_1)^2} + \cdots \frac{C_{1m1}}{(v - p_1)^{m1}}$$

$$+ \frac{C_{21}}{v - p_2} + \frac{C_{22}}{(v - p_2)^2} + \cdots \frac{C_{2m2}}{(v - p_2)^{m2}}$$

$$+ \ldots \tag{10.7}$$

$$+ \frac{C_{r1}}{v - p_r} + \frac{C_{r2}}{(v - p_r)^2} + \cdots \frac{C_{rmr}}{(v - p_r)^{mr}}$$

La función `residue` realiza una expansión de fracciones parciales. Para interpretar la salida de la función `residue`, usamos la notación presentada para factorizar un polinomio en las ecuaciones (10.5), (10.6) y (10.7).

`[r,p,k] = residue(B,A)`	Realiza una expansión de fracciones parciales de un cociente de dos polinomios, B/A. Los vectores `B` y `A` contienen los coeficientes de los polinomios B y A, respectivamente. El vector `r` contiene los coeficientes C_{ij}, el vector `p` contiene los valores de los polos p_n y el vector `k` contiene los valores de k_n.

Es importante darse cuenta de que una expansión de fracciones parciales generalmente no es una expansión única. A menudo hay varias expansiones distintas que representan el mismo polinomio. Desde luego, la función `residue` siempre dará la misma expansión para un par dado de polinomios de numerador y denominador, pero podría no ser la única expansión para el polinomio.

A fin de ilustrar el empleo de la función `residue`, presentaremos varios ejemplos. Primero, considere el siguiente polinomio:

$$F(z) = \frac{z^2}{z^2 - 1.5z + 0.5}$$

La instrucción MATLAB para calcular la expansión de fracciones parciales de este cociente de polinomios es la siguiente:

```
%    Realizar una expansión de fracciones parciales.
B = [1,0,0];
A = [1,-1.5,0.5];
[r,p,k] = residue (B,A)
```

Los valores de los tres vectores calculados por la función `residue` son los siguientes:

$$r = \begin{bmatrix} 2 \\ -0.5 \end{bmatrix} \qquad p = \begin{bmatrix} 1 \\ 0.5 \end{bmatrix} \qquad k = [1]$$

Por tanto, la expansión de fracciones parciales es la siguiente:

$$F(z) = \frac{z^2}{z^2 - 1.5z + 0.5}$$
$$= 1 + \frac{2}{z - 1.0} - \frac{0.5}{z - 0.5}$$

Si desea corroborar la expansión, puede combinar los tres términos con un denominador común o usar las funciones MATLAB para el análisis de polinomios que presentamos en el capítulo 3 a fin de realizar las combinaciones.

Considere la siguiente función:

$$G(z) = \frac{z - 1}{z^2 + 4z + 4}$$

Si queremos factorizar esta función con `residue`, utilizamos las siguientes instrucciones:

```
%    Realizar una expansión de fracciones parciales.
B = [1,-1];
A = [1,4,4];
[r,p,k] = residue (B,A)
```

Los valores de los tres vectores calculados por la función `residue` son los siguientes:

$$r = \begin{bmatrix} 1 \\ -3 \end{bmatrix} \quad p = \begin{bmatrix} -2 \\ -2 \end{bmatrix} \quad k = [\ ]$$

Por tanto, la expansión de fracciones parciales es:

$$G(z) = \frac{z-1}{z^2 + 4z + 4}$$

$$= \frac{1}{z+2} - \frac{3}{(z+2)^2}$$

Como ejemplo final, considere la siguiente función:

$$H(z) = \frac{z^{-2}}{1 - 3.5z^{-1} + 1.5z^{-2}}$$

A fin de ajustarla a la forma general presentada, que usa potencias positivas en los polinomios, multiplicamos el numerador y el denominador por z^2, dando la siguiente forma equivalente:

$$H(z) = \frac{1}{z^2 - 3.5z + 1.5}$$

Para factorizar esta función con `residue` usamos las siguientes instrucciones:

```
%   Realizar una expansión de fracciones parciales.
B = [1];
A = [1,-3.5,1.5];
[r,p,k] = residue(B,A)
```

Los valores de los tres vectores calculados por la función `residue` son los siguientes:

$$r = \begin{bmatrix} 0.4 \\ -0.4 \end{bmatrix} \quad p = \begin{bmatrix} 3 \\ 0.5 \end{bmatrix} \quad k = [\ ]$$

Por tanto, la expansión de fracciones parciales es:

$$H(z) = \frac{1}{z^2 - 3.5z + 1.5}$$

$$= \frac{0.4}{z-3} - \frac{0.4}{z-0.5}$$

Para escribir esto usando potencias negativas de z podemos multiplicar el numerador y el denominador de cada término por z^{-1}:

$$H(z) = \frac{0.4z^{-1}}{1 - 3z^{-1}} - \frac{0.4z^{-1}}{1 - 0.5z^{-1}}$$

Así, podemos usar la función `residue` para determinar términos con potencias negativas de z, que pueden ser útiles para efectuar transformaciones z inversas.

¡Practique!

Para cada una de las siguientes funciones de transferencia, grafique la respuesta de magnitud. Determine la banda o bandas de transición para estos filtros. Use frecuencia normalizada en el eje x para los filtros digitales.

1. $H(s) = \dfrac{s^2}{s^2 + \sqrt{2}s + 1}$

2. $H(z) = \dfrac{0.707z - 0.707}{z - 0.414}$

3. $H(z) = -0.163 - 0.058z^{-1} + 0.116z^{-2} + 0.2z^{-3}$
      $\qquad\quad + 0.116z^{-4} - 0.058z^{-5} - 0.163z^{-6}$

4. $H(s) = \dfrac{5s + 1}{s^2 + 0.4s + 1}$

10.3   Implementación de filtros digitales

Los **filtros analógicos** se implementan en hardware usando componentes como resistores y condensadores. Los **filtros digitales** se implementan en software; por tanto, en esta sección nos referiremos específicamente a los filtros digitales. Recuerde de la sección anterior que un filtro digital puede definirse en términos de una función de transferencia $H(z)$ o bien de una ecuación de diferencia estándar. La entrada al filtro es una señal digital; la salida es otra señal digital. La **ecuación de diferencia** define los pasos que intervienen en el cálculo de la señal de salida a partir de la de entrada. Este proceso se muestra en el diagrama de la figura 10.11, con x_n como señal de entrada y y_n como señal de salida.

Ecuación de diferencia

La relación entre la señal de salida y_n y la de entrada x_n se describe con la ecuación de diferencia, que repetimos en esta forma general de ecuación de diferencia:

$$y_n = \sum_{k=N_1}^{N_2} b_k x_{n-k} - \sum_{k=1}^{N_3} a_k y_{n-k} \tag{10.8}$$

He aquí unos ejemplos de ecuaciones de diferencia:

Figura 10.11 *Entrada y salida de un filtro digital.*

$$y_n = 0.04x_{n-1} + 0.17x_{n-2} + 0.25x_{n-3} + 0.17x_{n-4} + 0.04x_{n-5}$$
$$y_n = 0.42x_n - 0.42x_{n-2} + 0.44y_{n-1} - 0.16y_{n-2}$$
$$y_n = 0.33x_{n+1} + 0.33x_n + 0.33x_{n-1}$$

Estas tres ecuaciones de diferencias representan diferentes filtros con diferentes características. La salida del primer filtro depende sólo de valores anteriores de la señal de entrada. Por ejemplo, para calcular y_{10} necesitamos valores de x_9, x_8, x_7, x_6 y x_5. Entonces, usando la ecuación de diferencia, podemos calcular el valor de y_{10}. Este filtro es del tipo FIR (véase la sección anterior) y el denominador de su función de transferencia $H(z)$ es 1. El segundo filtro requiere no sólo valores anteriores de la señal de entrada, sino también valores anteriores de la señal de salida, a fin de calcular nuevos valores de salida. Este filtro es del tipo IIR (que también vimos en la sección anterior). El tercer filtro es del tipo FIR, porque los valores de salida sólo dependen de los de entrada. Sin embargo, observe que los subíndices de esta tercera ecuación de diferencia requieren que podamos mirar hacia adelante en la señal de entrada. Así, para calcular y_5 necesitamos valores de x_6, x_5 y x_4. Este requisito de pronóstico no es un problema si estamos calculando los valores de la señal de entrada o si están almacenados en un archivo. En cambio, sí puede ser un problema si los valores de entrada están siendo generados en tiempo real por un experimento.

La forma más sencilla de aplicar un filtro digital a una señal de entrada en MATLAB es con la función `filter`. Esta función supone que la ecuación de diferencia estándar tiene la forma

$$y_n = \sum_{k=0}^{N_2} b_k x_{n-k} - \sum_{k=1}^{N_3} a_k y_{n-k} \tag{10.9}$$

que también corresponde a la siguiente forma de función de transferencia, que ya vimos en la sección anterior:

$$H(z) = \frac{B(z)}{A(z)}$$

$$= \frac{b_0 + b_1 z^{-1} + b_2 z^{-2} + \ldots + b_n z^{-n}}{a_0 + a_1 z^{-1} + a_2 z^{-2} + \ldots + a_n z^{-n}}$$

La ecuación (10.9) difiere de la (10.8) en que la primera sumatoria comienza con $k = 0$ en lugar de $k = N_1$. Con esta definición, la función `filter` es la siguiente:

`filter(B,A,x)`   Aplica el filtro digital $H(z) = B(z)/A(z)$ a la señal de entrada x. Los vectores `B` y `A` contienen los coeficientes de los polinomios $B(z)$ y $A(z)$, respectivamente.

Para aplicar el primer ejemplo de filtro de esta sección a la señal `x`, podríamos usar las siguientes instrucciones:

```
%    Aplicar el filtro definido por B y A a x.
B = [0.0,0.04,0.17,0.25,0.17,0.04];
A = [1];
y = filter(B,A,x);
```

Para aplicar el segundo ejemplo de filtro a una señal x, podríamos usar las siguientes instrucciones:

```
%    Aplicar el filtro definido por B y A a x.
B = [0.42,0.0,-0.42];
A = [-0.44,0.16];
y = filter(B,A,x);
```

No podemos usar la función `filter` para aplicar el tercer filtro a una señal x_k porque la ecuación de diferencia no se ajusta a la forma general empleada por `filter`, Ec. (10.9). La ecuación de diferencia del tercer filtro requiere que la primera sumatoria comience con $k = -1$, no $k = 0$. En este caso, podemos implementar el filtro usando aritmética vectorial. Suponiendo que la señal de entrada x está almacenada en el vector x, podemos calcular la señal de salida correspondiente y con las siguientes instrucciones:

```
%    Aplicar un filtro a x usando una ecuación de diferencia.
N = length(x);
y(1) = 0.33*x(1) +0.33*x(2);
for n=2:N-1
    y(n) = 0.33*x(n+1) + 0.33*x(n) + 0.33*x(n-1);
end
y(N) = 0.33*x(N-1) + 0.33*x(N);
```

Observe que suponemos que los valores de x para los que no tenemos un valor (x(-1) y x(N+1)) son iguales a 0. Otra forma de calcular la señal y es la siguiente:

```
%   Otra forma de aplicar el filtro anterior.
N = length(x);
y(1) = 0.33*x(1) + 0.33*x(2);
y(2:N-1) = 0.33*x(3:N) + 0.33*x(2:N-1) + 0.33*x(1:N-2);
y(N) = 0.33*x(N-1) + 0.33*x(N);
```

Podríamos implementar cualquier filtro digital usando operaciones vectoriales, pero la función `filter` generalmente ofrece una solución más sencilla.

También podemos usar la función `filter` con dos argumentos de salida y con tres argumentos de entrada:

`[y,estado] = filter(B,A,x)`	Aplica el filtro definido por los vectores B y A a la señal, dando la señal de salida y. El vector estado contiene el conjunto final de valores x usados en el filtro.
`y = filter(B,A,x,estado)`	Aplica el filtro definido por los vectores B y A a la señal, dando la señal de salida y. El vector estado contiene el conjunto inicial de valores que se usarán en el filtro.

Así pues, si queremos filtrar un vector x2 que es otro segmento de la señal x1, podemos especificar que las condiciones iniciales sean los valores de estado. Entonces, los valores de salida se calcularán como si x1 y x2 fueran un vector largo en lugar de dos vectores individuales:

```
%   Pasos para filtrar dos segmentos de una señal.
[y1,state] = filter(B,A,x1);
y2 = filter(B,A,x2,state);
```

Por último, podemos usar la función conv para calcular la salida de un filtro FIR. Puesto que esta función está restringida a los filtros FIR, preferimos usar conv para la multiplicación de polinomios y filter para implementar filtros. Podemos usar la función deconv para calcular la respuesta de impulso de un filtro IIR, pero generalmente se usa para dividir polinomios. Las funciones conv y deconv se explicaron en el capítulo 3, en la sección sobre análisis de polinomios.

¡Practique!

Se diseñó la siguiente función de transferencia para pasar frecuencias entre 500 Hz y 1500 Hz en una señal muestreada a 5 kHz:

$$H(z) = \frac{0.42z^2 - 0.42}{z^2 - 0.443z + 0.159}$$

Use las siguientes señales como entrada para el filtro. Grafique la entrada y la salida del filtro en los mismos ejes, y explique el efecto del filtro sobre la magnitud de la señal de entrada.

1. $x_k = \text{sen}(2\pi 1000kT)$
2. $x_k = 2\cos(2\pi 100kT)$
3. $x_k = -\text{sen}(2\pi 2000kT)$
4. $x_k = \cos(2\pi 1600kT)$

10.4   Diseño de filtros digitales

En esta sección presentaremos funciones MATLAB para diseñar filtros digitales. La explicación se divide en dos técnicas para diseñar filtros IIR y una para diseñar filtros FIR.

DISEÑO DE FILTROS IIR USANDO PROTOTIPOS ANALÓGICOS

MATLAB contiene funciones para diseñar cuatro tipos de filtros digitales basados en diseños de filtros analógicos. Los filtros **Butterworth** tienen las bandas de paso y de detención más planas de todos, los filtros **Chebyshev Tipo I** tienen rizo en la banda

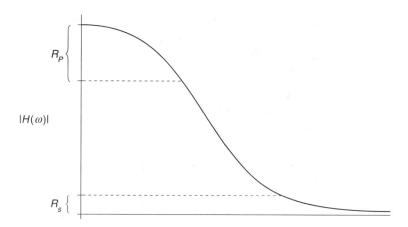

Figura 10.12 *Regiones con rizo.*

de paso, los filtros **Chebyshev Tipo II** tienen rizo en la banda de detención y los filtros **elípticos** tienen rizo en las bandas tanto de paso como de detención. Por otro lado, para un orden de filtros dado, los filtros elípticos tienen la **transición** más abrupta (banda de transición más angosta) de todos estos filtros. Los filtros Chebyshev tienen una transición más abrupta que un filtro Butterworth con las mismas especificaciones de diseño. La figura 10.12 ilustra las definiciones de **rizo de banda de paso** (Rp) y de **rizo de banda de detención** (Rs). Los valores de Rp y Rs se especifican en decibeles (donde x en decibeles es igual a $-20 \log_{10} x$). Las funciones MATLAB para diseñar estos filtros usan una frecuencia normalizada que se basa en una escala con la frecuencia de Nyquist igual a 1.0. (Observe que esto es diferente de la escala de frecuencia normalizada empleada por la función `freqz`.) Las funciones de diseño de filtros calculan vectores B y A que determinan la función de transferencia $H(z) = B(z)/A(z)$ y la ecuación de diferencia estándar; los vectores B y A también pueden usarse en las funciones `freqs` y `filter`.

Para diseñar un filtro Butterworth, las siguientes variaciones de la función `butter` calculan los coeficientes de un filtro de orden N $H(z) = B(z)/A(z)$:

`[B,A] = butter(N,Wn)`	Calcula los coeficientes de un filtro Butterworth pasabajas. `Wn` es la frecuencia de corte en frecuencia normalizada.
`[B,A] = butter(N,Wn,'high')`	Calcula los coeficientes de un filtro Butterworth pasaaltas. `Wn` es la frecuencia de corte en frecuencia normalizada.
`[B,A] = butter(N,Wn)`	Calcula los coeficientes de un filtro Butterworth pasabanda. `Wn` es un vector que contiene las dos frecuencias de corte normalizadas de la banda de paso en orden ascendente.
`[B,A] = butter(N,Wn,'stop')`	Calcula los coeficientes de un filtro Butterworth parabanda. `Wn` es un vector que contiene las dos frecuencias de corte normalizadas de la banda de detención en orden ascendente.

Para diseñar un filtro Chebyshev Tipo I, las siguientes variaciones de la función `cheby1` calculan los coeficientes de un filtro de orden `N` $H(z) = B(z)/A(z)$:

`[B,A] = cheby1(N,Rp,Wn)`	Calcula los coeficientes de un filtro Chebyshev Tipo I pasabajas. `Rp` representa el rizo de la banda de paso y `Wn` es la frecuencia de corte en frecuencia normalizada.
`[B,A] = cheby1(N,Rp,Wn,'high')`	Calcula los coeficientes de un filtro Chebyshev Tipo I pasaaltas. `Rp` representa el rizo de la banda de paso y `Wn` es la frecuencia de corte en frecuencia normalizada.
`[B,A] = cheby1(N,Rp,Wn)`	Calcula los coeficientes de un filtro Chebyshev Tipo I pasabanda. `Rp` representa el rizo de la banda de paso y `Wn` es un vector que contiene las dos frecuencias de corte normalizadas de la banda de paso en orden ascendente.
`[B,A] = cheby1(N,Rp,Wn,'stop')`	Calcula los coeficientes de un filtro Chebyshev Tipo I parabanda. `Rp` representa el rizo de la banda de paso y `Wn` es un vector que contiene las dos frecuencias de corte normalizadas de la banda de detención en orden ascendente.

Para diseñar un filtro Chebyshev Tipo II, las siguientes variaciones de la función `cheby2` calculan los coeficientes de un filtro de orden `N` $H(z) = B(z)/A(z)$:

`[B,A] = cheby2(N,Rs,Wn)`	Calcula los coeficientes de un filtro Chebyshev Tipo II pasabajas. `Rs` representa el rizo de la banda de paro y `Wn` es la frecuencia de corte en frecuencia normalizada.
`[B,A] = cheby2(N,Rs,Wn,'high')`	Calcula los coeficientes de un filtro Chebyshev Tipo II pasaaltas. `Rs` representa el rizo de la banda de paro y `Wn` es la frecuencia de corte en frecuencia normalizada.
`[B,A] = cheby2(N,Rs,Wn)`	Calcula los coeficientes de un filtro Chebyshev Tipo II pasabanda. `Rs` representa el rizo de la banda de paro y `Wn` es un vector que contiene las dos frecuencias de corte normalizadas de la banda de paso en orden ascendente.

`[B,A] = cheby2(N,Rs,Wn,'stop')`   Calcula los coeficientes de un filtro Chebyshev Tipo II parabanda. `Rs` representa el rizo de la banda de paro y `Wn` es un vector que contiene las dos frecuencias de corte normalizadas de la banda de detención en orden ascendente.

Para diseñar un filtro elíptico, las siguientes variaciones de la función `ellip` calculan los coeficientes de un filtro de orden `N` $H(z) = B(z)/A(z)$:

`[B,A] = ellip(N,Rp,Rs,Wn)`   Calcula los coeficientes de un filtro elíptico pasabajas. `Rp` representa el rizo de la banda de paso, `Rs` representa el rizo de la banda de paro y `Wn` es la frecuencia de corte en frecuencia normalizada.

`[B,A] = ellip(N,Rp,Rs,Wn,'high')`   Calcula los coeficientes de un filtro elíptico pasaaltas. `Rp` representa el rizo de la banda de paso, `Rs` representa el rizo de la banda de paro y `Wn` es la frecuencia de corte en frecuencia normalizada.

`[B,A] = ellip(N,Rp,Rs,Wn)`   Calcula los coeficientes de un filtro elíptico pasabanda. `Rp` representa el rizo de la banda de paso, `Rs` representa el rizo de la banda de paro y `Wn` es un vector que contiene las dos frecuencias de corte normalizadas de la banda de paso en orden ascendente.

`[B,A] = ellip(N,Rp,Rs,Wn,'stop')`   Calcula los coeficientes de un filtro elíptico parabanda. `Rp` representa el rizo de la banda de paso, `Rs` representa el rizo de la banda de paro y `Wn` es un vector que contiene las dos frecuencias de corte normalizadas de la banda de detención en orden ascendente.

Para ilustrar el uso de estas funciones, suponga que nos interesa diseñar un filtro Chebyshev II pasaaltas de orden 6. También nos gustaría limitar el rizo de la banda de paso a 0.1, o sea 20 db. El filtro se usará con una señal muestreada a 1 kHz; por tanto, la frecuencia de Nyquist es 500 Hz. El corte será de 300 Hz, de modo que la frecuencia normalizada es $300/500 = 0.6$. Las instrucciones para diseñar este filtro y luego graficar las características de magnitud son las siguientes:

```
%    Diseñar un filtro pasaaltas Chebyshev II.
[B,A] = cheby2(6,20,0.6,'high');
[H,wT] = freqz(B,A,100);
T = 0.001;
hertz = wT/(2*pi*T);
subplot(2,1,1),plot(hertz,abs(H)),...
    title('Filtro pasaaltas'),...
    xlabel('Hz'),ylabel('Magnitud'),grid
```

La gráfica producida por estas instrucciones se muestra en la figura 10.13. Para aplicar este filtro a una señal x podríamos usar la siguiente instrucción:

```
y = filter(B,A,x)
```

Los valores de los vectores B y A también determinan la ecuación de diferencia estándar del filtro.

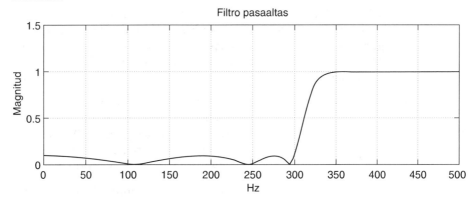

Figura 10.13 *Filtro Chebyshev Tipo II.*

DISEÑO DIRECTO DE FILTROS IIR

MATLAB contiene una función para realizar diseños de **filtros Yule-Walker**. Podemos usar esta técnica para diseñar una respuesta de frecuencia de forma arbitraria, posiblemente multibanda. El comando para diseñar un filtro con esta función es:

`[B,A] = yulewalk(N,f,m)` Calcula los coeficientes de un filtro IIR de orden N usando vectores f y m que especifican las características de frecuencia y magnitud del filtro en el intervalo de frecuencias de 0 a 1, que es de 0 a la frecuencia de Nyquist en frecuencia normalizada.

Las frecuencias de f deben comenzar con 0, terminar con 1 y ser crecientes. Las magnitudes de m deben corresponder a las frecuencias de f y representar la magnitud deseada para cada frecuencia. Así, el siguiente ejemplo diseña un filtro con dos bandas de paso y luego grafica la respuesta de magnitud en frecuencia normalizada.

```
%    Diseñar un filtro IIR con dos bandas de paso.
m = [0,0,1,1,0,0,1,1,0,0];
f = [0,0.1,0.2,0.3,0.4,0.5,0.6,0.7,0.8,1];
[B,A] = yulewalk(12,f,m);
[H,wT] = freqz(B,A,100);
subplot(2,1,1),plot(f,m,'--',wT/pi,abs(H)),...
    title('Filtro IIR con dos bandas de paso'),...
    xlabel('Frecuencia normalizada'),...
    ylabel('Magnitud'),grid
```

La figura 10.14 muestra la gráfica producida por estas instrucciones.

DISEÑO DIRECTO DE FILTROS FIR

Los filtros FIR se diseñan usando el algoritmo para diseñar **filtros Parks-McClellan**, que usa un **algoritmo de intercambio de Remez**. Recuerde que los filtros FIR sólo requieren un vector B porque el polinomio del denominador de $H(z)$ es igual a 1. Por tanto, la función remez de MATLAB calcula un solo vector de salida, como se muestra en la siguiente instrucción:

B = remez(N,f,m)   Calcula los coeficientes de un filtro FIR de orden N usando vectores f y m que especifican las características de frecuencia y magnitud del filtro en el intervalo de frecuencias de 0 a 1, que es de 0 a la frecuencia de Nyquist en frecuencia normalizada.

Las frecuencias de f deben comenzar con 0, terminar con 1 y ser crecientes. Las magnitudes de m deben corresponder a las frecuencias de f y representar la magnitud deseada para cada frecuencia. Además, el número de puntos de f y m debe ser par. Para obtener características de filtración deseables con un filtro FIR, no es inusual que el orden del filtro tenga que ser alto.

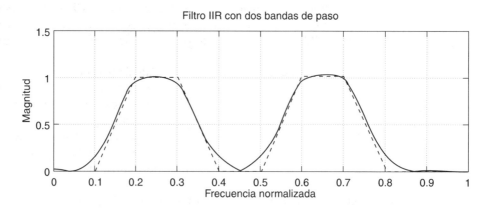

Figura 10.14 *Método de diseño Yule-Walker.*

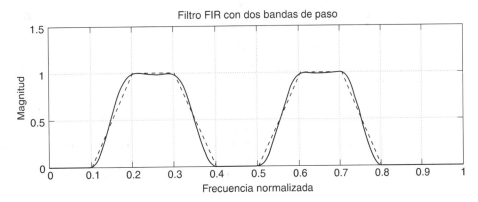

Figura 10.15 *Método de diseño de intercambio de Remez.*

El siguiente ejemplo diseña un filtro con dos bandas de paso y luego grafica la respuesta de magnitud en frecuencia normalizada.

```
%    Diseñar un filtro FIR con dos bandas de paso
m = [0,0,1,1,0,0,1,1,0,0];
f = [0,0.1,0.2,0.3,0.4,0.5,0.6,0.7,0.8,1];
B = remez(50,f,m);
[H,wT] = freqz(B,[1],100);
subplot(2,1,1),plot(f,m,'--',wT/pi,abs(H)),...
    title('Filtro FIR con dos bandas de paso'),...
    xlabel('Frecuencia normalizada'),...
    ylabel('Magnitud'),grid
```

La figura 10.15 muestra la gráfica producida por estas instrucciones.

Variaciones adicionales de la función `remez` permiten usarla para diseñar transformadores o diferenciadores Hilbert. También puede usarse un vector de ponderación para dar una ponderación o prioridad a los valores de cada banda definidos por `f` y `m`.

¡Practique!

Use las funciones MATLAB descritas en esta sección para diseñar los siguientes filtros. Grafique la magnitud de cada filtro para confirmar que tenga las características correctas.

1. Filtro IIR pasabajas con corte de 75 Hz cuando se usa con una tasa de muestreo de 500 Hz. (Use un filtro de orden 5.)
2. Filtro IIR pasaaltas con corte de 100 Hz cuando se usa con una tasa de muestreo de 1 kHz. (Use un filtro de orden 6.)
3. Filtro FIR pasabajas con corte de 75 Hz cuando se usa con una tasa de muestreo de 500 Hz. (Use un filtro de orden 40.)
4. Filtro FIR pasabanda con una banda de paso de 100 a 200 Hz cuando se usa con una tasa de muestreo de 1 kHz. (Use un filtro de orden 80.)

10.5   Resolución aplicada de problemas: Filtros de separación de canales

Las imágenes captadas por naves que se envían al espacio exterior o por satélites que giran alrededor de la Tierra se transmiten a la Tierra en corrientes de datos. Estas corrientes se convierten en señales digitalizadas que contienen información que se puede reconstruir para obtener las imágenes originales. También se transmite a la Tierra información obtenida por otros sensores. El contenido de frecuencias de las señales de los sensores depende del tipo de datos que se están midiendo. Se pueden usar **técnicas de modulación** para desplazar el contenido de frecuencias de los datos a bandas de frecuencia específicas; así, una señal puede contener varias señales simultáneamente. Por ejemplo, suponga que nos interesa enviar tres señales en paralelo. La primera señal contiene componentes de 0 a 100 Hz, la segunda contiene componentes de 500 Hz a 1 kHz y la tercera contiene componentes de 2 kHz a 5 kHz. Suponga que la señal que contiene la suma de estas tres componentes se muestrea a 10 kHz. Para separar estas componentes después de haberse recibido la señal necesitamos un filtro pasabajas con un corte a 100 Hz, un filtro pasabanda con cortes a 500 Hz y 1 kHz, y un filtro pasaaltas con un corte a 2 kHz. El orden de los filtros debe ser lo bastante alto como para generar bandas de transición angostas de modo que las frecuencias de una componente no contaminen a las otras componentes.

1.   PLANTEAMIENTO DEL PROBLEMA

Diseñar tres filtros que se usarán con una señal muestreada a 10 kHz. Un filtro debe ser pasabajas con un corte de 100 Hz; otro debe ser pasabanda con una banda de paso de 500 Hz a 1 kHz; otro debe ser pasaaltas con un corte de 2 kHz.

2.   DESCRIPCIÓN DE ENTRADAS/SALIDAS

No hay valores de entrada para este problema. Los valores de salida son los vectores de coeficientes que definen los tres filtros, $H_1(z)$, $H_2(z)$ y $H_3(z)$:

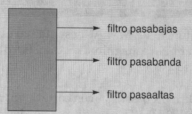

filtro pasabajas

filtro pasabanda

filtro pasaaltas

3.   EJEMPLO A MANO

El dibujo de la figura 10.16 muestra la gama de frecuencias desde 0 hasta la frecuencia de Nyquist (5 kHz) con los tres filtros deseados. Usaremos filtros Butterworth porque tienen bandas de paso y de detención planas. Tal vez necesitemos experimentar con los órdenes de los filtros hasta tener la certeza de que las bandas de transición de los filtros no se interfieren.

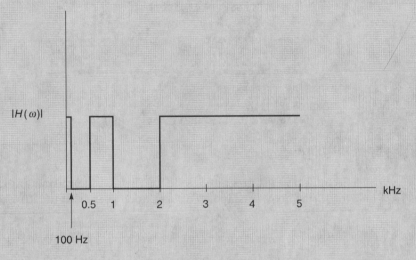

Figura 10.16 *Dibujo de los filtros deseados.*

4.   SOLUCIÓN MATLAB

El siguiente programa MATLAB determina los valores de frecuencia normalizada (entre 0 y 1, donde 1 representa la frecuencia de Nyquist) para las frecuencias de corte de la función `butter`. Después de calcular los coeficientes de los filtros, usaremos la función `freqz` para graficar las características de los filtros. Recuerde que `freqz` normaliza las frecuencias a valores entre 0 y π, donde π representa la frecuencia de Nyquist. Usaremos Hz como unidades del eje de frecuencia para poder verificar fácilmente las características de los filtros diseñados.

```
%    Estas instrucciones diseñan tres filtros digitales
%    para usarse en un problema de separación de canales.
%
fs = 10000;           %  frecuencia de muestreo
T = 1/fs;             %  tiempo de muestreo
fn = fs/2;            %  frecuencia de Nyquist
f1n = 100/fn;         %  corte pasabajas normalizado
f2n = 500/fn;         %  corte pasabanda izquierdo normalizado
f3n = 1000/fn;        %  corte pasabanda derecho normalizado
f4n = 2000/fn;        %  corte pasaaltas normalizado
%
[B1,A1] = butter(8,f1n);
[B2,A2] = butter(7,[f2n,f3n]);
[B3,A3] = butter(10,f4n,'high');
%
```

```
[H1,wT] = freqz(B1,A1,200);
[H2,wT] = freqz(B2,A2,200);
[H3,wT] = freqz(B3,A3,200);
%
hertz = wT/(2*pi*T);
subplot(2,1,1),...
    plot(hertz,abs(H1),'-',hertz,abs(H2),'--',...
    hertz,abs(H3),'-.'),...
    title('Filtros para separar canales'),...
    xlabel('Hz'),ylabel('Magnitud'),grid
```

5.   PRUEBA

Se muestran las magnitudes de los filtros en la misma gráfica para verificar que los filtros no se traslapan, como se aprecia en la figura 10.17.

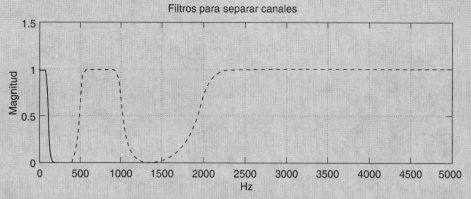

Figura 10.17 *Tres filtros de separación de canales.*

RESUMEN DEL CAPÍTULO

Se presentaron varias funciones MATLAB para realizar operaciones de procesamiento de señales. Se describió la función `fft` para analizar el contenido de frecuencias de una señal digital. Se explicaron las funciones `freqs` y `freqz` para calcular el contenido de frecuencias de un filtro analógico o digital a partir de una función de transferencia. Una vez que se tiene la señal compleja que representa el contenido de frecuencias, es fácil calcular y graficar la magnitud y fase del filtro. Podemos usar la función `filter` para implementar un filtro IIR o FIR. Por último, se presentaron varias funciones para diseñar filtros IIR y FIR.

TÉRMINOS CLAVE

aliasing

banda de detención

banda de paso

banda de transición

ceros

dominio de la frecuencia

dominio del tiempo

ecuación de diferencia estándar

espectro de frecuencia

filtro analógico

filtro Butterworth

filtro Chebyshev

filtro digital

filtro elíptico

filtro FIR

filtro IIR

filtro parabanda

filtro Parks-McClellan

filtro pasaaltas

filtro pasabajas

filtro pasabanda

filtro Yule-Walker

frecuencia

frecuencia de corte

frecuencia de muestreo

frecuencia de Nyquist

frecuencia de rechazo

fugas

función de transferencia

Hertz

polos

procesamiento digital de señales

retardo de grupo

senoide

señal analógica

señal digital

transformada discreta de Fourier (DFT)

transformada inversa de Fourier

transformada rápida de Fourier (FFT)

RESUMEN DE MATLAB

En este resumen de MATLAB se listan todos los comandos y funciones que se definieron en el capítulo. También se incluye una breve descripción de cada uno.

COMANDOS Y FUNCIONES

butter	diseña un filtro digital Butterworth
cheby1	diseña un filtro digital Chebyshev Tipo I
cheby2	diseña un filtro digital Chebyshev Tipo II
ellip	diseña un filtro digital elíptico
fft	calcula el contenido de frecuencias de una señal
filter	aplica un filtro digital a una señal de entrada
freqs	calcula el contenido de frecuencias analógico
freqz	calcula el contenido de frecuencias digital

`grpdelay`	mide el retardo de grupo de un filtro digital
`remez`	diseña un filtro digital FIR óptimo
`residue`	realiza una expansión de fracciones parciales
`unwrap`	elimina discontinuidades en 2π de un ángulo de fase
`yulewalk`	diseña un filtro digital IIR óptimo

Notas de *Estilo*

1. Usualmente sólo exhibimos información de frecuencias hasta la frecuencia de Nyquist porque los valores superiores se deben a periodicidad y no a componentes de más alta frecuencia de la señal.

Notas de depuración

1. Tenga cuidado al determinar los valores de frecuencia normalizada. Recuerde que la función `freqz` supone que la frecuencia de Nyquist es π, mientras que las funciones para diseñar filtros suponen que la frecuencia de Nyquist es 1.0.

Problemas

Filtros para separar canales. Estos problemas se relacionan con el problema de diseño de filtros para separar canales. En estos problemas crearemos una simulación en computadora de este sistema.

1. Primero queremos generar señales en las tres bandas descritas para este filtro. Haremos esto usando sumas de senoides, todas las cuales se muestrean a 10 kHz. La Señal 1 deberá contener una suma de senoides con frecuencias a 25 Hz, 40 Hz y 75 Hz. La Señal 2 contendrá una suma de senoides con frecuencias a 600 Hz, 730 Hz y 850 Hz. La Señal 3 contendrá una suma de senoides con frecuencias a 3500 Hz, 4000 Hz y 4200 Hz. Escoja diversas amplitudes y desfasamientos para los senoides. Grafique 50 puntos de la Señal 1, la Señal 2 y la Señal 3.

2. Calcule y grafique la magnitud y la fase de cada una de las tres señales generadas en el problema 1. Utilice Hz como unidades del eje x en las gráficas. Asegúrese de que las componentes senoidales aparezcan donde es debido.

3. Sume las tres señales de tiempo generadas en el problema 1. Grafique la señal de tiempo. También grafique la magnitud del contenido de frecuencias de la señal, usando Hz como unidades para el eje x.

4. Aplique el filtro pasabajas a la señal generada en el problema 3. Grafique la salida del filtro (en el dominio del tiempo) y la magnitud del contenido de frecuencias de dicha salida. Compare las gráficas con las generadas en los problemas 1 y 2. La gráfica de tiempo de este problema deberá ser similar a la generada en el problema 1 para la Señal 1, tal vez con un desfasamiento. Las gráficas de magnitud deberán ser muy similares.

5. Repita el problema 4 usando el filtro pasabanda. Compare las gráficas con las generadas en los problemas 1 y 2. La gráfica de tiempo de este problema deberá ser similar a la generada en el problema 1 para la Señal 2, tal vez con un desfasamiento. Las gráficas de magnitud deberán ser muy similares.

6. Repita el problema 4 usando el filtro pasaaltas. Compare las gráficas con las generadas en los problemas 1 y 2. La gráfica de tiempo de este problema deberá ser similar a la generada en el problema 1 para la Señal 3, tal vez con un desfasamiento. Las gráficas de magnitud deberán ser muy similares.

Características de filtros. Para cada uno de los siguientes filtros, determine la o las bandas de paso, de transición y de detención. Use 0.7 para determinar las frecuencias de corte y 0.1 para determinar las frecuencias de rechazo.

7. $H(s) = \dfrac{0.5279}{s^2 + 1.0275s + 0.5279}$

8. $H(s) = \dfrac{s^2}{s^2 + 0.1117s + 0.0062}$

9. $H(s) = \dfrac{1.05s}{s^2 + 1.05s + 0.447}$

10. $H(s) = \dfrac{s^2 + 2.2359}{s^2 + 2.3511s + 2.2359}$

11. $H(z) = \dfrac{0.2066 + 0.4131z^{-1} + 0.2066z^{-2}}{1 - 0.3695z^{-1} + 0.1958z^{-2}}$

12. $H(z) = \dfrac{0.894 - 1.789z^{-1} + 0.894z^{-2}}{1 - 1.778z^{-1} + 0.799z^{-2}}$

13. $H(z) = \dfrac{0.42 - 0.42z^{-2}}{1 - 0.443z^{-1} + 0.159z^{-2}}$

14. $H(z) = \dfrac{0.5792 + 0.4425z^{-1} + 0.5792z^{-2}}{1 + 0.4425z^{-1} + 0.1584z^{-2}}$

15. $y_n = 0.04x_{n-1} + 0.17x_{n-2} + 0.25x_{n-3} + 0.17x_{n-4} + 0.04x_{n-5}$

16. $y_n = 0.42x_n - 0.42x_{n-2} + 0.44y_{n-1} - 0.16y_{n-2}$

17. $y_n = 0.33x_{n+1} + 0.33x_n + 0.33x_{n-1}$

18. $y_n = 0.33x_n + 0.33x_{n-1} + 0.33x_{n-2}$

Diseño de filtros. Los siguientes problemas ejercitan las funciones para diseñar filtros que se describieron en el capítulo. Use Hz como unidades para el eje x en todas las gráficas de magnitud o fase.

19.   Diseñe un filtro pasabajas con frecuencia de corte de 1 kHz para usarse con una frecuencia de muestreo de 8 kHz. Compare diseños para los cuatro tipos de filtros IIR estándar con un filtro de orden 8 graficando la magnitud de los cuatro diseños en los mismos ejes.

20.   Diseñe un filtro pasaaltas con frecuencia de corte de 500 Hz para usarse con una frecuencia de muestreo de 1500 Hz. Compare diseños usando un filtro elíptico de orden 8 y un filtro FIR de orden 32 graficando la magnitud de los dos diseños en los mismos ejes.

21.   Diseñe un filtro pasabanda con una banda de paso de 300 Hz a 4000 Hz para usarse con una frecuencia de muestreo de 9.6 kHz. Compare diseños usando un filtro Butterworth de orden 8 y un filtro FIR de modo que la banda de frecuencias que pasan sea similar. Grafique la magnitud de los dos diseños en los mismos ejes.

22.   Diseñe un filtro que elimine frecuencias de 500 Hz a 1000 Hz en una señal muestreada a 10 kHz. Compare un diseño de filtro elíptico de orden 12 con uno de filtro Yule-Walker de grado 12. Grafique la magnitud de los dos diseños en los mismos ejes.

23.   Diseñe un filtro que elimine frecuencias de 100 y 150 Hz y entre 500 y 600 Hz en una señal muestreada a 2.5 kHz. Compare diseños usando un filtro FIR y un filtro IIR. Grafique la magnitud de los dos diseños en los mismos ejes.

24.   Diseñe un filtro pasaaltas que elimine frecuencias por debajo de 900 Hz en una señal que se muestrea a 9.6 kHz. Compare filtros elípticos de orden 6, 8 y 10 graficando las magnitudes de los filtros en los mismos ejes.

25.   Diseñe un filtro pasabanda que deje pasar frecuencias entre 1000 y 3000 Hz en una señal muestreada a 10 kHz. Use un filtro Chebyshev Tipo II y escoja el

orden mínimo de modo que las bandas de transición no abarquen más de 200 Hz a cada lado de la banda de paso.

Implementación de filtros. Los siguientes problemas especifican señales de entrada que se usarán para probar los filtros diseñados en el problema 20.

26. Genere una señal que contenga 1024 puntos de ruido uniforme con una media de 0.5 y una varianza de 1. Suponga que esta señal representa ruido muestreado a 1500 Hz. Calcule y grafique la magnitud FFT de esta señal y verifique que contenga frecuencias en todos los valores desde 0 hasta la frecuencia de Nyquist a 750 Hz.

27. Pase la señal generada en el problema 26 por el filtro elíptico diseñado en el problema 20. Calcule y grafique la magnitud FFT de la salida del filtro y compruebe que haya eliminado frecuencias por debajo de 500 Hz. Compare la magnitud FFT de la señal de salida con la de la señal de entrada.

28. Pase la señal generada en el problema 26 por el filtro FIR diseñado en el problema 20. Calcule y grafique la magnitud FFT de la salida del filtro y compruebe que haya eliminado frecuencias por debajo de 500 Hz. Compare la magnitud FFT de la señal de salida con la de la señal de entrada.

29. Genere 1024 puntos de una senoide con una frecuencia de 550 Hz. Pase la señal por el filtro elíptico diseñado en el problema 20. Grafique la entrada y la salida del filtro en los mismos ejes. ¿Cuántas muestras se retrasó la salida respecto a la entrada?

30. Genere 1024 puntos de una senoide con una frecuencia de 550 Hz. Pase la señal por el filtro FIR diseñado en el problema 20. Grafique la entrada y la salida del filtro en los mismos ejes. ¿Cuántas muestras se retrasó la salida respecto a la entrada?

10

11

Cortesía de Phillips Laboratorio/PAX.

GRAN DESAFÍO:
Funcionamiento de vehículos

Este telescopio, situado en el Starfire Optical Range del Phillips Laboratory en Albuquerque, Nuevo México, es uno de los telescopios más grandes del mundo. Está provisto de un espejo primario de 3.5 metros de diámetro, y se halla protegido por una envoltura cilíndrica retraíble única que le permite operar al aire libre. El telescopio tiene capacidad para resolver objetos del tamaño de un balón de baloncesto a una distancia de 1600 kilómetros en el espacio, y usa una técnica de estrella guía de láser que dispara un rayo láser hacia el espacio. Una porción del rayo se refleja de vuelta a la Tierra, proporcionando información que luego se utiliza en sistemas ópticos adaptativos para compensar las distorsiones. Entre las aplicaciones del telescopio están la obtención de imágenes de objetos espaciales, rastreo avanzado y física atmosférica. Estas investigaciones suministrarán información que mejorará los sistemas de guía y control de los vehículos espaciales, incluido el transbordador espacial y los satélites.

Sistemas de control

11.1   Modelado de sistemas

11.2   Conversión de modelos

11.3   Funciones de diseño y análisis

11.4   *Resolución aplicada de problemas: Control de espejos de dirección por rayo láser*

Resumen del capítulo, Términos clave, Resumen de MATLAB, Notas de estilo, Notas de depuración, Problemas

OBJETIVOS

La Edición para el Estudiante de MATLAB cuenta con un amplio grupo de funciones que resultan muy útiles para el diseño y análisis de sistemas lineales y sistemas de control. Estas funciones, que se combinan en el Toolbox de Sistemas y Señales, han sido seleccionadas del Signal Processing Toolbox y del Control Systems Toolbox, que están disponibles para la versión profesional de MATLAB. Muchas de las tareas de diseño y análisis asociadas a los sistemas lineales y de control implican operaciones de matrices, aritmética de complejos, determinación de raíces, conversiones de modelos y graficación de funciones complicadas. Como hemos visto, MATLAB fue diseñado para facilitar la realización de muchas de estas operaciones. Este capítulo se divide en tres temas: modelado de sistemas, funciones de conversión de modelos y funciones de análisis. Dado que la teoría de sistemas lineales y la teoría de sistemas de control son campos de estudio extensos, no pueden tratarse a fondo en este capítulo. Por tanto, la información que presentamos supone al menos cierta familiaridad con los temas.

11.1   Modelado de sistemas

Modelos

El análisis y diseño de sistemas lineales y de control empieza con modelos de sistemas reales. Estos **modelos**, que son representaciones matemáticas de cosas tales como procesos químicos, maquinaria y circuitos eléctricos, sirven para estudiar la respuesta dinámica de los sistemas reales. Las técnicas matemáticas empleadas por MATLAB para diseñar y analizar estos sistemas suponen procesos que son físicamente realizables, **lineales e invariantes en el tiempo** (LTI). Así, los modelos en sí están sujetos a restricciones similares: los sistemas no lineales que varían con el tiempo o bien no pueden analizarse o deben aproximarse con funciones LTI.

MATLAB usa modelos en la forma de **funciones de transferencia** o **ecuaciones de espacio de estados**, haciendo posible así el empleo de técnicas de diseño y análisis de sistemas de control tanto "clásicas" como "modernas". Cualquiera de estas formas de modelos se puede expresar en formas de tiempo continuo (analógicas) o de tiempo discreto (digitales). Las funciones de transferencia se pueden expresar como un polinomio, un cociente de polinomios o una de dos formas factorizadas: cero-polo-ganancia o fracciones parciales. Los modelos de sistema de espacio de estados son idóneos para MATLAB porque son una expresión basada en matrices.

Para ilustrar las diversas formas en que podemos formular modelos, usaremos el ejemplo clásico de un sistema resorte-masa-amortiguador, el cual se muestra en la figura 11.1. En este sistema, tres fuerzas actúan sobre una masa m: una fuerza de entrada que depende del tiempo $u(t)$, un resorte con constante de resorte k y un amortiguador viscoso con constante de amortiguación b. La posición de la masa en función del tiempo está representada por $x(t)$. Conectamos a la masa un potenciómetro de medición p que proporciona un voltaje de salida $y(t)$ proporcional a $x(t)$. La ecuación de movimiento de la masa m está dada por la ecuación diferencial de segundo orden:

$$mx'' + bx' + kx = u(t)$$

y la ecuación de medición para el potenciómetro es:

$$y(t) = px(t)$$

La ecuación para el potenciómetro es un ejemplo de situación en la que la variable que representa la dinámica del sistema (x en este caso) no es la variable de salida

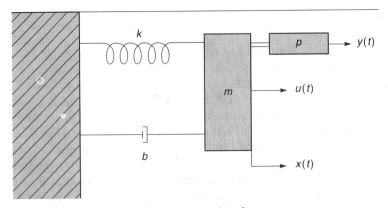

Figura 11.1 *Sistema de resorte-masa-amortiguador.*

(*y* en este caso). Juntas, estas dos ecuaciones proporcionan un modelo matemático del **comportamiento dinámico** del sistema. Si integramos la ecuación del movimiento usando las técnicas que estudiamos en los capítulos 7 o 9, podremos determinar el movimiento de la masa en función del tiempo. Es por ello que un análisis así se denomina análisis en el dominio del tiempo.

FUNCIONES DE TRANSFERENCIA

El análisis de los sistemas lineales y de control con frecuencia implica determinar ciertas propiedades dinámicas, como estabilidad y respuesta en frecuencia, que no es fácil determinar usando análisis en el dominio del tiempo. Para estos análisis, muchas veces obtenemos una transformada de Laplace de la ecuación en el dominio del tiempo para poder analizar el sistema en el dominio de la frecuencia. La transformada de Laplace de nuestra ecuación diferencial del resorte-masa-amortiguador anterior es:

$$(ms^2 + bs + k)x(s) = u(s)$$

donde *s* es una variable compleja $(\sigma + j\omega)$, llamada variable de Laplace. (La variable compleja *s* empleada en el capítulo 10 para definir la transformada de Fourier suponía que $\sigma = 0$.) Esta ecuación se puede reacomodar fácilmente para dar una función de transferencia $H(s)$, que relaciona el movimiento de salida del sistema $x(s)$ con la fuerza de entrada $u(s)$:

$$H(s) = \frac{x(s)}{u(s)} = \frac{1}{ms^2 + bs + k}$$

La función de transferencia para el potenciómetro es simplemente:

$$\frac{y(s)}{x(s)} = p$$

Con frecuencia se usan **diagramas de bloques** para mostrar la relación entre las funciones de transferencia y las variables de entrada y salida de un sistema. Suponiendo para nuestro ejemplo de resorte-masa-amortiguador que $m = 1$, $b = 4$, $k = 3$ y $p = 10$, el diagrama de bloques de la figura 11.2 representa el sistema. El primer bloque representa el **modelo de planta**, que es la parte del sistema que se controla, y el segundo bloque representa el **modelo de medición**.

También podemos combinar los bloques en un solo bloque de modelo del sistema como se muestra en la figura 11.3. Esta función de transferencia se expresa como un **cociente de dos polinomios**, donde el polinomio del numerador es simplemente un escalar. En el caso de sistemas que tienen **una sola entrada** y **una sola salida** (**SISO**), la forma para escribir funciones de transferencia es:

Cociente de dos polinomios

$$H(s) = \frac{b_0 s^n + b_1 s^{n-1} + \ldots + b_{n-1} s + b_n}{a_0 s^m + a_1 s^{m-1} + \ldots + a_{m-1} s + a_m}$$

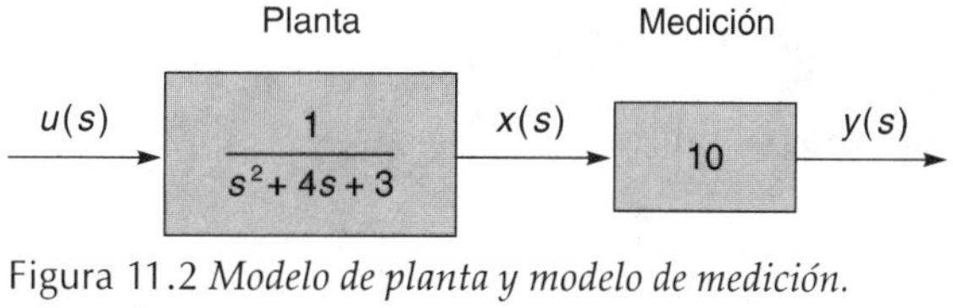

Figura 11.2 *Modelo de planta y modelo de medición.*

Sistema

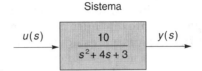

Figura 11.3 *Modelo de sistema.*

En términos más generales, el numerador de esta función de transferencia puede ser una matriz tridimensional para sistemas de **múltiples –entradas-múltiples– salidas (MIMO)**.

Muchas veces, el numerador y el denominador de una función de transferencia se factorizan para obtener la **forma cero-polo-ganancia**, que es:

Forma cero-polo-ganancia

$$H(s) = k \frac{(s - z_1)(s - z_2) \ldots (s - z_n)}{(s - p_1)(s - p_2) \ldots (s - p_m)}$$

Por ejemplo, la forma cero-polo-ganancia de la función de transferencia:

$$H(s) = \frac{3s^2 + 18s + 24}{s^3 + 9s^2 + 23s + 15}$$

es,

$$H(s) = 3 \frac{(s + 2)(s + 4)}{(s + 1)(s + 3)(s + 5)}$$

Esta forma es de especial utilidad, pues muestra directamente las raíces de los polinomios del numerador y del denominador (lo ceros y los polos del sistema, respectivamente).

Por último, las funciones de transferencia también pueden escribirse en la forma de **expansión de fracciones parciales**, o residuo, que es:

Expansión de fracciones parciales

$$H(s) = \frac{r_1}{s - p_1} + \frac{r_2}{s - p_2} + \ldots + \frac{r_n}{s - p_n} + k(s)$$

Esta forma es útil para determinar la transformada inversa de Laplace y para diseñar ciertos tipos de filtros. Si desea saber más acerca del uso de la forma de residuo, vea la sección sobre análisis de filtros del capítulo 10.

MODELOS DE ESPACIO DE ESTADOS

En el capítulo 8 explicamos la forma de expresar una ecuación diferencial de orden superior como un conjunto de ecuaciones diferenciales de primer orden acopladas. Esta técnica también es la base de la forma de matriz o de modelo de estado de espacios. Usando nuestro ejemplo anterior de resorte-masa-amortiguador, cuya ecuación de movimiento era:

$$mx'' + bx' + kx = u(t)$$

podemos definir:

$$x_1 = x$$
$$x_2 = x'$$

A continuación, reescribimos la ecuación diferencial de segundo orden como un conjunto de ecuaciones diferenciales de primer orden acopladas:

$$x_1' = x_2$$

$$x_2' = -\frac{k}{m}x_1 - \frac{b}{m}x_2 + \frac{u}{m} = -3x_1 - 4x_2 + u$$

y la ecuación de medición como:

$$y = g(x,u) = 10x_1$$

Modelo de espacio de estados

Usando notación de matrices, este modelo de sistema puede escribirse como un **modelo de espacio de estados**

$$x' = Ax + Bu$$
$$y = Cx + Du$$

que, para este ejemplo, representa

$$\begin{bmatrix} x_1' \\ x_2' \end{bmatrix} = \begin{bmatrix} 0 & 1 \\ -3 & -4 \end{bmatrix} \begin{bmatrix} x_1 \\ x_2 \end{bmatrix} + \begin{bmatrix} 0 \\ 1 \end{bmatrix} u$$

$$y = \begin{bmatrix} 10 & 0 \end{bmatrix} \begin{bmatrix} x_1 \\ x_2 \end{bmatrix} + [0]u$$

SISTEMAS DE TIEMPO DISCRETO

Muchos sistemas tienen variables que sólo cambian en instantes discretos o que sólo están disponibles para medirse o usarse en instantes discretos. Algunos de tales sistemas son sistemas analógicos cuyas variables continuas se muestrean a intervalos de tiempo regulares; otros pueden ser sistemas digitales cuyas variables cuantizadas se muestrean de forma similar.

Los sistemas de tiempo discreto se analizan de un modo parecido a los de tiempo continuo. La diferencia principal es que utilizan la transformada z en lugar de la de Laplace para deducir funciones de transferencia. La variable de tiempo discreto z está relacionada matemáticamente con la variable de Laplace de tiempo continuo s por la ecuación:

$$z = e^{sT}$$

donde T es el tiempo de muestreo.

MATLAB representa los sistemas de tiempo discreto usando las mismas formas que para los sistemas de tiempo continuo: como funciones de transferencia polinómicas, de cero-polo-ganancia y de expansión de fracciones parciales, y como ecuaciones de espacio de estados. Por ejemplo, la versión de tiempo discreto de una transformada que se expresa como el cociente de dos polinomios es:

$$H(z) = \frac{b_0 z^n + b_1 z^{n-1} + \ldots + b_{n-1} z + b_n}{a_0 z^m + a_1 z^{m-1} + \ldots + a_{m-1} z + a_m}$$

Las formas de función de transferencia de tiempo discreto de cero-polo-ganancia y de fracciones parciales tienen una relación similar con las formas de tiempo continuo.

Las ecuaciones de espacio de estados para los sistemas de tiempo discreto también son muy similares a aquellas para los sistemas continuos:

$$x[n + 1] = Ax[n] + Bu[n]$$
$$y[n] = Cx[n] + Du[n]$$

donde n indica la muestra actual y $n + 1$ indica la siguiente muestra. Observe que en la forma de tiempo discreto $x[n + 1]$ sustituye a x' de la forma de tiempo continuo. La razón es que los sistemas de tiempo discreto usan ecuaciones de diferencia en lugar de ecuaciones diferenciales. Las ecuaciones para sistemas de tiempo discreto calculan el valor de vector de estado en el siguiente instante de muestreo, no la derivada del vector de estado en el instante actual, que es lo que calculan las ecuaciones de espacio de estados de tiempo continuo.

En síntesis, existen varias formas diferentes de modelos para sistemas tanto de tiempo continuo como de tiempo discreto. En la siguiente sección presentamos funciones MATLAB que pueden servir para realizar conversiones de una forma a otra.

11.2   Conversión de modelos

MATLAB cuenta con varias funciones que facilitan la conversión de una forma de modelo a otra y de sistemas de tiempo continuo a sistemas de tiempo discreto. Estas funciones de conversión y sus usos se resumen en la tabla 11.1. A continuación presentamos una explicación de cada función, junto con un ejemplo. *Dado que estos modelos incluyen una cantidad apreciable de variables, recomendamos usar nombres de variables que coincidan con las variables empleadas en las formas de modelo generales.* Esto facilita la comprensión del código y también ayuda a evitar errores.

Estilo

Función `c2d`. La función `c2d` convierte la ecuación de espacio de estados de tiempo continuo:

$$x' = Ax + Bu$$

en la ecuación de espacio de estados de tiempo discreto:

$$x[n + 1] = A_d x[n] + B_d u[n]$$

TABLA 11.1 Funciones de conversión de modelos

Función	Propósito
c2d	espacio de estados continua a espacio de estados discreta
residue	expansión de fracciones parciales
ss2tf	espacio de estados a función de transferencia
ss2zp	espacio de estados a cero-polo-ganancia
tf2ss	función de transferencia a espacio de estados
tf2zp	función de transferencia a cero-polo-ganancia
zp2ss	cero-polo-ganancia a espacio de estados
zp2tf	cero-polo-ganancia a función de transferencia

La función tiene dos matrices de salida:

`[Ad,Bd] = c2d(A,B,Ts)`   Determina las matrices `Ad` y `Bd` de la ecuación de tiempo discreto usando las matrices `A` y `B` de la ecuación de espacio de estados de tiempo continuo. `Ts` es el periodo de muestreo deseado.

La ecuación de planta de espacio de estados de tiempo continuo anterior:

$$x' = Ax + Bu$$

donde,

$$A = \begin{bmatrix} 0 & 1 \\ -3 & -4 \end{bmatrix}, \quad B = \begin{bmatrix} 0 \\ 1 \end{bmatrix}$$

puede convertirse en una ecuación de espacio de estados de tiempo discreto con un periodo de muestreo de 0.1 segundos usando estas instrucciones:

```
%    Convertir un modelo continuo en discreto.
A = [0,1; -3, -4];
B = [0,1]';
[Ad,Bd] = c2d(A,B,0.1);
```

Los valores de las matrices calculadas por la función `c2d` son los siguientes:

$$\text{Ad} = \begin{bmatrix} 0.9868 & 0.0820 \\ -0.2460 & 0.6588 \end{bmatrix}, \quad \text{Bd} = \begin{bmatrix} 0.0044 \\ 0.0820 \end{bmatrix}$$

Por tanto, la ecuación de espacio de estados de tiempo discreto del modelo de planta es:

$$x[n + 1] = A_d x[n] + B_d u[n]$$

que representa:

$$\begin{bmatrix} x_1 \\ x_2 \end{bmatrix}_{n+1} = \begin{bmatrix} 0.9868 & 0.0820 \\ -0.2460 & 0.6588 \end{bmatrix} \begin{bmatrix} x_1 \\ x_2 \end{bmatrix}_n \begin{bmatrix} 0.0044 \\ 0.0820 \end{bmatrix} u_n$$

Función `residue`. La función `residue` convierte la función de transferencia polinómica:

$$H(s) = \frac{b_0 s^n + b_1 s^{n-1} + \ldots + b_{n-1} s + b_n}{a_0 s^m + a_1 s^{m-1} + \ldots + a_{m-1} s + a_m}$$

en la función de transferencia de fracciones parciales:

$$H(s) = \frac{r_1}{s - p_1} + \frac{r_2}{s - p_2} + \ldots + \frac{r_n}{s - p_n} + k(s)$$

Esta función se estudió con detalle en la Sec. 10.2. Repase esa sección si desea una explicación completa de las ecuaciones y de la notación. Aquí sólo presentamos un resumen de la función:

`[r,p,k,] = residue(B,A)`   Determina los vectores `r`, `p` y `k`, que contienen los valores de residuo, los polos y los términos directos de la expansión de fracciones parciales. Las entradas son los coeficientes de los polinomios `B` y `A` del numerador y denominador de la función de transferencia, respectivamente.

La expansión de fracciones parciales de esta función de transferencia de sistema:

$$\frac{y(s)}{u(s)} = \frac{10}{s^2 + 4s + 3}$$

se puede calcular con estas instrucciones:

```
%   Calcular expansión de fracciones parciales.
B = [10];
A = [1,4,3];
[r,p,k] = residue (B,A);
```

Los valores de las matrices calculadas por la función `residue` son los siguientes:

$$r = \begin{bmatrix} -5 \\ 5 \end{bmatrix}, \qquad p = \begin{bmatrix} -3 \\ -1 \end{bmatrix}, \qquad k = [\ \ ]$$

Por tanto, la expansión de fracciones parciales de nuestra función de transferencia polinómica de sistema es:

$$H(s) = \frac{y(s)}{u(s)} = \frac{-5}{s+3} + \frac{5}{s+1}$$

Función `ss2tf`. La función `ss2tf` convierte las ecuaciones de espacio de estados de tiempo continuo:

$$x' = Ax + Bu$$
$$y = Cx + Du$$

en la función de transferencia polinómica:

$$H(s) = \frac{b_0 s^n + b_1 s^{n-1} + \ldots + b_{n-1} s + b_n}{a_0 s^m + a_1 s^{m-1} + \ldots + a_{m-1} s + a_m}$$

La función tiene dos matrices de salida:

`[num,den] = ss2tf(A,B,C,D,iu)`   Calcula los vectores `num` y `den` que contienen los coeficientes, en orden descendente de potencias de s, del numerador y denominador de la función de transferencia polinómica para la `iu`-ésima entrada. Los argumentos de entrada `A`, `B`, `C` y `D` son las matrices de las ecuaciones de espacio de estados que corresponden a la `iu`-ésima entrada, donde `iu` es el número de la entrada en el caso de un sistema de múltiples entradas. En el caso de un sistema de una sola entrada, `iu` es 1.

Por ejemplo, las ecuaciones de espacio de estados para nuestro sistema:

$$\begin{bmatrix} x_1' \\ x_2' \end{bmatrix} = \begin{bmatrix} 0 & 1 \\ -3 & -4 \end{bmatrix} \begin{bmatrix} x_1 \\ x_2 \end{bmatrix} + \begin{bmatrix} 0 \\ 1 \end{bmatrix} u$$

$$y = \begin{bmatrix} 10 & 0 \end{bmatrix} \begin{bmatrix} x_1 \\ x_2 \end{bmatrix} + \begin{bmatrix} 0 \end{bmatrix} u$$

se pueden convertir en una función de transferencia polinómica usando las siguientes instrucciones:

```
%   Convertir modelo de espacio de estados en función de transferencia.
A = [0,1; -3,-4];
B = [0,1]';
C = [10,0];
D = 0;
iu = 1;
[num,den] = ss2tf(A,B,C,D,iu);
```

Los valores de los vectores calculados por la función ss2tf son los siguientes:

$$\text{num} = \begin{bmatrix} 0 & 0 & 10 \end{bmatrix}, \quad \text{den} = \begin{bmatrix} 1 & 4 & 3 \end{bmatrix}$$

Por tanto, la función de transferencia es:

$$\frac{y(s)}{u(s)} = \frac{10}{s^2 + 4s + 3}$$

Función ss2zp. La función ss2zp convierte las ecuaciones de espacio de estados de tiempo continuo:

$$x' = Ax + Bu$$
$$y = Cx + Du$$

en la función de transferencia de cero-polo-ganancia:

$$H(s) = k \frac{(s - z_1)(s - z_2) \ldots (s - z_n)}{(s - p_1)(s - p_2) \ldots (s - p_m)}$$

La función tiene tres matrices de salida:

`[z,p,k] = ss2zp(A,B,C,D,iu)` Determina los ceros (z) y polos (p) de la función de transferencia de cero-polo-ganancia para la iu-ésima entrada, junto con la ganancia correspondiente (k). Las matrices de entrada A, B, C y D de las ecuaciones de espacio de estados corresponden a la iu-ésima entrada, donde iu es el número de la entrada en el caso de un sistema de múltiples entradas. En el caso de un sistema de una sola entrada, iu es 1.

Por ejemplo, las ecuaciones de espacio de estados del sistema del ejemplo:

$$\begin{bmatrix} x_1' \\ x_2' \end{bmatrix} = \begin{bmatrix} 0 & 1 \\ -3 & -4 \end{bmatrix} \begin{bmatrix} x_1 \\ x_2 \end{bmatrix} + \begin{bmatrix} 0 \\ 1 \end{bmatrix} u$$

$$y = \begin{bmatrix} 10 & 0 \end{bmatrix} \begin{bmatrix} x_1 \\ x_2 \end{bmatrix} + [0]u$$

se pueden convertir en una función de transferencia cero-polo-ganancia usando estas instrucciones:

```
%  Convertir del modelo de espacio de estados al de cero-polo-ganancia.
A = [0,1;-3,-4];
B = [0,1]';
C = [10,0];
D = 0;
iu = 1;
[z,p,k] = ss2zp(A,B,C,D,iu);
```

Los valores de las matrices calculadas por la función `ss2zp` son los siguientes:

$$\mathtt{r} = [\ \ ], \quad \mathtt{p} = \begin{bmatrix} -1 \\ -3 \end{bmatrix}, \quad \mathtt{k} = [\ \ ]$$

Así, la función de transferencia cero-polo-ganancia es:

$$\frac{y(s)}{u(s)} = \frac{10}{(s+1)(s+3)}$$

Función `tf2ss`. La función `tf2ss` convierte la función de transferencia polinómica:

$$H(s) = \frac{b_0 s^n + b_1 s^{n-1} + \ldots + b_{n-1}s + b_n}{a_0 s^m + a_1 s^{m-1} + \ldots + a_{m-1}s + a_m}$$

en la ecuación de espacio de estados de la forma controlador-canónica:

$$x' = \mathrm{A}x + \mathrm{B}u$$
$$y = \mathrm{C}x + \mathrm{D}u$$

La función tiene cuatro matrices de salida:

`[A,B,C,D] = tf2ss(num,den)`   Determina las matrices `A`, `B`, `C` y `D` de las ecuaciones de espacio de estados de la forma controlador-canónica. Los argumentos de entrada `num` y `den` contienen los coeficientes, en orden descendente de potencias de s, de los polinomios de numerador y denominador de la función de transferencia que se va a convertir.

La función de transferencia polinómica:

$$\frac{y(s)}{u(s)} = \frac{10}{s^2 + 4s + 3}$$

se puede convertir en ecuaciones de espacio de estados de la forma controlador-canónica usando estas instrucciones:

```
% Convertir función de transferencia a espacio de estados.
num = 10;
den = [1,4,3];
[A,B,C,D] = tf2ss(num,den);
```

Los valores de las matrices calculadas por la función `tf2ss` son los siguientes:

$$A = \begin{bmatrix} -4 & -3 \\ 1 & 0 \end{bmatrix}, \qquad B = \begin{bmatrix} 1 \\ 0 \end{bmatrix}, \qquad C = \begin{bmatrix} 0 & 10 \end{bmatrix}, \qquad D = \begin{bmatrix} 0 \end{bmatrix}$$

Por tanto, las ecuaciones de espacio de estados en la forma controlador-canónica son:

$$\begin{bmatrix} x_1' \\ x_2' \end{bmatrix} = \begin{bmatrix} -4 & -3 \\ 1 & 0 \end{bmatrix}\begin{bmatrix} x_1 \\ x_2 \end{bmatrix} + \begin{bmatrix} 1 \\ 0 \end{bmatrix} u$$

$$y = \begin{bmatrix} 0 & 10 \end{bmatrix}\begin{bmatrix} x_1 \\ x_2 \end{bmatrix}$$

Función `tf2zp`. La función `tf2zp` convierte la función de transferencia polinómica:

$$H(s) = \frac{b_0 s^n + b_1 s^{n-1} + \ldots + b_{n-1}s + b_n}{a_0 s^m + a_1 s^{m-1} + \ldots + a_{m-1}s + a_m}$$

en la función de transferencia cero-polo-ganancia:

$$H(s) = k\frac{(s - z_1)(s - z_2)\ldots(s - z_n)}{(s - p_1)(s - p_2)\ldots(s - p_m)}$$

La función tiene tres matrices de salida:

`[z,p,k] = tf2zp(num,den)`   Determina los ceros (`z`), polos (`p`) y la ganancia correspondiente (`k`) de la función de transferencia de cero-polo-ganancia usando los coeficientes, en orden descendente de potencias de s, del numerador y denominador de la función de transferencia polinómica que se va a convertir.

La función de transferencia polinómica:

$$\frac{y(s)}{u(s)} = \frac{10}{s^2 + 4s + 3}$$

puede convertirse en una función de transferencia cero-polo-ganancia usando estas instrucciones:

```
%   Convierte función de transferencia en cero-polo-ganancia.
num = 10;
den = [1,4,3];
[z,p,k] = tf2zp(num,den);
```

Los valores de las matrices calculadas por la función `tf2zp` son los siguientes:

$$r = [\ ], \quad p = \begin{bmatrix} -3 \\ -1 \end{bmatrix}, \quad k = [10]$$

Por tanto, la función de transferencia cero-polo-ganancia es:

$$\frac{y(s)}{u(s)} = \frac{10}{(s+3)(s+1)}$$

Función `zp2tf`. La función `zp2tf` convierte la función de transferencia cero-polo-ganancia:

$$H(s) = k\frac{(s - z_1)(s - z_2)\ldots(s - z_n)}{(s - p_1)(s - p_2)\ldots(s - p_m)}$$

en la función de transferencia polinómica:

$$H(s) = \frac{b_0 s^n + b_1 s^{n-1} + \ldots + b_{n-1}s + b_n}{a_0 s^m + a_1 s^{m-1} + \ldots + a_{m-1}s + a_m}$$

La función tiene dos matrices de salida:

`[num,den] = zp2tf(z,p,k)`   Determina los vectores `num` y `den` que contienen los coeficientes, en orden descendente de potencias de *s*, del numerador y denominador de la función de transferencia polinómica. `p` es un vector de columna que contiene las posiciones de polos de la función de transferencia cero-polo-ganancia, `z` es una matriz que contiene las posiciones de ceros correspondientes, con una columna para cada salida de un sistema de múltiples salidas, `k` es la ganancia de la función de transferencia cero-polo-ganancia. En el caso de un sistema con una sola salida, `z` es un vector de columna que contiene las posiciones de ceros que corresponden a las posiciones de polos del vector `p`.

Esta función de transferencia cero-polo-ganancia:

$$\frac{y(s)}{u(s)} = \frac{10}{(s+3)(s+1)}$$

se puede convertir en una función de transferencia polinómica usando las siguientes instrucciones:

```
%  Convierte cero-polo-ganancia en función de transferencia.
z = [];
p = [-3,-1]';
k = 10;
[num,den] = zp2tf(z,p,k);
```

Los valores de las matrices calculadas por la función `zp2tf` son los siguientes:

$$\texttt{num} = [0 \quad 0 \quad 10], \qquad \texttt{den} = [1 \quad 4 \quad 3]$$

Así, la función de transferencia polinómica es:

$$\frac{y(s)}{u(s)} = \frac{10}{s^2 + 4s + 3}$$

Función `zp2ss`. La función `zp2ss` convierte la función de transferencia cero-polo-ganancia:

$$H(s) = k\,\frac{(s - z_1)(s - z_2)\ldots(s - z_n)}{(s - p_1)(s - p_2)\ldots(s - p_m)}$$

en las ecuaciones de espacio de estados de la forma controlador-canónica:

$$x' = Ax + Bu$$
$$y = Cx + Du$$

La función tiene cuatro matrices de salida:

`[A,B,C,D] = zp2ss(z,p,k)` Determina las matrices A, B, C y D de las ecuaciones de espacio de estados de la forma controlador canónica. p es un vector de columna que contiene las posiciones de polos de la función de transferencia cero-polo-ganancia, z es una matriz que contiene las posiciones de ceros correspondientes, con una columna para cada salida de un sistema de múltiples salidas, k es la ganancia de la función de transferencia cero-polo-ganancia. En el caso de un sistema con una sola salida, z es un vector de columna que contiene las posiciones de ceros que corresponden a las posiciones de polos del vector p.

Por ejemplo, la función de transferencia cero-polo-ganancia:

$$\frac{y(s)}{u(s)} = \frac{10}{(s + 3)(s + 1)}$$

se puede convertir a la representación de estado de espacios controlador-canónica usando estas instrucciones:

```
%   Convierte cero-polo-ganancia a espacio de estados.
z = [];
p = [-3,-1]';
k = 10;
[A,B,C,D] = zp2ss(z,k);
```

Los valores de las matrices calculadas por la función zp2ss son los siguientes:

$$\mathtt{A} = \begin{bmatrix} -4 & -1.7321 \\ 1.7321 & 0 \end{bmatrix}, \qquad \mathtt{B} = \begin{bmatrix} 1 \\ 0 \end{bmatrix}$$

$$\mathtt{c} = [0 \quad 5.7735], \qquad\qquad \mathtt{D} = [0]$$

Por tanto, las ecuaciones de espacio de estados de la forma canónica de control son:

$$\begin{bmatrix} x_1' \\ x_2' \end{bmatrix} = \begin{bmatrix} -4 & -1.7321 \\ 1.7321 & 0 \end{bmatrix} \begin{bmatrix} x_1 \\ x_2 \end{bmatrix} + \begin{bmatrix} 1 \\ 0 \end{bmatrix} u$$

$$y = [0 \quad 5.7735] \begin{bmatrix} x_1 \\ x_2 \end{bmatrix}$$

¡Practique!

Para la función de transferencia polinómica:

$$H(s) = \frac{s+3}{s^2 + 4s - 12}$$

1.   Use la función residue para obtener la expansión de fracciones parciales.
2.   Use la función tf2ss para convertir la función de transferencia en ecuaciones de espacio de estados de tiempo continuo.
3.   Use la función c2d para convertir las ecuaciones de espacio de estados de tiempo continuo del problema 2 en ecuaciones de tiempo discreto, usando un periodo de muestreo de 0.5 segundos.
4.   Use la función tf2zp para convertir la función de transferencia polinómica en una función de transferencia cero-polo-ganancia.
5.   Use la función zp2ss para convertir la función cero-polo-ganancia del problema 4 en las ecuaciones de espacio de estados de tiempo continuo del problema 2.

11.3   Funciones de diseño y análisis

MATLAB cuenta con varias funciones que ayudan a diseñar y analizar sistemas lineales. Estas funciones pueden servir para estudiar la respuesta de los sistemas tanto en el dominio del tiempo como en el de la frecuencia. Las funciones que se describen en esta sección se resumen en la tabla 11.2.

GRÁFICAS DE BODE

La herramienta de análisis en el dominio de la frecuencia consiste en dos curvas individuales de la relación de amplitud y el ángulo de fase de una función de transferencia graficados contra la frecuencia de un senoide de entrada. Si se grafica usando

TABLA 11.2 Funciones de análisis y diseño

Función	Propósito
bode	gráficas de frecuencia-respuesta de magnitud y fase
nyquist	gráfica de frecuencia-respuesta de Nyquist
rlocus	gráfica de lugar geométrico de raíces de Evans
step	respuesta de tiempo de escalón unitario

Gráficas
de Bode

las escalas acostumbradas de relación de amplitud en decibeles y ángulo de fase en grados contra el $\log_{10}$ de la frecuencia, estas curvas se conocen como **gráficas de Bode**, por H. W. Bode, donde la **relación de amplitud (AR)** adimensional en decibeles se define como:

$$AR_{dB} = 20 \log_{10} AR$$

Gráficas
de Nichols

También podemos generar **gráficas de Nichols** graficando el logaritmo de la amplitud contra el ángulo de fase. Ambas gráficas son extremadamente útiles para diseñar y analizar sistemas de control.

La función **bode** calcula las respuestas de frecuencia en magnitud y fase de sistemas lineales invariantes en el tiempo (LTI) de tiempo continuo para usarlas en la preparación de gráficas de Bode y de Nichols. La función puede usarse de varias maneras. Si se usa sin argumentos en el miembro izquierdo, genera una gráfica de Bode, pero también puede usarse con argumentos de salida como se muestra aquí:

[mag,fase] = bode(num,den,w)
Determina la magnitud y fase de la función de transferencia definida por los vectores num y den, que contienen los coeficientes de los polinomios de numerador y denominador de la función de transferencia. El argumento opcional w es un vector de frecuencia de entrada especificado por el usuario.

[mag,fase] = bode(A,B,C,D,iu,w)
Determina la magnitud y fase de la función de transferencia definida por las matrices de espacio de estados A, B, C y D. El argumento opcional iu especifica la entrada deseada de un sistema de múltiples entradas; el argumento opcional w es un vector de frecuencia de entrada especificado por el usuario.

Si se usa con sistemas de múltiples entradas, bode(A,B,C,D) produce una serie de gráficas de Bode, una para cada entrada. Se puede obtener una curva para una entrada específica iu de un sistema de múltiples entradas usando bode(A,B,C,D,iu). La inclusión en la lista de argumentos de un vector w con valores de frecuencia especificados por el usuario hace que la función `bode` calcule la respuesta del sistema a esas frecuencias. Sin embargo, cabe señalar que si se incluye `w` en la lista de argumentos de un sistema de espacio de estados, también debe incluirse `iu`, aunque el sistema tenga una sola entrada. También puede especificarse un tercer argumento de salida para guardar los valores de frecuencia que corresponden a los valores de magnitud y fase.

La gráfica de Bode para la función de transferencia de sistema de segundo orden:

$$\frac{x(s)}{u(s)} = \frac{10}{s^2 + s + 3}$$

se puede generar con estas instrucciones:

```
%    Generar gráfica de Bode.
num = 10;
den = [1,1,3];
bode(num,den)
```

La gráfica generada se muestra en la figura 11.4. Las siguientes instrucciones producen las curvas de la figura 11.5 para 100 puntos logarítmicamente equiespaciados entre las frecuencias de 10^{-1} y 10^2 rad/s:

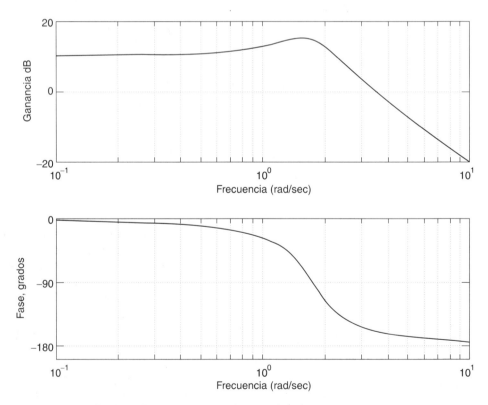

Figura 11.4 *Gráfica de Bode para un sistema de segundo orden.*

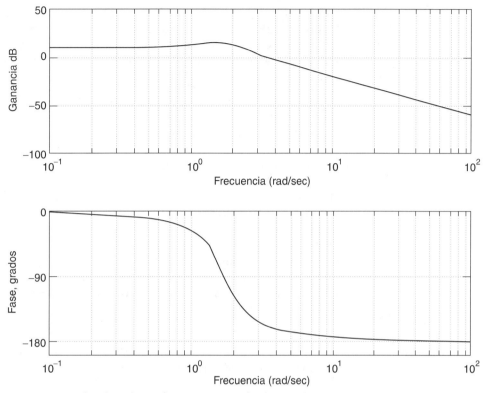

Figura 11.5 *Gráfica de Bode con frecuencias especificadas por el usuario.*

```
%   Generar gráfica de Bode a las frecuencias especificadas.
num = 10;
den = [1,1,3];
w = logspace(-1,2,100);
bode(num,den,w)
```

Las ecuaciones de espacio de estados para el ejemplo anterior son:

$$\begin{bmatrix} x_1' \\ x_2' \end{bmatrix} = \begin{bmatrix} 0 & 1 \\ -3 & -1 \end{bmatrix}\begin{bmatrix} x_1 \\ x_2 \end{bmatrix} + \begin{bmatrix} 0 \\ 1 \end{bmatrix}u$$

$$y = \begin{bmatrix} 10 & 0 \end{bmatrix}\begin{bmatrix} x_1 \\ x_2 \end{bmatrix} + 0$$

Por tanto, las siguientes instrucciones producirán la misma gráfica de Bode que se muestra en la figura 11.4:

```
%   Generar gráfica de Bode a partir de ecuaciones de espacio de estados.
A = [0,1; -3,-1];
B = [0,1]';
C = [10,0];
D = 0;
bode(A,B,C,D)
```

Es posible graficar los resultados de la función `bode` en formatos diferentes de los que se exhiben cuando se usan sólo los argumentos del miembro derecho. Por ejemplo, las siguientes instrucciones trazan las gráficas de Bode y de Nichols del sistema de estado de espacios anterior, usando 100 valores de frecuencia espaciados logarítmicamente:

```
%    Generar gráfica de Bode y gráfica de Nichols.
w = logspace(-1,2,100);
[mag,phase] = bode(A,B,C,D,1,w);
%
subplot(2,1,1),semilogx(w,20*log10(mag)),...
    title('Gráfica de Bode'),...
    ylabel('Ganancia, dB'),grid,...
subplot(2,1,2),semilogx(w,phase),...
    xlabel('Frecuencia, rps'),ylabel('Fase, grados'),...
    grid, pause
subplot(2,1,1),plot(phase,20*log10(mag)),...
    title('Gráfica de Nichols'),axis([-180,180,-20,20]),...
    xlabel('Fase, grados'),ylabel('Ganancia, dB'),grid
```

Estas instrucciones producen las gráficas de las figuras 11.6 y 11.7.

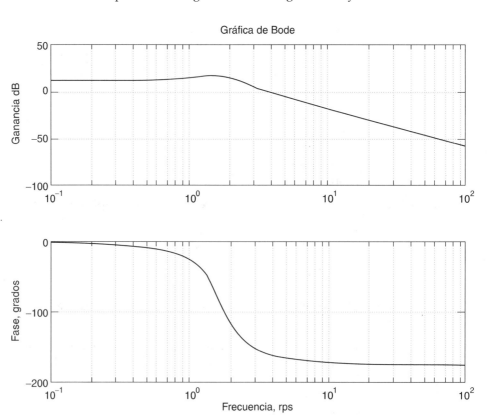

Figura 11.6 *Gráfica de Bode para un sistema estado-espacio continuo.*

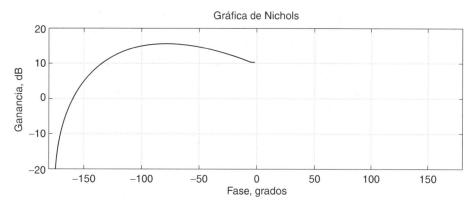

Figura 11.7 *Gráfica de Nichols para un sistema estado-espacio continuo.*

GRÁFICAS DE NYQUIST

Gráfica
de Nyquist

La función `nyquist` es una función de análisis en el dominio de la frecuencia, similar a la función `bode` en cuanto a que usa exactamente los mismos argumentos de entrada para producir gráficas de respuesta de frecuencia. La diferencia entre las dos funciones es la salida. La **gráfica de Nyquist** es una sola curva, no dos como en la gráfica de Bode. Se grafica la componente real de la función de transferencia de ciclo abierto contra la componente imaginaria para diferentes valores de frecuencia. Esta gráfica también se conoce como trayectoria de Nyquist o gráfica polar. El uso más común de la gráfica de Nyquist es en el análisis de estabilidad de sistemas lineales, invariantes con el tiempo (LTI) de tiempo continuo. Las diversas formas de usarla son:

`[re,im,w] = nyquist(num,den,w_in)`   Determina las componentes real e imaginaria de la función de transferencia definida por los vectores `num` y `den`, que contienen los coeficientes de los polinomios del numerador y el denominador. El argumento opcional `w_in` es un vector de frecuencias de entrada especificado por el usuario.

`[re,im,w] = nyquist(A,B,C,D,iu,w_in)`   Determina las componentes real e imaginaria de la función de transferencia definida por las matrices de espacio de estados `A`, `B`, `C` y `D`. El argumento opcional `iu` especifica la entrada deseada de un sistema de múltiples entradas. El argumento opcional `w_in` es un vector de frecuencias de entrada especificado por el usuario.

Cuando se usa con sistemas de múltiples entradas, `nyquist(A,B,C,D)` produce una serie de gráficas de Nyquist, una para cada entrada. Se puede obtener una curva para una entrada específica `iu` de un sistema de múltiples entradas usando `nyquist(A,B,C,D,iu)`. La inclusión de un vector `w_in` de valores de frecuencia definidos por el usuario en la lista de argumentos hace que la función `nyquist` calcule la respuesta del sistema a esas frecuencias. No obstante, cabe señalar que si se incluye `w_in` en la lista de argumentos de un sistema de estado de espacios, también deberá incluirse

iu, aunque el sistema sólo tenga una entrada. También es posible especificar un tercer argumento de salida para almacenar los valores de frecuencia que corresponden
a los valores de magnitud y fase.

Como en el caso de la función **bode**, podemos generar una gráfica de Nyquist
sin usar los argumentos del miembro izquierdo. Por ejemplo, la gráfica de Nyquist del
modelo de sistema resorte-masa-amortiguador, que se muestra otra vez en la figura
11.8, se puede producir con las siguientes instrucciones:

```
%    Generar gráfica de Nyquist del sistema resorte-masa-amortiguador.
num = 10;
den = [1,4,3];
subplot(2,1,1), nyquist(num,den,),...
    title('Gráfica de Nyquist'),grid
```

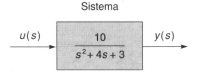

Figura 11.8 *Modelo de sistema.*

La curva resultante se muestra en la figura 11.9. En este caso, la función selecciona
automáticamente el intervalo de frecuencia, mientras que el siguiente ejemplo usa
un vector **w** de frecuencias de entrada especificadas por el usuario:

```
%    Generar gráfica de Nyquist del sistema resorte-masa-amortiguador.
num = 10;
den = [1,4,3];
w = logspace(0,1,100);
subplot(2,1,1),nyquist(num,den,w),...
    title('Gráfica de Nyquist'),grid
```

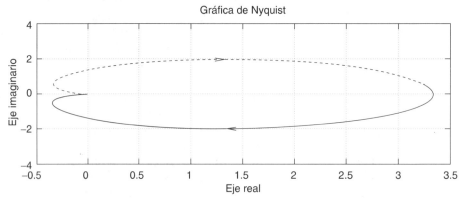

Figura 11.9 *Gráfica Nyquist del sistema resorte-masa-amortiguador.*

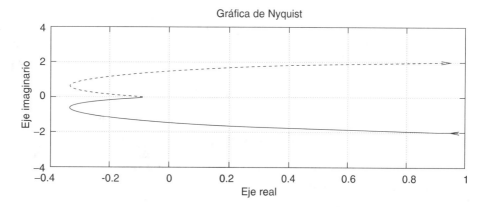

Figura 11.10 *Gráfica de Nyquist con frecuencias especificadas por el usuario.*

La curva resultante se muestra en la figura 11.10 para 100 puntos logarítmicamente equiespaciados entre las frecuencias de 1 y 10 rad/s.

También podemos generar una gráfica de Nyquist usando argumentos que representen el sistema de espacio de estados continuo como se ilustra, usando las ecuaciones de espacio de estados para el sistema de resorte-masa-amortiguador, produciendo la misma gráfica de Nyquist que se muestra en la figura 11.9:

```
%    Generar gráfica de Nyquist del sistema resorte-masa-amortiguador.
A = [0,1; -3,-4];
B = [0,1]';
C = [10,0];
D = 0;
subplot(2,1,1), nyquist(A,B,C,D),...
    title('Gráfica de Nyquist'),grid
```

GRÁFICAS DE LUGAR GEOMÉTRICO DE LAS RAÍCES

Lugar geométrico de las raíces de Evans

El lugar geométrico de las raíces es una herramienta de análisis extremadamente útil para sistemas de una sola entrada y una sola salida (SISO). Se trata de un método gráfico desarrollado por W. R. Evans para evaluar la estabilidad y respuesta a transitorios de un sistema, y para determinar, al menos cualitativamente, formas de mejorar el desempeño del sistema. El **lugar geométrico de las raíces de Evans** es una gráfica de la posición de las raíces de la ecuación característica de un sistema. Las raíces de la ecuación característica determinan la estabilidad del sistema y, en general, la forma en que el sistema responderá a una entrada. Analizando la gráfica de lugar geométrico de las raíces, el diseñador del sistema puede determinar dónde deben estar las raíces y qué cambios podrían requerirse en la función de transferencia para lograr la estabilidad y respuesta deseadas. Si se usa junto con las herramientas de respuesta de frecuencia, como las gráficas de Bode, es posible evaluar exhaustivamente el desempeño dinámico global de un sistema.

La figura 11.11(a) es un diagrama de bloques común que muestra un sistema de control de retroalimentación. En esta figura, $G(s)$ representa la función de transferencia del camino hacia adelante y $H(s)$ representa la función de transferencia del camino

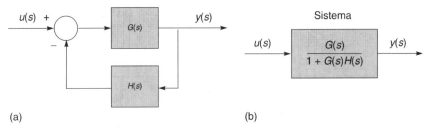

Figura 11.11 *Sistema de control con retroalimentación.*

de retroalimentación. La función de transferencia de ciclo cerrado del sistema (Fig. 11.11(b)) es:

$$\frac{y(s)}{u(s)} = \frac{G(s)}{1 + G(s)H(s)}$$

El lugar geométrico de las raíces de Evans se obtiene haciendo el denominador de la función de transferencia de ciclo cerrado igual a 0, dando la ecuación característica del sistema:

$$1 + G(s)H(s) = 0$$

o sea,

$$G(s)H(s) = -1$$

Ahora se calculan las raíces de la ecuación característica a medida que algún parámetro, usualmente la ganancia del camino hacia adelante, se varía de 0 a infinito.

Podemos usar la función `rlocus` para producir gráficas de lugar geométrico de las raíces para sistemas tanto de tiempo continuo como de tiempo discreto. Las formas de uso de `rlocus` son:

`[r,k] = rlocus(num,den,m)`	Determina las posiciones de las raíces (`r`) y las ganancias correspondientes (`k`) de la función de transferencia definida por los vectores `num` y `den` que contienen los coeficientes de los polinomios de numerador y denominador de la función de transferencia de ciclo abierto $G(s)H(s)$. El argumento de entrada opcional `m` es un vector de ganancias de entrada especificadas por el usuario.
`[r,k] = rlocus(A,B,C,D,m)`	Determina las posiciones de las raíces (`r`) y las ganancias correspondientes (`k`) de la función de transferencia definida por las matrices de espacio de estados `A`, `B`, `C` y `D`. El argumento de entrada opcional `m` es un vector de ganancias de entrada especificadas por el usuario.

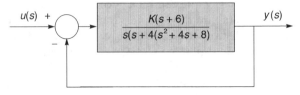

Figura 11.12 *Sistema de control de cuarto orden.*

Podemos generar rápidamente una gráfica de lugar geométrico de las raíces usando sólo los argumentos del miembro derecho mostrados en la lista anterior. Por ejemplo, la gráfica de lugar geométrico de las raíces del sistema de control de cuarto orden con retroalimentación unitaria, mismo que se muestra en la figura 11.12, se puede producir con las siguientes instrucciones:

```
%    Generar una gráfica de lugar geométrico de las raíces.
num = [1,6];
p1 = [1,4,0];
p2 = [1,4,8];
den = conv(p1,p2);
subplot(2,1,1),rlocus(num,den),...
   title('Gráfica de lugar geométrico de las raíces'),grid
```

La gráfica de lugar geométrico de las raíces se muestra en la figura 11.13. En este caso, la función selecciona automáticamente los valores para la ganancia.

También podemos generar una gráfica de lugar geométrico de las raíces usando argumentos que representen el sistema de espacio de estados continuo. Como ilustración, podemos producir la gráfica del ejemplo anterior usando primero la función de conversión tf2ss para obtener las matrices de espacio de estados A, B, C y D, y usando luego el argumento de espacio de estados para la función rlocus:

```
%    Generar una gráfica de lugar geométrico de las raíces.
[A,B,C,D] = tf2ss(num,den);
subplot(2,1,1),rlocus(A,B,C,D),...
   title('Gráfica de lugar geométrico de las raíces'),grid
```

Estas instrucciones producen la misma gráfica que se muestra en la figura 11.13. Podemos generar una gráfica con las posiciones de los polos individuales para cada valor de ganancia usando las instrucciones:

```
%    Generar una gráfica de lugar geométrico de las raíces.
[r,k] = rlocus(A,B,C,D);
plot(r,'x'),title('Gráfica de lugar geométrico de las raíces'),...
   xlabel('Eje real'),ylabel('Eje imaginario'),grid
```

que producen la gráfica que se muestra en la figura 11.14.

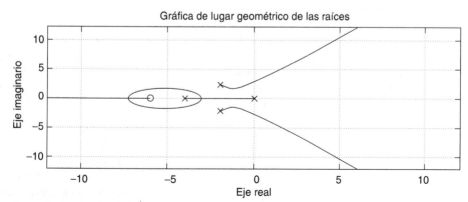

Figura 11.13 *Gráfica de lugar geométrico de las raíces.*

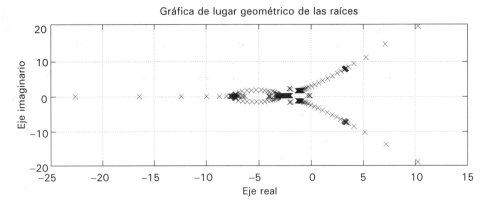

Figura 11.14 *Gráfica de lugar geométrico de las raíces con posiciones de los polos individuales.*

¡Practique!

Los siguientes problemas se refieren a esta función de transferencia:

$$H(s) = \frac{s + 30}{s^2(s + 300)}$$

1. Genere una gráfica de Bode.
2. Genere una gráfica de Nyquist.
3. Genere una gráfica de lugar geométrico de las raíces.

RESPUESTA A UN ESCALÓN

Respuesta a un escalón

La **respuesta a un escalón** generalmente muestra cómo el sistema respondería a una entrada; en términos más específicos, muestra el comportamiento transitorio en el dominio del tiempo de un sistema cuando se le somete a un cambio unitario instantáneo en una de sus entradas. Se trata de un método gráfico que resulta especialmente útil para realizar una evaluación inicial de un diseño de sistema de control. Con esta herramienta de análisis se puede obtener información sobre la estabilidad, la amortiguación y el ancho de banda de un sistema.

Podemos usar la función step para producir gráficas de respuesta a un escalón para cada combinación de entrada y salida de un sistema de tiempo continuo. El algoritmo empleado por step convierte el sistema continuo en un sistema discreto equivalente, que luego se propaga para producir las matrices de salida. Las formas de la función step son las siguientes:

`[y,x,t] = step(num,den,t_in)`   Determina la matriz de salida y del sistema y la matriz x que contiene los valores del vector de estado del sistema discreto equivalente, cuyo periodo de muestreo es el intervalo entre los valores de tiempo del vector de salida t.

La función de transferencia está definida por los vectores `num` y `den`, que contienen los coeficientes de los polinomios del numerador y el denominador de la función de transferencia. Si se incluye un vector `t_in` con valores de tiempo especificados por el usuario en la lista de argumentos, la función `step` calculará la respuesta del sistema sólo en esos instantes.

`[y,x,t] = step(A,B,C,D,iu,t_in)`   Determina la matriz de salida `y` del sistema y la matriz `x` que contiene los valores del vector de estado del sistema discreto equivalente, cuyo periodo de muestreo es el intervalo entre los valores de tiempo del vector de salida `t`. La función de transferencia está definida por las matrices de espacio de estados `A`, `B`, `C` y `D`.

Si se usa con sistemas de múltiples entradas, `step(a,b,c,d)` produce una gráfica para cada combinación de entrada y salida del sistema. Si usamos `setp(a,b,c,d,iu)` obtendremos una gráfica de respuesta a un escalón desde una entrada selecta `iu` a todas las salidas del sistema. La inclusión en la lista de argumentos de un vector `t_in` con valores de tiempo especificados por el usuario hace que la función `step` calcule la respuesta del sistema sólo en esos instantes. Sin embargo, cabe señalar que si se incluye `t_in` en la lista de argumentos de un sistema de espacio de estados, también debe incluirse `iu`, aunque el sistema tenga una sola entrada.

Se puede generar una gráfica de respuesta a un escalón sin usar los argumentos del miembro izquierdo. Por ejemplo, podemos obtener la respuesta a un escalón de la función de transferencia de segundo orden:

$$\frac{y(s)}{u(s)} = \frac{5(s+3)}{s^2 + 3s + 15}$$

usando las siguientes instrucciones:

```
%    Generar una respuesta a un escalón.
num = 5*[1,3];
den = [1,3,15];
subplot(2,1,1),step(num,den),grid,...
   title('Respuesta a un escalón para un sistema de segundo orden')
```

que producen la gráfica que se muestra en la figura 11.15. En este caso, la función selecciona automáticamente los valores de tiempo.

Las siguientes instrucciones emplean un vector de tiempos de entrada `t` especificado por el usuario:

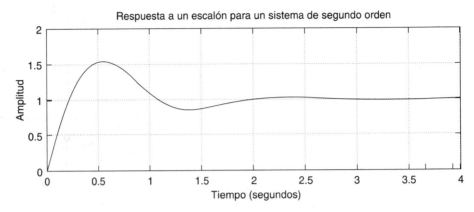

Figura 11.15 *Respuesta a un escalón para un sistema de segundo orden.*

```
%    Generar una respuesta a un escalón.
num = 10;
den = [1,4,3];
t = 0:0.05:10;
subplot(2,1,1),step(num,den,t),grid,...
   title('Respuesta a un escalón para un sistema de segundo orden')
```

y producen la gráfica que se muestra en la figura 11.16 para 201 puntos equiespaciados entre 0 y 10 segundos.

Se puede generar una gráfica de respuesta a un escalón similar a la de la figura 11.16 usando argumentos que representen el sistema de estado de espacios continuo del ejemplo anterior usando la función tf2ss:

```
%    Generar una respuesta a un escalón.
num = 10;
den = [1,4,3];
[A,B,C,D] = tf2ss(num,den);
subplot(2,1,1),step(A,B,C,D),grid,...
   title('Respuesta a un escalón para un sistema de segundo orden')
```

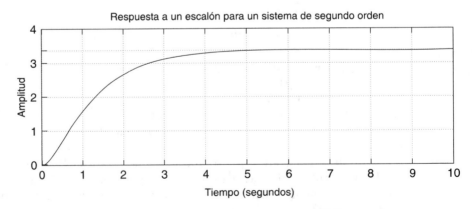

Figura 11.16 *Respuesta a un escalón con tiempos especificados por el usuario.*

11.4   Resolución aplicada de problemas: Control de espejos de dirección por rayo láser

Muchos sistemas de láser usan "espejos de dirección" que pueden ser movidos rápidamente por un sistema de control para redirigir el rayo láser. Los ingenieros diseñan los sistemas de control comenzando con los requisitos de rendimiento. Por ejemplo, los requisitos podrían ser que el espejo debe poder redirigir el rayo cinco grados en menos de un segundo y mantenerlo en la nueva posición con un error de menos de una milésima de grado. Así, los equipos candidatos para el espejo de dirección y su controlador pueden seleccionarse y modelarse de modo que puedan crearse diseños para el sistema. Los diseños de sistema de control se analizan usando gráficas de lugar geométrico de las raíces, Bode y respuesta a un escalón, a fin de evaluar las configuraciones de controlador y los valores de ganancia. Una vez seleccionado un diseño, el equipo se ensambla y prueba para ver si se satisfacen las especificaciones de diseño.

1.   PLANTEAMIENTO DEL PROBLEMA

Se está evaluando un diseño de compensación de adelanto-retraso para un sistema de control de espejo de dirección. El modelo del diseño que se va a evaluar se muestra en la figura 11.17. El diagrama de bloques muestra la ganancia, el compensador de adelanto-retraso, la planta del espejo y el camino de retroalimentación unitario. Seleccione una ganancia para el sistema de control que proporcione una respuesta estable, bien amortiguada.

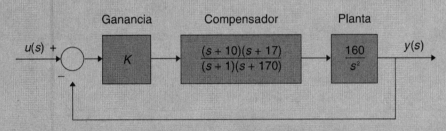

Figura 11.17 *Diagrama del sistema de control del espejo de dirección.*

2.   DESCRIPCIÓN DE ENTRADAS/SALIDAS

El análisis de la función de transferencia para este sistema nos permitirá determinar la ganancia deseada. La gráfica de lugar geométrico de las raíces representa la salida del programa, como se muestra en este diagrama de E/S:

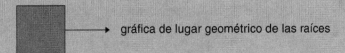

3.   EJEMPLO A MANO

La mejor forma de seleccionar el valor de ganancia es usar la gráfica de lugar geométrico de las raíces y escoger las posiciones de polo de ciclo cerrado de la planta. La ubicación de los polos de la planta en la gráfica proporciona información sobre cómo deberá responder el sistema. Habiendo seleccionado las posiciones de los polos, basta con determinar el valor de ganancia correspondiente.

4.   SOLUCIÓN Matlab

Usamos la gráfica de lugar geométrico de las raíces para ver las posiciones de los polos conforme cambia la ganancia. Luego podemos seleccionar una posición de los polos de la planta que, en nuestra opinión, proporcionará una respuesta de sistema estable, bien amortiguada, y determinar la ganancia correspondiente a esos polos. La versión de la función de lugar geométrico de las raíces que usamos tiene la forma:

```
[r,k] = rlocus(num,den,m)
```

porque nos gustaría poder ver las posiciones de las raíces, seleccionar los valores de ganancia de entrada, y usar funciones de transferencia en lugar de ecuaciones de espacio de estados para las entradas. Para determinar los valores de los vectores num y den necesitamos la función de transferencia de ciclo abierto que, para este sistema, es el producto de las funciones de transferencia del compensador y de la planta. Podríamos multiplicar los polinomios a mano, pero resulta más rápido usar instrucciones de Matlab para hacerlo. Luego usamos la instrucción rlocus para graficar el lugar geométrico de las raíces y completar este paso del análisis.

```
%    Estas instrucciones grafican la información de lugar geométrico
%    de las raíces para analizar un sistema de control de espejo de dirección.
%
num = 160*conv([1,10],[1,17]);
den = conv(conv([1,1],[1,170]),[1,0,0]);
%
m = 1:100;
[r,k] = rlocus(num,den,m);
%
subplot(2,1,1), plot(r),...
    title('Gráfica de lugar geométrico de las raíces para el espejo de dirección'),...
    xlabel('Eje real'),ylabel('Eje imaginario'),grid
```

5.   PRUEBA

La gráfica de lugar geométrico de las raíces resultante se muestra en la figura 11.18. Como puede verse, todos los polos de ciclo cerrado están a la izquierda del eje imaginario, lo que asegura que el sistema será estable. Las posiciones de polos de ciclo cerrado de la planta ($-28.9342 + 28.9028i$ y $-28.9342 - 28.9028i$) proporcionarán una respuesta de sistema estable con buena amortiguación. La ganancia asociada a estas posiciones de polos es 57.

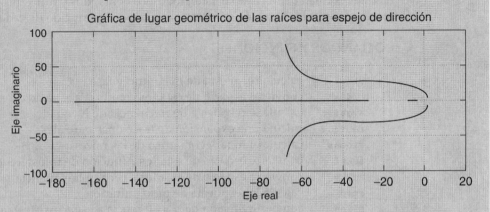

Figura 11.18 *Gráfica de lugar geométrico de las raíces para el sistema de control de espejo de dirección.*

RESUMEN DEL CAPÍTULO

Se presentaron varias funciones de conversión y análisis de modelos para realizar diseño y análisis de sistemas lineales y de control. Usando las funciones de conversión, como `c2d`, `tf2ss`, etc., podemos convertir modelos de ecuaciones de tiempo continuo a tiempo discreto, funciones de transferencia a ecuaciones de espacio de estados, y muchos otros. Estas funciones de conversión resultan útiles para diseñar y analizar sistemas usando las funciones de análisis, al facilitar la conversión de un modelo que se expresa en una forma a otra forma empleada por la función de análisis. Las funciones de diseño y análisis `bode`, `nyquist`, `rlocus` y `step` proporcionan información gráfica útil acerca de la respuesta de un sistema.

TÉRMINOS CLAVE

diagrama de bloques
expansión de fracciones parciales
función de transferencia
gráfica de Bode
gráfica de lugar geométrico de las raíces
gráfica de Nichols
gráfica de Nyquist
modelo cero-polo-ganancia

modelo de estado de espacios
modelo de medición
modelo de planta
modelos
múltiples –entradas-múltiples–
    salidas (MIMO)
respuesta a un escalón
una sola entrada-una sola salida (SISO)

Resumen de Matlab

En este resumen de Matlab se listan todos los comandos y funciones que se definieron en el capítulo. También se incluye una breve descripción de cada uno.

COMANDOS Y FUNCIONES

bode	calcula respuesta de magnitud y fase
c2d	convierte espacio de estados continuo a espacio de estados discreto
nyquist	calcula la respuesta de frecuencia de Nyquist
residue	calcula una expansión de fracciones parciales
rlocus	calcula el lugar geométrico de las raíces
ss2tf	convierte espacio de estados a función de transferencia
ss2zp	convierte espacio de estados a cero-polo-ganancia
step	calcula la respuesta de paso unitario
tf2ss	convierte función de transferencia a espacio de estados
tf2zp	convierte función de transferencia a cero-polo-ganancia
zp2ss	convierte cero-polo-ganancia a espacio de estados
zp2tf	convierte cero-polo-ganancia a función de transferencia

Notas de *Estilo*

1. Para fines de documentación, use nombres de variables que concuerden con las variables empleadas en las formas generales de los modelos.

Notas de depuración

1. Use nombres de variables que concuerden con las variables empleadas en las formas generales de los modelos a fin de evitar errores al traducir las ecuaciones a Matlab.

Problemas

Sistema de control de espejo de dirección. Suponga que las especificaciones de diseño para el sistema de control del espejo de dirección son:

Ancho de banda (−3 dB): 10 Hz
Rebase de pico: 20%
Tiempo de asentamiento: 0.5 segundos

1. Usando el valor de ganancia de 57 determinado en la sección de Resolución aplicada de problemas, genere la gráfica de Bode de ciclo abierto del sistema de

control del espejo. Calcule la frecuencia de cruce, que es la frecuencia en la que la curva de ganancia cruza el eje x. Determine el margen de fase en la frecuencia de cruce restando 180 grados al ángulo de fase.

2. Genere la gráfica de Nyquist y la gráfica de Nichols para el sistema de control de espejo de ciclo abierto.

3. Calcule la función de transferencia de ciclo cerrado para el sistema de control del espejo usando la función `conv`. Genere la gráfica de Bode para la función de transferencia de ciclo cerrado, graficando la frecuencia en Hz, y determine el ancho de banda de ciclo cerrado. (El ancho de banda de ciclo cerrado es la frecuencia en la que la curva de ganancia cae por debajo de −3dB.) ¿El sistema de control satisface el requisito de ancho de banda de 10 Hz?

4. Grafique la respuesta a un escalón de ciclo cerrado para el sistema de control del espejo, y determine el rebase de pico y el tiempo de asentamiento. El rebase de pico es el porcentaje en el que el valor pico de la respuesta a un escalón excede el valor final. El tiempo de asentamiento es el tiempo que la respuesta a un escalón tarda en quedar a menos del 5% de su valor final. ¿Se satisficieron las especificaciones de rebase de pico y tiempo de asentamiento?

5. Convierta la función de transferencia de ciclo cerrado en ecuaciones de espacio de estados, y genere la gráfica de Bode y la respuesta a un escalón del sistema de control del espejo. ¿Son los resultados los mismos que los del problema 4?

Conversiones de sistemas. Estos problemas usan las funciones de conversión para convertir un sistema de una forma a otra. Los problemas se refieren a este conjunto de ecuaciones de sistema:

a. $G(s) = 10 \dfrac{3s + 1}{s^5 + 7s^4 + 12s^2}$

b. $G(s) = \dfrac{s + 1}{s(s + 2)(s^2 + 4s + 8)}$

c. $G(s) = 15 \dfrac{s^2 + s + 10}{s^2 + 6s + 10}$

d. $G(s) = \dfrac{3}{s^3 + 6s^2 + 11s + 6}$

e. $x' = Ax + Bu$
$y = Cx + Du$

$$A = \begin{bmatrix} 0 & 1 & 0 \\ 0 & 0 & 1 \\ -6 & -11 & -6 \end{bmatrix}, \quad B = [0 \ \ 0 \ \ 4]'$$

$$C = [1 \ \ 0 \ \ 0], \qquad D = [0]$$

6. Use la función `tf2zp` para convertir la función de transferencia (a) a la forma de cero-polo-ganancia.

7. Use la función `conv` y la función `tf2zp` para convertir la función de transferencia (b) a la forma de cero-polo-ganancia.

8. Use la función `residue` para convertir la función de transferencia (a) a la forma de fracciones parciales.
9. Use la función `residue` para convertir la función de transferencia (c) a la forma de fracciones parciales.
10. Use la función `c2d` y un periodo de muestreo de 0.1 para convertir las ecuaciones de espacio de estados de tiempo continuo (e) a ecuaciones de tiempo discreto.
11. Use la función `tf2ss` para convertir (d) a ecuaciones de espacio de estados y la función `residue` para convertir (d) a la forma de fracciones parciales. ¿Distingue alguna similitud entre las dos representaciones?
12. Use la función `ss2tf` para convertir (e) a la forma de función de transferencia. ¿Distingue alguna similitud con los resultados del problema 11?
13. Use la función `ss2zp` para convertir (e) a la forma de cero-polo-ganancia y luego la función `zp2ss` para convertir el resultado de vuelta a la forma de espacio de estados. ¿Qué sucedió? ¿Qué similitudes hay con los problemas 11 y 12?
14. Use la función `ss2zp` para convertir (e) a la forma de cero-polo-ganancia y luego la función `zp2tf` para convertir el resultado a la forma de función de transferencia. ¿Obtuvo el mismo resultado que en el problema 13?
15. Use la función `ss2tf` para convertir las ecuaciones de espacio de estados obenidas en el problema 14 a la forma de función de transferencia. ¿Obtuvo la función de transferencia (e)?

Diseño y análisis de sistemas. Estos problemas usan las funciones de diseño y análisis presentadas en este capítulo para analizar más a fondo las ecuaciones de sistemas presentadas en el grupo anterior de problemas.

16. Genere las gráficas de Bode y de Nyquist para (a), usando sólo los argumentos del miembro derecho.
17. Genere las gráficas de Bode y de Nyquist para (b), usando argumentos de miembro izquierdo y derecho y un intervalo de frecuencias especificado por el usuario.
18. Genere las gráficas de Bode y de Nichols para (c), para un intervalo de frecuencias especificado por el usuario.
19. Genere la gráfica de Bode para la función de transferencia (d) y las ecuaciones de espacio de estados (e). ¿Son iguales?
20. Genere las gráficas de lugar geométrico de las raíces para (d) y (e). ¿Son iguales?
21. Genere la gráfica de lugar geométrico de las raíces para (c) usando los argumentos del miembro izquierdo, un conjunto de ganancias especificado por el usuario, y marcando con x las posiciones de los polos.
22. Genere la gráfica de lugar geométrico de las raíces para (a), y luego use `tf2ss` para convertir (a) en ecuaciones de espacio de estados. Genere la gráfica de lugar geométrico de las raíces para las ecuaciones de espacio de estados. ¿Son iguales las gráficas?
23. Convierta (b) en ecuaciones de espacio de estados y genere la gráfica de lugar geométrico de las raíces usando los argumentos del miembro izquierdo y un conjunto de ganancias especificado por el usuario.

Apéndice A
Resumen de funciones MATLAB

Este resumen de MATLAB lista todas las funciones que se definieron en este texto.

abs	calcula valor absoluto o magnitud
acos	calcula arcocoseno
all	determina si todos los valores son verdaderos
ans	almacena valores de expresiones
any	determina si algún valor es verdadero
asin	calcula arcoseno
atan	calcula arcotangente de 2 cuadrantes
atan2	calcula arcotangente de 4 cuadrantes
axis	controla la escala de los ejes
bode	calcula respuesta de magnitud y fase
butter	diseña un filtro digital Butterworth
c2d	convierte espacio de estados continuo a espacio de estados discreto
ceil	redondea hacia ∞
cheby1	diseña un filtro digital Chebyshev Tipo I
cheby2	diseña un filtro digital Chebyshev Tipo II
clc	despeja la pantalla de comandos
clear	despeja el espacio de trabajo
clf	borra una figura
clock	representa la hora actual
collect	agrupa los términos semejantes de una expresión simbólica
cos	calcula el coseno de un ángulo
cumprod	determina productos acumulativos
cumsum	determina sumas acumulativas
date	representa la fecha actual
demo	ejecuta demostraciones
det	calcula el determinante de una matriz
diff	calcula las diferencias entre valores adyacentes; deriva una expresión simbólica
disp	exhibe matriz o texto
dot	calcula el producto punto de dos vectores
dsolve	resuelve una ecuación diferencial ordinaria
eig	calcula los valores y vectores propios de una matriz

ellip	diseña un filtro digital elíptico
else	cláusula opcional de la instrucción if
elseif	cláusula opcional de la instrucción if
end	define el fin de una estructura de control
eps	representa la precisión de punto flotante
exit	termina MATLAB
exp	calcula un valor con base e
expand	expande una expresión simbólica
eye	genera una matriz identidad
ezplot	genera una gráfica de una expresión simbólica
factor	factoriza una expresión simbólica
fft	calcula el contenido de frecuencias de una señal
filter	aplica un filtro digital a una señal de entrada
find	localiza los valores distintos de cero
finite	determina si los valores son finitos
fix	redondea hacia cero
floor	redondea hacia $-\infty$
for	genera una estructura de ciclo
format +	establece formato de sólo signos más y menos
format compact	establece formato de forma compacta
format long	establece formato decimal largo
format long e	establece formato exponencial largo
format loose	establece formato de forma no compacta
format short	establece formato decimal corto
format short e	establece formato exponencial corto
fprintf	imprime información formateada
freqs	calcula el contenido de frecuencias analógicas
freqz	calcula el contenido de frecuencias digitales
function	genera una función definida por el usuario
grid	inserta una retícula en una gráfica
grpdelay	mide el retardo de grupo de un filtro digital
help	invoca el recurso de ayuda
hist	dibuja un histograma
horner	convierte una expresión simbólica a una forma anidada
i	representa el valor $\sqrt{-1}$
if	prueba una expresión lógica
Inf	representa el valor ∞
input	acepta entradas del teclado
int	integra una expresión simbólica
interp1	calcula una interpolación unidimensional
inv	calcula la inversa de una matriz
isempty	determina si una matriz está vacía

`isnan`	determina si los valores son NaN
`j`	representa el valor $\sqrt{-1}$
`length`	determina el número de valores en un vector
`load`	carga matrices de un archivo
`log`	calcula el logaritmo natural
`log10`	calcula el logaritmo común
`loglog`	genera una gráfica log-log
`lu`	calcula la factorización LU de una matriz
`max`	determina el valor máximo
`mean`	determina la media
`median`	determina la mediana
`min`	determina el valor mínimo
`NaN`	representa el valor No-es-un-número
`numden`	devuelve las expresiones de numerador y denominador
`numeric`	convierte una expresión simbólica en una numérica
`nyquist`	calcula la respuesta de frecuencia de Nyquist
`ode23`	solución Runge-Kutta de segundo y tercer orden
`ode45`	solución Runge-Kutta de cuarto y quinto orden
`ones`	genera una matriz de unos
`pause`	detiene temporalmente un programa
`pi`	representa el valor π
`plot`	genera una gráfica xy lineal
`poly2sym`	convierte un vector en un polinomio simbólico
`polyfit`	calcula un polinomio de mínimos cuadrados
`polyval`	evalúa un polinomio
`pretty`	exhibe una expresión simbólica con tipografía matemática
`print`	imprime la ventana de gráficos
`prod`	determina el producto de los valores
`qr`	calcula la factorización QR de una matriz
`quad`	calcula la integral bajo una curva (Simpson)
`quad8`	calcula la integral bajo una curva (Newton-Cotes)
`quit`	termina MATLAB
`rand`	genera un número aleatorio uniforme
`randn`	genera un número aleatorio gaussiano
`rank`	calcula el rango de una matriz
`rem`	calcula el residuo de una división
`remez`	diseña un filtro digital FIR óptimo
`residue`	realiza una expansión de fracciones parciales
`rlocus`	calcula el lugar geométrico de las raíces
`round`	redondea al entero más cercano
`save`	guarda variables en un archivo
`semilogx`	genera una gráfica log-lineal

semilogy	genera una gráfica lineal-log
sign	genera −1, 0 o 1 con base en el signo
simple	reduce una expresión simbólica
simplify	simplifica una expresión simbólica
sin	calcula el seno de un ángulo
size	determina las dimensiones de filas y columnas
solve	resuelve una ecuación o un sistema de ecuaciones
sort	ordena valores
sqrt	calcula raíz cuadrada
ss2tf	convierte espacio de estados a función de transferencia
ss2zp	convierte espacio de estados a cero-polo-ganancia
std	calcula desviación estándar
step	calcula la respuesta de un escalón unitario
subplot	divide la ventana de gráficos en subventanas
sum	determina la sumatoria de los valores
svd	calcula la factorización SVD de una matriz
sym2poly	convierte una expresión simbólica en un vector de coeficientes
symadd	suma dos expresiones simbólicas
symdiv	divide dos expresiones simbólicas
symmul	multiplica dos expresiones simbólicas
sympow	eleva una expresión simbólica a una potencia
symsub	resta dos expresiones simbólicas
symvar	devuelve la variable independiente
tan	calcula la tangente de un ángulo
tf2ss	convierte función de transferencia a espacio de estados
tf2zp	convierte función de transferencia a cero-polo-ganancia
title	agrega un título a una gráfica
unwrap	elimina discontinuidades en 2π de un ángulo de fase
what	lista archivos
while	genera una estructura de ciclo
who	lista las variables en memoria
whos	lista las variables y sus tamaños en memoria
xlabel	agrega una leyenda de eje x a una gráfica
ylabel	agrega una leyenda de eje y a una gráfica
yulewalk	diseña un filtro digital IIR óptimo
zeros	genera una matriz de ceros
zp2ss	convierte cero-polo-ganancia a espacio de estados
zp2tf	convierte cero-polo-ganancia a función de transferencia

Soluciones completas a los problemas ¡Practique!

SECCIÓN 2.2, PÁGINA 36

1. 5 filas por 4 columnas, o una matriz de 5×4.
2. `G(2,2), G(4,1), G(4,2), G(4,4), G(5,4)`

SECCIÓN 2.2, PÁGINA 38

1. 4×1
2. 2×3
3. 3×4
4. $1 \times 3, 1 \times 7$
5. 5×1
6. 2×1

SECCIÓN 2.2, PÁGINA 40

1. `[1.5, 0.5, 8.2, 0.5, -2.3]'`
2. `[10, 11, 12, 13, 14, 15]`
3. `[4, 5, 6, 7, 8, 9; 1, 2, 3, 4, 5, 6]`
4. `[0, 0.1, 0.2, 0.3, 0.4, 0.5, 0.6, 0.7, 0.8, 0.9, 1.0]`
5. `[0.5, 0.5, 2.4; 1.2, -2.3, -4.5]`
6. `[0.6,1.5,2.3,-0.5; 5.7,8.2,9.0,1.5; 1.2,-2.3,-4.5,50.5]`

SECCIÓN 2.3, PÁGINA 54

1. `factor = 1 + b/v + c/(v*v);`
2. `pendiente = (y2 - y1)/(x2 - x1);`
3. `resistencia = 1/(1/r1 + 1/r2 + 1/r3);`
4. `pérdida = f*p*(1/d)*(v*v/2);`

SECCIÓN 2.3, PÁGINA 54

1. `[2, -2, 1, 1]`
2. `[0.6667, -0.5, -5, 0]`
3. `[12, -1, 10.2, 0]`
4. `[10 3 5.5 16]`
5. `[4 -1.3333 -3.333 0]`

SECCIÓN 3.1, PÁGINA 71

1. `-3`
2. `-2`
3. `-3`
4. `-2`
5. `-1`
6. `1`
7. `11`
8. `-1`
9. `[5, 4, 3, 2, 1, 0, 1, 2, 3, 4, 5]`
10. `[0, 0, 1, 1, 1, 2, 2, 1, 2, 3, 3, 4]`

SECCIÓN 3.1, PÁGINA 73

1. `movimiento = sqrt(vi^2 + 2*a*x);`
2. `frecuencia = 1/sqrt((2*pi*c/L));`
3. `intervalo = 2*vi*vi*sin(b)*cos(b)/g;`
4. `longitud = k*sqrt(1-(v/c)^2);`
5. `volumen = 2*pi*x*x*((1-pi/4)*y-(0.8333-pi/4)*x);`
6. `centro = 38.1972*(r^3 - s^3)*sin(a)/((r*r - s*s)*a);`

SECCIÓN 3.1, PÁGINA 74

1. `cosh(x)/sinh(x)`
2. `1/cos(x)`
3. `1/sin(x)`
4. `ln(sqrt((x+1)/(x-1))`
5. `log((1+sqrt(1-x*x))/x)`
6. `asin(1/x)`

SECCIÓN 3.1, PÁGINA 78

1. $r = 3.6056$, $\theta = -0.5880$
2. $r = 1$, $\theta = -1.5708$
3. $r = 2$, $\theta = 3.1416$
4. $r = 1.1180$, $\theta = 1.1071$
5. $a = 0.5403$, $b = 0.8415$
6. $a = -0.7071$, $b = 0.7071$
7. $a = -0.3331$, $b = 0.3729$
8. $a = -3.500$, $b = 0.0000$

SECCIÓN 3.1, PÁGINA 82

```
f1 = [1, -3, -1, 3];
f2 = [1,-6, 12, -8];
f3 = [1, -8, 20, -16];
f4 = [1, -5, 7, -3];
f5 = [0, 0, 1, -2];
```

1. `plot(x,polyval(f1,x))`
2. `plot(x,polyval(f2-2*f4,x))`
3. `plot(x,polyval(3*f5+f2-2*f3,x))`
4. `plot(x,polyval(conv(f1,f3),x))`
5. `plot(x,polyval(f4,x)./(x-1))`
6. `plot(x,polyval(conv(f1,f2),x)./polivyal(f5))`

SECCIÓN 3.1, PÁGINA 86

1. raíces reales: $-1, 2, 4$
2. raíces reales: $-2, -2$
3. no hay raíces reales
4. raíces reales: $-3, -1, 1, 2, 4$
5. raíces reales: $1, 3, 4$
6. raíces reales: $3, -2, -2$
7. raíces reales: 1
8. raíces reales: -1

SECCIÓN 3.2, PÁGINA 93

1. `7`
2. `[1, -1, -2]`
3. `[0, -1, -2, 7]`
4. `[3, 3.3333, 3]`
5. `1.5`
6. `[1, 3, 7; 2, 24, 28; 12, -24, -56]`

7. `[1, 3, 5, 21]`
8. `[1, -1, -2; 2, 3, 4; 6, 8, 7]`

SECCIÓN 3.3, PÁGINA 99

1. verdadero
2. verdadero
3. verdadero
4. falso
5. verdadero
6. verdadero
7. verdadero
8. falso

SECCIÓN 3.3, PÁGINA 101

1.
```
if abs(volt_1 - volt_2) > 10
    fprintf('%f %f \n',volt_1, volt_2);
end
```
2.
```
if log(x) >= 3
    time = 0;
    count = count + 1;
end
```
3.
```
if dist < 50 & time > 10
    time = time + 2;
else
    time = time + 2.5;
end
```
4.
```
if dist > = 100
    time = time + 2;
elseif dist > 50
    time = time + 1;
else
    time = time + 0.5;
end
```

SECCIÓN 3.3, PÁGINA 103

1. `[1, 1, 1]`
2. `[1, 3, 6, 7, 8]'`
3. `1`
4. `0`
5. `[1, 1, 1]'`
6. `[1, 0, 1]`

SECCIÓN 3.5, PÁGINA 108

1.
```
function s = step(x)
%   STEP      La función step se define como 1
%             para x>=0 y 0 en los demás casos.
%
s = zeros(size(x));
ste1 = find(x >= 0);
s(set1) = ones(size(set1));
```
2.
```
function r = ramp(x)
%   RAMP      La función ramp se define como x
%             para x >= 0 y 0 en los demás casos.
%
```

```
        r = zeros(size(x));
        set1 = find(x >= 0);
        r(set1) = x(set1);
3.      function y = g(x)
        %   G       g se define como 0 si x<0,
        %           sen(pi*x/2) si 0<=x<=1
        %           y 1 en los demás casos.
        %
        y = zeros(size(x));
        set1 = find(x >= 0 & x <= 1);
        set2 = find(x > 1);
        y(set1) = sin(pi*x(set1)/2);
        y(set2) = ones(size(set2));
```

SECCIÓN 3.6, PÁGINA 110

1.   `x = rand(1,10)*10;`
2.   `x = rand(1,10)*2 - 1;`
3.   `x = rand(1,10)*10 - 20;`
4.   `x = rand(1,10)*0.5 + 4.5;`
5.   `x = rand(1,10)*2*pi - pi;`

SECCIÓN 3.6, PÁGINA 111

1.   `x = randn(1,1000)*sqrt(0.5) + 1;`
2.   `x = randn(1,1000)*0.25 - 5.5;`
3.   `x = randn(1,1000)*1.25 - 5.5;`

SECCIÓN 3.7, PÁGINA 115

1.   `[0,12,1,4; 5,9,2,3; 3,6,3,2; 1,3,4,1]`
2.   `[1,4,0; 2,3,-1; 3,5,0; 0,0,3]`
3.   `[3,0,-1,0; 0,5,3,4; 0,3,2,1]`
4.   `[4,3,2,1, 1,2,3,4; 12,9,6,3; 0,5,3,1]`
5.   `[0,3,3; 4,2,3; 1,0,0; -1,5,0]`
6.   `[0,0; 4,5; 1,3; -1,3; 3,0; 2,0]`
7.   `[0,1,3,0,3,0; 4,-1,2,5,3,0]`
8.   `[1,3; 4,2; 3,9; 1,5; 2,4; 3,1; 6,12; 3,0]`
9.   `[1,3,5,0; 0,6,9,12; 0,0,2,1; 0,0,0,4]`
10. `[1,3,5,0; 3,6,9,12; 0,3,2,1; 0,0,3,4]`
11. `[0,-1,0,0; 4,3,5,0; 1,2,3,0]`
12. `[0; 9; 3; 1]`

SECCIÓN 3.8, PÁGINA 117

1.   18
2.   17
3.   9
4.   11
5.   0
6.   4

SECCIÓN 4.1, PÁGINA 130

1.   `[-14 62]`
2.   `[9,-7,6; 7,-9,10]`
3.   `[39; -25; 18]`
4.   `[8,-4,2; -2,2,-2; 9,-3,0]`

SECCIÓN 4.3, PÁGINA 136

1. el rango es 2, no existe la inversa
2. `8`
3. `0`
4. `[-0.25,0.25; 0.625,-0.375]`

SECCIÓN 4.3, PÁGINA 139

1. `1.2583, 4, 8.7417`

2. `[0.6623; -0.6053; 0.4415]`
   `[-0.5547; 0.0000; 0.8321]`
   `[0.5036; 0.7960; 0.3358]`

3. `-4.2616e-15, -5.7732e-15, -4.9071e-14`

4. `[0.8334, -2.2188, 4.4025;`
   `-0.7617, 0.0000, 6.9584;`
   `0.5556, 3.3282; 2.9350]`

SECCIÓN 5.2, PÁGINA 157

1. `[2, 1]'`
2. líneas paralelas
3. misma línea
4. casi la misma línea o líneas paralelas
5. `[-2,5,-6]'`
6. `[9,-6,14]'`
7. `[0.3055,-0.5636,1.0073]'`
8. `[2,1,3,-1]';`

SECCIÓN 6.1, PÁGINA 170

1.
```
t = 0:0.5:5;
temp = [72.5, 78.1, 86.4, 92.3, 110.6, 111.5, 109.3, ...
       110.2, 110.5, 109.9, 110.2];
new_t = 0:0.1:5;
temp_linear = interp1(t,temp,new_t,'linear');
temp_cubic = interp1(t,temp,new_t,'spline');
plot(new_t,temp_linear,new_t,temp_cubic,t,temp,'o')
```

2. lineal: `75.8600, 89.3500, 111.2480, 109.9240`
   cúbica: `75.5360, 88.7250, 111.9641, 109.9081`

3. lineal: `0.6747, 1.6011, 1.7104, 1.8743`
   cúbica: `0.5449, 1.5064, 1.7628, 2.1474`
   (**Estas respuestas** usaron sólo los primeros 6 puntos para que la variable independiente fuera creciente.)

SECCIÓN 7.1, PÁGINA 189

1. `0.0550`
2. `0.5000`
3. `0.3750`
4. `0.2500`

SECCIÓN 7.3, PÁGINA 198

Suponga que N es el número de puntos en la función original (N = 201 para estas respuestas), df1 contiene los valores de la primera derivada, df2 contiene los valores de la segunda derivada y xf1 contiene las coordenadas x de la primera derivada. Entonces, los puntos de máximos y mínimos locales pueden determinarse con estas instrucciones:

```
product = df1(1:N-2).*df1(2:N-1);
```

```
peaks = find(product<0);
minima = find(df2(peaks)>0.0001);
minx = xf1(peaks(minima));
maxima = find(df2(peaks)<0.0001);
maxx = xf1(peaks(maxima));
```

1.   máximos locales: `0.2000`
      mínimos locales: `3.1000`
2.   máximos locales: ninguno
      mínimos locales: `-2`
3.   máximos locales: ninguno
      mínimos locales: `1`
4.   máximos locales: ninguno
      mínimos locales: ninguno
5.   máximos locales: `-2 2`
      mínimos locales: `-0.4 3.6000`

SECCIÓN 8.2, PÁGINA 211

1.
```
function dy = ga(x,y)
%   GA      Esta función calcula los valores de una
%           ecuación diferencial.
%
dy = -y;
function dy = gb(x,y)
%   GB      Esta función calcula los valores de una
%           ecuación diferencial.
%
dy = (-x-exp(x))./(3*y.*y);
```
2.
```
[x,num_y] = ode23('ga',0,2,-3);
plot(x,num_y)
```
3.
```
[x,num_y] = ode23('ga',0,2,-3);
y = -3*exp(-x);
plot(x,num_y,x,y,'o')
```
4.
```
[x,num_y] = ode23('gb',0,2,3);
plot(x,num_y)
```
5.
```
[x,num_y] = ode23('gb',0,2,3);
y = (28-0.5*x.*x-exp(x)).^(1/3);
plot (x,num_y,x,y,'o')
```

SECCIÓN 9.1, PÁGINA 229

1.   `1/(x+4)/(x^2+8*x+16)`   2.   `(x^2+8*x+16)*(x+4)^2`
3.   `(x-2)/(x^2+8*x+16)`   4.   `(x^2+8*x+16)^2`

SECCIÓN 9.2, PÁGINA 230

1.   (2,1)
2.   líneas paralelas
3.   misma línea
4.   casi la misma línea o líneas paralelas

5. (−2,5,−6)
6. (9,−6,14)
7. (84/275,−31/55,277/275)
8. (2,1,3,−1)

SECCIÓN 9.3, PÁGINA 233

1.  ```
    3*x^2-10*x+2
    6*x-10
    ```
2.  ```
    (2*x+4)*(x-1)+x^2+4*x+4)
    6*x+6
    ```
3.  ```
    3/x-(3*x-1)/x^2
    -6/x^2+2*(3*x-1)/x^3
    ```
4.  ```
    2*(x^5-4*x^4-9*x^3+32)*(5*x^4-16*x^3-27*x^2)
    2*(5*x^4-16*x^3-27*x^2)^2+2*(x^5-4*x^4-9*x^3+32)
        *(20*x^3-48*x^2-54*x)
    ```

SECCIÓN 9.3, PÁGINA 234

1. 0.0550   2. 0.5000
3. 0.3750   4. 0.2500

SECCIÓN 10.1, PÁGINA 248

Suponga que se ejecutaron las siguientes instrucciones:

```
N = 128;
T = 0.001;
k = 0:N-1;
```

1.  ```
    f = 2*sin(2*pi*50*k*T);
    magF = abs(fft(f));
    hertz = k*(1/(N*T));
    plot(hertz(1:N/2),magF(1:N/2))
    ```
2.  ```
    g = cos(250*pi*k*T) - sin(200*pi*k*T);
    magG = abs(fft(g));
    hertz = k*(1/(N*T));
    plot(hertz(1:N/2),magG(1:N/2))
    ```
3.  ```
    h = 5 - cos (1000*k*T);
    magH = abs(fft(h));
    hertz = k*(1/(N*T));
    plot(hertz(1:N/2),magH(1:N/2))
    ```
4.  ```
    m = 4*sin(250*pi*k*T - pi/4);
    magM = abs(fft(m));
    hertz = k*(1/(N*T));
    plot(hertz(1:N/2),magM(1:N/2))
    ```

SECCIÓN 10.2, PÁGINA 260

1.  ```
    w = 0:0.1:4;
    H = freqs([1,0,0], [1,sqrt(2),1],w);
    ```
    ```

```
plot(w,abs(H))
```
banda de transición: 0.3 a 1 rps

2.
```
[H,wT] = freqz([0.707,-0.707],[1,-0.414],50);
plot(WT,abs(H))
```
banda de transición: 0.1 a 0.7 radianes

3.
```
[H,wT] = freqz([-0.163,-0.058,0.116,0.2,0.116,-0.058,...
               -0.163],1,50);
plot(wT,abs(H))
```
banda de transición: 0.3 a 0.9 radianes, 1.1 a 1.7 radianes

4.
```
w = 0:0.1:4;
H = freqs([5,1],[1,0.4,1],w);
plot(w,abs(H))
```
Si los valores de magnitud se ajustaran a una escala tal que el valor máximo fuera 1, la banda de transición sería la siguiente: 0.2 a 0.9 rps y 1.1 a 3.5 rps

SECCIÓN 10.3, PÁGINA 263

Suponga que se ejecutaron las siguientes instrucciones:
```
T = 1/5000;
k = 0:100;
kT = k*T;
```

1.
```
x = sin(2*pi*1000*k*T);
y = filter([0.42,0,-0.42],[1,-0.443,0.159],x);
plot(kT,x,kT,y)
```
la amplitud de la entrada se multiplica por aproximadamente 1.0

2.
```
x = 2*cos(2*pi*100*k*T);
y = filter([0.42,0,-0.42],[1,-0.443,0.159],x);
plot(kT,x,kT,y)
```
la amplitud de la entrada se multiplica por aproximadamente 0.2

3.
```
x = -sin(2*pi*2000*k*T);
y = filter([0.42,0,-0.42],[1,-0.443,0.159],x);
plot(kT,x,kT,y)
```
la amplitud de la entrada se multiplica por aproximadamente 0.2

4.
```
x = cos(2*pi*1600*k*T);
y = filter([0.42,0,-0.42],[1,-0.443,0.159],x);
plot(kT,x,kT,y)
```
la amplitud de la entrada se multiplica por aproximadamente 0.7

SECCIÓN 10.4, PÁGINA 269

1.
```
[B,A] = butter(5,75/250);
[H,wT] = freqz(B,A,100);
T = 1/500;
plot(wT/(2*pi*T),abs(H))
```

2.
```
[B,A] = cheby2(6,20,100/500,'high');
[H,wT] = freqz(B,A,100);
T = 1/1000;
plot(wT/(2*pi*T),abs(H))
```

3.
```
m = [1,1,1,1,0,0,0,0,0,0];
f = [0,0.1,0.2,0.3,0.4.0.5,0.6,0.7,0.8,1];
B = remez(40,f,m);
[H,wT] = freqz(B,1,100);
T = 1/500;
plot(wT/(2*pi*T),abs(H))
```
4.
```
m = [0,0,1,1,0,0,0,0,0,0];
f = [0,0.1,0.2,0.4,0.5,0.7,0.8,0.85,0.9,1];
B = remez(80,f,m);
[H,wT] = freqz(B,1,100);
T = 1/500;
plot(wT/(2*pi*T),abs(H))
```

SECCIÓN 11.2, PÁGINA 292

1.
```
r =    0.3750
       0.6250
p =    -6
        2
k =    []
```
2.
```
a     -4    12
       1     0
b =    1
       0
c =    1     3
d =    0
```
3.
```
ad =  0.7169    4.0027
      0.3336    2.0512
bd =  0.3336
      0.0876
```
4.
```
z =   -3
p =   -6
       2
k =    1
```
5.
```
a =  -4.0000    3.4641
      3.4641    0
b =    1
       0
c =  1.0000    0.8660
d =    0
```

SECCIÓN 11.3, PÁGINA 302

1. `bode([1,30],[1,300,0,0]);`
2. `nyquist([1,30],[1,300,0,0]);`
3. `rlocus([1,30],[1,300,0,0]);`

Índice

Las palabras clave y funciones de MATLAB aparecen en negritas.

FORMATOS DE EXHIBICIÓN DE NÚMEROS

Comando Matlab	Exhibición	Ejemplo
format short	por omisión	15.2345
format long	14 decimales	15.23453333333333
format short e	4 decimales	1.5235e+01
format long e	15 decimales	1.523453333333333e+01
format bank	2 decimales	15.23
format +	+, −, espacio	+

OPERACIONES ARITMÉTICAS ENTRE DOS ESCALARES

Operación	Forma algebraica	Matlab
suma	$a + b$	a + b
resta	$a - b$	a - b
multiplicación	$a \times b$	a*b
división	$\dfrac{a}{b}$	a/b
exponenciación	a^b	a^b

OPERACIONES ELEMENTO POR ELEMENTO

Operación	Forma algebraica	Matlab
suma	$a + b$	a + b
resta	$a - b$	a - b
multiplicación	$a \times b$	a.*b
división	$\dfrac{a}{b}$	a./b
exponenciación	a^b	a.^b

OPCIONES DE LÍNEAS Y MARCAS PARA GRÁFICAS

tipo de línea	indicador	tipo de punto	indicador
continua	–	punto	.
guiones	–	más	+
punteada	:	estrella	*
guiones y puntos	-.	círculo	o
		marca	x

Operador relacional	Interpretación
<	menor que
<=	menor o igual que
>	mayor que
>=	mayor o igual que
==	igual
~=	no igual

OPERADORES LÓGICOS

Operador lógico	Símbolo
no (not)	~
y (and)	&
o (or)		

COMBINACIONES DE OPERADORES LÓGICOS

A	B	~A	A|B	A & B
falso	falso	verdadero	falso	falso
falso	verdadero	verdadero	verdadero	falso
verdadero	falso	falso	verdadero	falso
verdadero	verdadero	falso	verdadero	verdadero

FÓRMULAS DE CONVERSIÓN

Rectangular/polar

$$r = \sqrt{a^2 + b^2}, \ \theta = \tan^{-1}\frac{b}{a}$$

$$a = r{\cdot}\cos(\theta), \ b = r{\cdot}\text{sen}(\theta)$$

Fórmulas de Euler

$$\text{sen}(\theta) = \frac{e^{i\theta} - e^{-i\theta}}{2i}$$

$$\cos(\theta) = \frac{e^{i\theta} + e^{-i\theta}}{2}$$

Números complejos

$$a + ib = r\,e^{i\theta}$$

$$\text{donde} \quad r = \sqrt{a^2 + b^2}, \ \theta = \tan^{-1}\frac{b}{a}$$

$$a = r{\cdot}\cos(\theta), b = r{\cdot}\text{sen}(\theta)$$